程序员数学

从|零|开|始

孙博（@我是8位的）◎ 著

北京大学出版社
PEKING UNIVERSITY PRESS

内容简介

本书从人们身边最常见的整数讲起,逐步深入,介绍了数论、计数、图论、机器学习等领域的一些典型算法及其原理,尤其是算法背后的数学原理,可以让读者对这些算法有更深入的理解。

本书分为 11 章,涵盖的主要内容有整数的素因子分解、辗转相除、更相减损、扩展欧几里得算法和 Karastuba 算法;密码体制和 RSA 体制的加密原理;递归与分治算法、动态编程技术、特征方程和特征根;算法复杂度分析、大 O 和大 Θ 的意义;穷举法、深度优先搜索、广度优先搜索、贪心策略;$A*$ 搜索算法;遗传算法;网络流、增广路径最大流算法;最小二乘法的原理、线性回归、非线性回归;基于正态分布的异常检测、局部异常因子算法;P/NP 问题。

本书内容通俗易懂,案例丰富,实用性强,立足于详细解释算法的原理,尤其是算法背后的数学原理,适合于有一定编程基础和算法基础的读者进阶阅读,也适合 Python 程序员、Java 程序员等其他编程爱好者阅读。

图书在版编目(CIP)数据

程序员数学从零开始 / 孙博著. — 北京 : 北京大学出版社,2020.8
ISBN 978 - 7 - 301 - 16855 - 4

Ⅰ. ①程… Ⅱ. ①孙… Ⅲ. ①算法 Ⅳ. ①O24

中国版本图书馆 CIP 数据核字(2020)第 062734 号

书　　　　名	程序员数学从零开始	
	CHENGXUYUAN SHUXUE CONG LING KAISHI	
著作责任者	孙　博(@我是 8 位的)　著	
责 任 编 辑	吴晓月　王继伟	
标 准 书 号	ISBN 978 - 7 - 301 - 16855 - 4	
出 版 发 行	北京大学出版社	
地　　　　址	北京市海淀区成府路 205 号　100871	
网　　　　址	http://www.pup.cn　　新浪微博:@北京大学出版社	
电 子 信 箱	pup7@pup.cn	
电　　　　话	邮购部 010-62752015　发行部 010-62750672　编辑部 010-62570390	
印 刷 者	北京市科星印刷有限责任公司	
经 销 者	新华书店	
	787 毫米×1092 毫米　16 开本　21 印张　477 千字	
	2020 年 8 月第 1 版　2020 年 12 月第 2 次印刷	
印　　　　数	4001—6000 册	
定　　　　价	79.00 元	

　　算法,永远是值得人们讨论的话题,它能加快程序运行的速度,给程序使用者更好的体验。我们对很多算法都耳熟能详,如冒泡排序、快速排序、深度优先搜索、广度优先搜索。对于很多算法来说,只要学习者有良好的编程基础,就能从算法的实现中窥视到算法的原理;而对于另一些算法,即使学习者能看懂每一行代码,却未必能够知道其中的原理,如寻找最大公约数的辗转相除法和更相减损术。这里的关键是数学原理,很多算法是由数学原理驱动的,如果没有必要的数学知识,几行简单的代码就会变成学习中的绊脚石。

　　本书通过 11 章内容介绍了一些算法和隐藏在算法背后的数学知识,希望能够激起程序员们学习算法和数学的兴趣。

 这本书的特色

1.理解为主

　　本书以理解优先为出发点,采用讲故事和举例子的方式展开每一章的内容;不强调概念,对于某些相近的名词,只强调通过上下文"意会",而不追究严格意义上的概念。

2.注重原理

　　本书详细讨论了每一个算法原理,对于某些数学背景较深的算法,会讲述必要的数学知识作为铺垫,在进行公式推导时也会尽可能详细地描述推导过程。

3.示例详尽

　　本书每一个算法都配有代码示例,有些章节会通过示例逐步对算法进行扩充并完善代码实现,使读者能够通过示例进一步了解算法。

4.图片丰富美观

　　一图胜千言,全书包含 270 余幅插图,用于形象地解释语言难以描述的过程,同时也有助于增加阅读的趣味性。

作者介绍

孙博,2005 年毕业于吉林大学计算机专业,苏州工业园区第六届高技能领军人才,数学爱好者,擅长软件算法和软件结构设计,现从事自由职业。

曾就职于沈阳东软软件股份有限公司,期间参与了国家金财工程和金质工程的建设。后就职于苏州快维科技股份有限公司,担任产品部主管,主持并设计了移动化集成供应链开发平台,致力于打造业务驱动的开发模式。

本书读者对象

- ❖ 软件开发人员
- ❖ 计算机专业的学生
- ❖ 机器学习初学者
- ❖ 深度学习初学者
- ❖ 参加算法竞赛的学生
- ❖ 其他编程爱好者和对算法感兴趣的人员

资源下载

本书所涉及的源代码已上传到百度网盘,供读者下载。请读者关注封底"博雅读书社"微信公众号,找到"资源下载"栏目,根据提示获取。

目录

CONTENTS

第 1 章 重新认识整数（整数分解）

1.1 **学生的代码和老师的代码** ·································· **2**

1.2 **整除和余数** ·· **3**

   1.2.1 欧几里得算式 ···································· 3

   1.2.2 整除的性质 ······································ 4

1.3 **素数** ··· **5**

   1.3.1 判断素数 ·· 5

   1.3.2 判断素数 2.0 版 ·································· 6

   1.3.3 寻找素数 ·· 6

   1.3.4 已知的最大素数 ·································· 7

1.4 **整数分解** ·· **8**

   1.4.1 素因子表达式 ···································· 8

   1.4.2 素数有无穷个吗? ································ 9

   1.4.3 $\sqrt{2}$ 为什么"无理"? ························ 10

1.5 **最大公约数** ·· **11**

   1.5.1 公约数和最大公约数 ···························· 11

   1.5.2 辗转相除（欧几里得算法） ······················ 11

   1.5.3 更相减损 ·· 14

1.6 **青蛙约会** ·· **16**

   1.6.1 线性不定方程 ···································· 17

   1.6.2 公约数定理 ······································ 17

   1.6.3 扩展欧几里得算法 ································ 17

   1.6.4 线性不定方程的最小正整数解 ···················· 19

1.7 **最小公倍数** ·· **20**

   1.7.1 寻找最小公倍数 ·································· 20

      1.7.2　利用最大公约数求最小公倍数 ·· 21

1.8　哥德巴赫猜想猜的是什么？ ··· **22**

1.9　整数比自然数更多吗？ ··· **23**

1.10　全体实数比±1之间的实数更多吗？ ··· **23**

1.11　大整数的乘法 ·· **24**

      1.11.1　竖式算法 ··· 25

      1.11.2　Karastuba 算法 ·· 26

1.12　小结 ··· **29**

第 2 章　密码疑云（数论）

2.1　密码简史 ··· **31**

      2.1.1　古老的密码 ··· 31

      2.1.2　军事密码 ··· 32

      2.1.3　电子时代的密码 ··· 33

2.2　被窃听与被冒充 ··· **33**

2.3　密码体制 ··· **34**

      2.3.1　对称加密 ··· 34

      2.3.2　非对称加密 ··· 36

2.4　数字签名 ··· **38**

2.5　数字证书 ··· **40**

2.6　RSA 体制 ··· **40**

      2.6.1　同余、同余方程和乘法逆元 ·· 41

      2.6.2　欧拉函数和欧拉定理 ·· 43

      2.6.3　RSA 算法的密钥生成过程 ··· 44

      2.6.4　RSA 的加密和解密算法 ·· 44

      2.6.5　RSA 的安全性 ·· 48

2.7　攻破心的壁垒 ··· **49**

2.8　来自量子计算的挑战 ··· **50**

2.9　小结 ··· **51**

第 3 章　递归的逻辑（计数）

3.1　递归关系式 ··· **54**

3.2　不断繁殖的兔子——递归关系模型 ··· **54**

      3.2.1　递归表达 ··· 54

      3.2.2　斐波那契数列的和 ··· 56

3.3 递归关系的基本解法 **57**
    3.3.1 特征方程和特征根 58
    3.3.2 斐波那契的显示表达式 58
    3.3.3 黄金分割 60

3.4 递归算法 **61**
    3.4.1 可疑的递归 61
    3.4.2 递归与循环 62

3.5 动态编程 **62**
    3.5.1 递归的无用功 62
    3.5.2 避免无用功 63

3.6 递归与分治 **64**
    3.6.1 分治的步骤 64
    3.6.2 化质为量 65
    3.6.3 快速排序 65
    3.6.4 直尺上的刻度 67

3.7 打印一棵二叉树 **69**

3.8 分形之美 **73**
    3.8.1 分形的概念 73
    3.8.2 极坐标系下的向量旋转 74
    3.8.3 编写代码 75

3.9 米诺斯的迷宫 **78**
    3.9.1 计算机上的迷宫 79
    3.9.2 迷宫的数据模型 80
    3.9.3 拆墙 82
    3.9.4 自动生成迷宫 83
    3.9.5 绘制迷宫 85

3.10 小结 **87**

第 4 章 大 O 和大 Θ（算法复杂度）

4.1 算法分析 **89**
    4.1.1 数据对性能的影响 89
    4.1.2 影响性能的其他因素 90
    4.1.3 理想中的世界 90

4.2 运行比较法 **91**

4.3 数学分析法 **91**
    4.3.1 函数的增长 92
    4.3.2 算法选择的陷阱 95

    4.3.3 提升效率的次序 ··· 95

4.4 **大 O** ··· **96**

    4.4.1 大 O 的定义 ·· 96

    4.4.2 大 O 的意义 ·· 98

    4.4.3 渐进表达式 ··· 98

    4.4.4 多项式复杂度 ··· 99

    4.4.5 棋盘上的米粒 ··· 100

4.5 **大 Θ** ··· **101**

    4.5.1 大 Θ 的定义 ··· 101

    4.5.2 大 Θ 的规则 ··· 103

4.6 **二分查找有多快?** ··· **103**

4.7 **跨床大桥能完成吗?** ····································· **105**

4.8 **冒泡排序真的慢吗?** ····································· **108**

    4.8.1 排序的关注点 ··· 108

    4.8.2 抽象表达 ·· 109

    4.8.3 冒泡排序 ·· 110

    4.8.4 最后的结论 ··· 112

4.9 **小结** ··· **112**

第 5 章　搜索的策略（搜索算法）

5.1 **盲目搜索** ··· **114**

5.2 **八皇后问题** ·· **115**

    5.2.1 解空间 ·· 115

    5.2.2 搜索策略 ·· 116

    5.2.3 寻找答案 ·· 117

    5.2.4 同根同源的另一种方法 ···························· 121

5.3 **贪心策略** ··· **122**

5.4 **小偷的背包** ·· **122**

    5.4.1 搜索策略 ·· 123

    5.4.2 寻找解答案 ··· 124

5.5 **骑士旅行** ··· **126**

    5.5.1 构建数据模型 ··· 126

    5.5.2 深度优先搜索 ··· 127

    5.5.3 贪心策略 ·· 130

5.6 **靶天宝匣上的拼图** ····································· **134**

    5.6.1 构建数据模型 ··· 135

    5.6.2 广度优先搜索 ··· 137

5.7 小结 **142**

第 6 章 最短路径（A * 搜索）

6.1 **A * 搜索** **144**

    6.1.1 将地图表格化 144

    6.1.2 评估函数 145

    6.1.3 A * 搜索的步骤 146

6.2 **通往基地的捷径** **147**

    6.2.1 准备工作 147

    6.2.2 开始探索 148

    6.2.3 构建数据模型 154

    6.2.4 实现 A * 搜索 158

    6.2.5 A * 搜索的改进版 159

    6.2.6 代价因子 161

6.3 **再战靓天宝匣** **162**

    6.3.1 创建拼图 162

    6.3.2 设计评估函数 164

    6.3.3 复原拼图 166

6.4 **小结** **170**

第 7 章 退而求其次（遗传算法）

7.1 **小偷又来了** **172**

7.2 **遗传算法** **172**

    7.2.1 原理和步骤 172

    7.2.2 基因编码 173

    7.2.3 种群和个体 174

    7.2.4 适应度评估 175

    7.2.5 种群选择 176

    7.2.6 交叉 180

    7.2.7 变异 182

    7.2.8 这就是遗传算法 183

7.3 **椭圆中的最大矩形** **184**

    7.3.1 数学方案 185

    7.3.2 抛开数学的遗传算法 185

7.4 **宿管员的烦恼** **189**

7.4.1 数据预处理 ·· 190

7.4.2 同学间的成本 ·· 193

7.4.3 解空间的数量 ·· 198

7.4.4 不患寡而患不均 ·· 198

7.4.5 随机法 ·· 199

7.4.6 顺序编码和初始种群 ·· 201

7.4.7 适应度评估、解码和种群选择 ·· 202

7.4.8 部分匹配交叉和循环交叉 ·· 203

7.4.9 变异 ·· 208

7.4.10 分配宿舍 ·· 209

7.5 小结 ·· **211**

第 8 章 网络流（图论）

8.1 基本概念和术语 ·· **213**

8.1.1 流网络 ·· 213

8.1.2 流、网络流和网络流的值 ·· 214

8.1.3 最大流 ·· 215

8.1.4 基本数据模型 ·· 216

8.2 寻找最大流 ·· **218**

8.2.1 直觉上的方案 ·· 219

8.2.2 残存网 ·· 219

8.2.3 增广路径 ·· 220

8.2.4 增广路径最大流算法 ·· 223

8.3 补给线上的攻防战 ·· **227**

8.3.1 甲军的运输路线 ·· 227

8.3.2 乙军的轰炸目标 ·· 228

8.3.3 最小st-剪切 ·· 229

8.4 姜子牙的粮道 ·· **232**

8.4.1 多个源点 ·· 232

8.4.2 粮道的最大运力 ·· 233

8.5 缓解拥堵的高速公路 ·· **234**

8.5.1 带有容量的顶点 ·· 235

8.5.2 交警的指挥方案 ·· 235

8.6 皇家飞行员的匹配 ·· **236**

8.6.1 不假思索的答案 ·· 236

8.6.2 二部匹配 ·· 237

8.7 小结 ·· **239**

第 9 章　拟合的策略（最小二乘法）

9.1　问题的源头 ……………………………………………………………… **241**

9.2　最小二乘法 …………………………………………………………………… **242**

   9.2.1　微积分视角 …………………………………………………………… 243

   9.2.2　线性代数视角 ………………………………………………………… 245

   9.2.3　概率统计的视角 ……………………………………………………… 247

9.3　线性回归 ……………………………………………………………………… **249**

   9.3.1　一元线性回归 ………………………………………………………… 249

   9.3.2　多元线性回归 ………………………………………………………… 251

9.4　非线性问题 …………………………………………………………………… **252**

   9.4.1　非线性最小二乘法 …………………………………………………… 253

   9.4.2　线性变换 ……………………………………………………………… 254

   9.4.3　多项式函数 …………………………………………………………… 255

   9.4.4　泰勒公式 ……………………………………………………………… 256

   9.4.5　在 0 点处的泰勒展开 ………………………………………………… 257

   9.4.6　多项式回归 …………………………………………………………… 259

9.5　中国人口总量的线性拟合 …………………………………………………… **260**

9.6　正态分布的拟合曲线 ………………………………………………………… **264**

9.7　小结 …………………………………………………………………………… **267**

第 10 章　异常检测（半监督学习和无监督学习）

10.1　监督学习不灵了 ……………………………………………………………… **269**

10.2　基于一元正态分布的异常检测 ……………………………………………… **270**

   10.2.1　一元正态分布 ………………………………………………………… 270

   10.2.2　算法模型 ……………………………………………………………… 271

   10.2.3　算法实现 ……………………………………………………………… 272

10.3　基于多元正态分布的异常检测 ……………………………………………… **276**

   10.3.1　被忽略的相关性 ……………………………………………………… 277

   10.3.2　多元正态分布模型 …………………………………………………… 280

   10.3.3　算法模型 ……………………………………………………………… 280

   10.3.4　算法实现 ……………………………………………………………… 281

10.4　局部异常因子算法 …………………………………………………………… **285**

   10.4.1　k 距离和 k 距离邻域 ……………………………………………… 286

   10.4.2　k 可达距离 …………………………………………………………… 287

10.4.3　局部可达密度 ·················· 288
10.4.4　局部异常因子 ·················· 289
10.4.5　算法实现 ····················· 289

10.5　小结 ····················· **295**

第 11 章　浅谈 P/NP 问题（非确定性问题）

11.1　水浒英雄卡的故事 ············· **297**
11.2　这些奇怪的名字 ·············· **298**
11.2.1　P 和 NP ···················· 298
11.2.2　P＝NP? ···················· 299
11.2.3　NPC 问题 ··················· 299
11.2.4　NP-hard ··················· 300
11.3　如何面对 NP 问题 ············· **301**
11.3.1　琪琳的甜品创新程序 ············· 301
11.3.2　7 个应对办法 ················· 302
11.4　如果 P＝NP ················ **305**
11.5　小结 ····················· **306**

附录

A　同余和模运算 ················ **307**
A.1　同余的性质、定理、推论 ············ 307
A.2　模运算法则 ···················· 307
B　切割图片的代码 ··············· **308**
C　拉格朗日乘子法 ··············· **310**
D　多元线性回归的推导过程 ·········· **311**
E　多元函数的泰勒展开 ············ **314**
F　最大似然原理 ················ **315**
F.1　似然函数 ····················· 315
F.2　最大似然估计 ·················· 316
F.3　一元正态分布最大似然估计的推导过程 ······ 316
F.4　多元正态分布最大似然估计的推导过程 ······ 317

第1章

重新认识整数（整数分解）

　　整数的概念来源于计数，它带有很多朴素、自然的性质。本章从整数分解的角度重新看待整数，详解了整数的素因子分解及其应用，并通过欧几里得算式介绍了辗转相除法、更相减损术和 Karastuba 算法的原理。

　　整数的概念来源于计数,它带有很多朴素、自然的性质。结绳记事(图 1-1)大概是整数最早的应用,它发生在语言产生以后、文字出现之前的漫长岁月里。《周易·系辞》云:"上古结绳而治";《春秋左传集解》云:"古者无文字,其有约誓之事,事大大其绳,事小小其绳,结之多少,随扬众寡,各执以相考,亦足以相治也。"

　　再看汉字中的"数",从娄从支(图 1-2)。支是以手持杖,娄是打了很多绳结的木棍,合起来就是拿着手杖去数绳子上有多少个绳结。数者,结绳而记之也。

图 1-1　结绳记事　　　　　　　　　　　　　图 1-2　古汉字中的"数"

　　可以毫不夸张地说,整数奠定了数学的基石。19 世纪的数学家克罗内克(Kronecker)曾经说过:"上帝创造了整数,其余都是人做的工作。"整数的定义如此简单自然,以至于总是让人忘记它背后的复杂。本章将从分解的视角重新认识整数。

1.1　学生的代码和老师的代码

　　编程总是充满趣味,在学习了判断和循环后就可以编写一些有趣的代码。记得我初学编程时,老师曾出过一个题目:找出两个数的最大公约数。当时我在黑板上写下了自己的实现方式。

代码 1-1　学生的代码

```
01   def gcd_stu(a, b):
02       if a < b:
03           a, b = b, a
04       result = [i for i in range(1, b + 1) if b % i == 0 and a % i == 0]
05       return result.pop()
```

运行结果是正确的。回到座位上,我为此高兴了 2 分钟。

后来老师写出了另一个实现。

代码 1-2　老师的代码

```
01    def gcd_teacher(a, b):
02        if a < b:
03            a, b = b, a
04        return a if b == 0 else gcd_teacher(b, a % b)
```

我的第一反应是："嗯？"

遗憾的是，我当时并没有深究这段代码，只是简单地记住了这种方法，反正都是交给计算机计算，何必在乎快慢呢？

后来学了数据结构，知道了用大 O 评估算法效率，我这才开始重新审视那段寻找最大公约数的代码——它实际上使用了传说中的"辗转相除"，要真正弄清楚其来龙去脉，还要从整数说起……

1.2 整除和余数

我们都曾经用笨拙的声音从 1 数到 10，这大概是人生中第一次接触数学，稍大一点后懂得了零的概念，再后来知道了还有负数……这些美好的记忆都有整数相伴左右。随着年龄的增长和知识的扩充，我们知道了更多关于整数的知识，其中就包括整除和余数。

1.2.1 欧几里得算式

数学中是以数轴分段的方式定义整除的，如果 n 是一个正整数，那么可以用 n 的倍数将数轴分成很多段，如图 1-3 所示。

$$\cdots\cdots \quad -3n \quad -2n \quad -n \quad 0 \quad n \quad 2n \quad 3n \quad \cdots\cdots$$

图 1-3　用 n 的倍数将数轴分成很多段

如果将另一个整数 m 放在数轴上，那么 m 将正好位于 qn 和 $(q+1)n$ 之间，其中 q 也是一个整数，如图 1-4 所示。

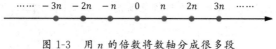

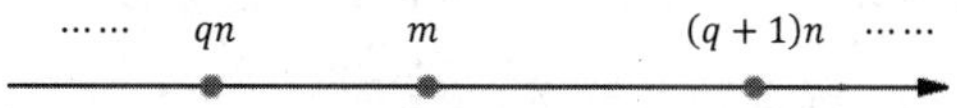

$$\cdots\cdots \quad qn \qquad m \qquad (q+1)n \quad \cdots\cdots$$

图 1-4　m 位于 qn 和 $(q+1)n$ 之间

如果 m 正好是 n 的整数倍，那么 $m=qn$；否则可以写成 $m=qn+r$ 的形式，其中 qn 是位于 m 左侧最

近的 n 的整数倍，r 是 qn 到 m 的整数距离。如果把两种情况合并，那么对于任意整数 m 和 n，且 $n \neq 0$，总是可以写成下面的形式：

$$m = qn + r, 0 \leqslant r < |n|, n \neq 0$$

对于特定的 n 来说，m 的表达是唯一的，这种表达式叫作欧几里得算式，也叫作除法算式。

看上去很复杂，其实欧几里得算式有更常见的描述：如果 m 和 n 都是整数，且 $n \neq 0$，那么总是存在整数 q 和 r，$0 \leqslant r < |n|$，使得：

$$m \div n = q \cdots \cdots r$$

其中 q 是商，r 是余数，如果 $r = 0$，则称 m 能够被 n 整除，或称 n 能整除 m，记作 $n \mid m$，其中"$\mid$"是整除符号。可见，欧几里得算式只不过是从代数上解释了整除和余数。

乘法和除法互为逆运算，把欧几里得算式写成乘法就变成了 m 的唯一的表达式：

$$m = qn + r$$

示例 1-1　找出 q 和 r

（1）$m = 10, n = 3$；

（2）$m = 3, n = 10$；

（3）$m = -11, n = 5$。

前两个比较简单。

（1）$10 = 3 \times 3 + 1, q = 3, r = 1$。

（2）$3 = 10 \times 0 + 3, q = 0, r = 3$。

```
>>> -11%5
4
>>>
```

第三个可能会出点差错。

（3）$-11 = 5 \times (-2) - 1, q = -2, r = -1$。

图 1-5　在计算机上计算 $-11\%5$

在计算机上计算 $-11\%5$，结果如图 1-5 所示。

看来计算机认为是另一种答案：$-11 = 5 \times (-3) + 4, q = -3, r = 4$。

整除的定义终于显现出作用了，余数的取值范围是 $0 \leqslant r < |n|$，在（3）中，$r = -1$ 不满足这个条件，所以（3）的正确答案是 $q = -3, r = 4$。

1.2.2　整除的性质

如果 a、b、c 都是整数，则有以下 3 个被人们熟知的关于整除的性质。

性质 1.1 如果 $a \mid b$ 且 $a \mid c$，则 $a \mid (b + c)$。

性质 1.2 如果 $a \mid b$，则 $a \mid cb$。

性质 1.3 如果 $a \mid b$ 且 $b \mid c$，则 $a \mid c$。

注：由于 0 不能作为除数，所以 $a \mid b$ 包含的默认条件是 $a \neq 0$。

此外，还有一个推论：如果 a、b、c 都是整数，当 $a \mid b$ 且 $a \mid c$ 时，对于任意整数 m 和 n，都有 $a \mid (mb + nc)$。

除法和乘法互为逆运算，这些性质和推论其实都是根据乘法的分配律和结合律推导而来的，以性质 1.1 为例：

$$a \mid b \text{ and } a \mid c \Rightarrow b = pa, c = qa$$
$$b + c = pa + qa = (p + q)a$$

$p + q$ 是一个整数，根据欧几里得算式对整除的定义，得出 $a \mid (b + c)$。

1.3 素数

整数的故事中少不了素数（prime number），它的另一个名称是质数，是一种大于 1 的特殊整数。素数的定义：设 p 是大于 1 的正整数，如果能整除 p 的正整数只有 p 和 1，那么 p 就是一个素数。1 比较特殊，它不是素数，是单位数。例如，2、3、5、7、11 是素数，4、6、8、10、12 不是素数。

1.3.1 判断素数

看来判断一个整数是否是素数很简单，对于较小的整数确实如此，但稍大一点的整数就不是很容易判断了。例如，1234567 是否是素数？在 10 秒时间内并不容易判断出来。

对这种复杂的问题还是需要交给计算机去处理。

代码 1-3 判断一个数是否是素数 C1_3.py

```
01  def is_prime(a):
02      '''
03      判断 a 是否是素数
04      :param a: 大于 0 的整数
05      :return: 二元组(a 是否是素数, 2 到 a-1 之间能整除 a 的数)
06      '''
07      if a < 2:
08          return False, []
09      elif a == 2:
10          return True, []
11      # 用从 2 到 a-1 之间的每个数除以 a，得出能整除 a 的数
12      divisors = [x for x in range(2, a) if a % x == 0]
13      return len(divisors) == 0, divisors
```

is_prim() 返回一个二元组，第一个元素回答了 a 是否是素数，第二个元素则回答了除 1 和自身外，a 还有哪些因数。

运行 is_prime(1234567) 的结果表明,1234567 不是一个素数,除 1 和自身外,它还有 127 和 9721 两个因数。

1.3.2 判断素数 2.0 版

虽然代码 1-3 能够正确运行,但是仍然有改进的余地。根据欧几里得算式对整除的定义,$m = qn$,q 和 n 二者此消彼长,它们的平衡点是 $\sqrt{m}$,这意味着只要判断 $2 \sim \sqrt{m}$ 之间是否存在能够整除 m 的数即可;此外,一个大于 2 的偶数一定不是素数,所以只需要对奇数进行判断。由此分析得到判断素数的改进版。

代码 1-4　判断素数的改进版 C1_4.py

```
01  import math
02
03  def is_prime_2(a):
04      '''
05      判断 a 是否是素数(2.0 版)
06      :param a: 大于 0 的整数
07      :return:
08      '''
09      if a == 2:  # 2 是素数
10          return True
11      elif a < 2 or a & 1 == 0:  # 小于 2 或偶数不是素数
12          return False
13      m = int(math.sqrt(a))   # 取 math.sqrt(a) 的整数部分
14      for q in range(3, m + 1, 2):  # 只判断奇数
15          if a % q == 0:
16              return False
17      return True
```

代码 1-4 使用位运算判断一个数是否是偶数。对于偶数来说,它的最后一位是 0,a & 1 的结果是 0;对于奇数来说,它的最后一位是 1,a & 1 的结果是 1。

1.3.3 寻找素数

通过代码 1-4,找到 1000 以内的所有素数很简单。

代码 1-5　找到 1000 以内的所有素数

```
01  primes = [x for x in list(range(1000)) if is_prime_2(x)]   # 寻找 1000 以内的所有素数
02  print('1000 以内共有{}个素数'.format(len(primes)))
03  print(primes)
```

代码 1-5 的运行结果如图 1-6 所示。

```
1000以内共有168个素数
[2, 3, 5, 7, 11, 13, 17, 19, 23, 29, 31, 37, 41, 43, 47, 53,
 59, 61, 67, 71, 73, 79, 83, 89, 97, 101, 103, 107, 109,
 113, 127, 131, 137, 139, 149, 151, 157, 163, 167, 173, 179,
 181, 191, 193, 197, 199, 211, 223, 227, 229, 233, 239, 241,
 251, 257, 263, 269, 271, 277, 281, 283, 293, 307, 311, 313,
 317, 331, 337, 347, 349, 353, 359, 367, 373, 379, 383, 389,
 397, 401, 409, 419, 421, 431, 433, 439, 443, 449, 457, 461,
 463, 467, 479, 487, 491, 499, 503, 509, 521, 523, 541, 547,
 557, 563, 569, 571, 577, 587, 593, 599, 601, 607, 613, 617,
 619, 631, 641, 643, 647, 653, 659, 661, 673, 677, 683, 691,
 701, 709, 719, 727, 733, 739, 743, 751, 757, 761, 769, 773,
 787, 797, 809, 811, 821, 823, 827, 829, 839, 853, 857, 859,
 863, 877, 881, 883, 887, 907, 911, 919, 929, 937, 941, 947,
 953, 967, 971, 977, 983, 991, 997]
```

图 1-6 1000 以内的所有素数

1.3.4 已知的最大素数

数值越大，判断这个数是否是素数就越困难。1876 年，数学家卢卡斯（Lucas）证明了 $2^{127}-1$ 是一个 39 位的素数，这个纪录保持了 75 年，直到 1951 年，人们借助计算机才发现一个有 79 位数字的更大素数。随着电子时代的到来，最大素数的纪录被不断刷新。1971 年，美国数学家塔克曼（Tuckerman）在纽约州的纽克顿，用国际商业机器公司的 IBM360/91 型电子计算机，历时 39 分 26.4 秒，算出了当时的最大素数 $2^{19937}-1$，这是一个 6002 位的数字。

1995 年，美国程序设计师乔治·沃特曼（George Woltman）在整理有关梅森素数的资料时，编制了一个梅森素数计算程序，并将其放置在因特网上供数学爱好者使用，这就是著名的"因特网梅森素数大搜索（Great Internet Mersenne Prime Search，GIMPS）"项目，超过 20 万台计算机参与其中。2008 年 8 月，GIMPS 项目发现了第 46 个，也是当时最大的梅森素数 $2^{43112609}-1$，它共有 12978189 位，如果用普通字号将这个巨数连续写下来，它的长度超过 50 千米。这一成就被美国的《时代》杂志评为"2008 年度 50 项最佳发明"之一，排名第 29 位。

2017 年 12 月 26 日，GIMPS 项目宣布发现第 50 个梅森素数：$2^{77232917}-1$，它共有 23249425 位。该素数已被多人使用不同的硬件和软件完成验证。

2018 年 1 月 13 日，日本一家出版社即虹色社为当时已发现的最大素数做了一本书，如图 1-7 所示。这本书一共 720 页，里面密密麻麻，全是这一数字，仅用 4 天时间就卖出了 1500 本。

图 1-7 《最大的素数》

2018 年 12 月 7 日,住在美国佛罗里达州奥卡拉市的帕特里克·拉罗什(Patrick Laroche)也是通过 GIMPS 项目发现了第 51 个梅森素数:$2^{82589933}-1$(被称为 $M_{82589933}$),它共有 24862048 位。

1.4 整数分解

多项式可以因式分解,类似地,整数也可以分解,一个整数可以分解成它的几个约数因子的乘积,这就是整数分解(integer divisorization)。

1.4.1 素因子表达式

大于 1 的整数在进行整数分解时可以更进一步,使每个因子都是素数。对于每一个大于 1 的正整数 m 来说,可以唯一地写成:

$$m = p_1^{k_1} \; p_2^{k_2} \cdots \; p_t^{k_t}$$

其中 p_i 是能整除 m 的素数因子,$p_1 < p_2 < \cdots < p_t$;k_i 是 p_i 出现的次数。这种表达式被称为整数 m 的素因子表达式。对于任意 m,它的素因子表达式是独一无二的。将 m 写成素因子表达式的过程叫作素因子分解。

素因子表达式也从非素数层面反向定义了素数:如果一个大于 1 的整数 m 不是素数,那么 m 一定能够分解成 2 个或 2 个以上素数的乘积,并且这个表达式是唯一的。

示例 1-2 写出 7、9、20、30 的素因子表达式

$$7 = 7^1$$
$$9 = 3 \times 3 = 3^2$$
$$20 = 4 \times 5 = 2 \times 2 \times 5 = 2^2 \times 5$$
$$30 = 6 \times 5 = 2 \times 3 \times 5$$

7 本身是一个素数,只能整数分解成 1×7,但 1 并不是素数,所以 7 的素因子表达式就是 7 本身。可以使用代码 1-6 进行整数的素因子分解。

代码 1-6 整数的素因子分解 C1_6.py

```
01    from C1_4 import is_prime_2
02
03    def prim_division(a):
04        '''
05        素因子分解
06        :param a: 大于 1 的整数
```

```
07        :return: 素因子列表
08        '''
09        if is_prime_2(a):   #  素数的素因子分解等于素数本身
10            return [a]
11        result = [] #  素因子列表
12        divisors = [x for x in range(2, a) if a % x == 0 and is_prime_2(x)] #  a 的所有素数因子
13        for divisor in divisors : #  找到素因子表达式
14            while True:
15                if a % divisor != 0:
16                    break
17                result.append(divisor)
18                a /= divisor
19        return result
```

既然整数可以进行素因子分解，那么其有何用途呢？

数学的发展来源于实践，对于没有使用价值的东西大概很少会有人对其进行研究。素因子分解可以用于证明素数有无穷个、$\sqrt{2}$ 是无理数，还可以用于密码学、计算复杂性理论，甚至可以用于量子计算等。下面举两个例子来说明素因子分解的用途。

1.4.2   素数有无穷个吗？

一个关于素数的问题是，素数有无穷个吗？通常的回答是：当然有无穷个，这还要证明吗？随便给出一个素数，不是很容易列举出比它更大的素数吗？但真是这样吗？素数并没有什么先验的理由说明它必须有无穷个，如果写出一个相当长的，能够绕地球一圈的素数，那么还能保证一定有一个比它更大的素数吗？

随便给出一个素数，确实能够列举出比它更大的素数，只不过需要使用反证法来证明。

假设素数的个数是有限的，那么可以用集合的形式将它们全部列举出来：

$$\Omega = \{2, 3, 5, 7, \cdots, P\}$$

P 作为集合中的最后一个素数，是世界上最大的素数。

根据整数的素因子分解，一个大于 1 的正整数可以分解成若干个素数的乘积，那么就存在一个大整数，它等于 Ω 中所有元素的乘积，而 M 是比这个大整数大 1 的数：

$$M = 2 \times 3 \times 5 \times 7 \times \cdots \times P + 1$$

M 一定比 P 更大，P 已经被假定是世界上最大的素数，按照这个假设，M 肯定不是素数。通过素因子表达式可知，如果 M 不是素数，则一定能够分解成若干个素数的乘积。因为已经假设 Ω 中包含了所有的素数，所以 M 也一定能够分解成 Ω 中若干个元素的乘积。而实际上，M 除以 Ω 中的任一元素都会产生余数 1，这意味着 M 不能用 Ω 中的元素进行素因子分解。换句话说，如果想要完成 M 的素因子分解，那么需要在素数集合 Ω 中再加上 M 本身，所以 M 也是一个素数，而且大于 P，这与

“P 是世界上最大的素数”相矛盾，因此证明了“素数有无穷个”。

“素数有无穷个”这一命题最早的证明出现在古希腊数学家欧几里得（Euclid）的《几何原本》上，因此这一命题也被称为“欧几里得定理”（Euclid's theorem）或“欧几里得第二定理”（Euclid's second theorem）。

1.4.3 $\sqrt{2}$ 为什么“无理”？

$\sqrt{2}$ 是一个无理数，它无限不循环，没有尽头。

对此还是使用反证法进行证明，证明时同样会用到素因子分解。

假设 $\sqrt{2}$ 是一个有理数，根据有理数的定义可以得出：

$$\sqrt{2}=\frac{a}{b}, a>0, b>0$$

注：有理数是一个整数 a 和一个正整数 b 的比。

其中 $\frac{a}{b}$ 不能通分，也就是说，a 和 b 是互素的（a 和 b 的公约数只有 1）。现在将等式两侧同时平方：

$$2=\frac{a^2}{b^2} \Rightarrow a^2=2b^2$$

因为 $2b^2$ 肯定是偶数，所以 a^2 也是偶数。如果 a 是奇数，则 a^2 也一定是奇数，所以 a 在这里只能是偶数，a 一定可以素因子分解成：

$$a=2^m \times \cdots, m \geqslant 1$$

将等式 $a^2=2b^2$ 两侧同时除以 2：

$$\frac{a^2}{2}=b^2$$

因为 a^2 是偶数，$\frac{a^2}{2}$ 还是偶数，所以 b^2 也是偶数，b 仍然是偶数，b 可以素因子分解成：

$$b=2^n \times \cdots, n \geqslant 1$$

现在 $2 \mid a$ 并且 $2 \mid b$，这与“a 和 b 是互素的”相矛盾，所以得出 $\sqrt{2}$ 是无理数。

通过 1.4.2 小节和 1.4.3 小节的例子，我们知道了素因子分解的作用，第 2 章将继续对素数的应用进行探讨，讨论素数是如何应用于密码学中的。

1.5 最大公约数

经过了长长的铺垫，本节将介绍 1.1 节中出现的最大公约数。现在，让我们以全新的视角去审视这个早已熟知的概念。

1.5.1 公约数和最大公约数

除最大公约数外，当然还有普通的公约数。

公约数的定义：有 a 和 b 两个整数，如果存在另一个能够同时整除 a 和 b 的正整数 k，那么 k 就是 a 和 b 的公约数，也叫作公因数。

当 a 和 b 不全为 0 时，二者公约数中最大的那个就是 a 和 b 的最大公约数，也叫作最大公因数（greatest common divisor），取英文的首字母表示最大公约数，记作 GCD(a,b)。如果 GCD$(a,b)=1$，则称 a 和 b 是互素的或互质（relatively prime）的。

注：在 GCD(a,b) 中，对于两个参数的大小没有严格规定，通常按照惯例，$a \geqslant b$。

代码 1-7 直接使用 math 库的 gcd() 函数求两个数的最大公约数。

代码 1-7　求两个数的最大公约数 C1_7.py

```
01  import math
02
03  def show_gcd(a, b):
04      ''' 展示两个数的最大公约数 '''
05      gcd = math.gcd(a, b) # 用 math.gcd(a, b) 计算最大公约数
06      print('GCD({0}, {1}) = {2}'.format(a, b, gcd))
07  show_gcd(30, 10)
08  show_gcd(30, 12)
09  show_gcd(14, -6)
10  show_gcd(97, 17)
```

代码 1-7 的运行结果如图 1-8 所示。

注意到 GCD$(14,-6)=2$，这是因为最大公约数并没有限制 a 和 b 必须是正整数，14 和 -6 都可以被 2 整除。

```
GCD(30, 10) = 10
GCD(30, 12) = 6
GCD(14, -6) = 2
GCD(97, 17) = 1
```

图 1-8　代码 1-7 的运行结果

1.5.2 辗转相除（欧几里得算法）

找出 a 和 b 的最大公约数似乎很简单，只要找出 b 的所有约数，这些约数中能被 a 整除的最大者

就是二者的最大公约数,这种方法属于穷举搜索,俗称"蛮力法"。对于较为简单的整数来说,蛮力法很有效。

示例 1-3　用蛮力法计算 GCD(63,42)＝?

使用蛮力法计算:

$$
\begin{array}{c|cc}
3 & 63 & 42 \\
7 & 21 & 14 \\
\hline
 & 3 & 2
\end{array}
$$

容易看出 63 和 42 都能被 3 整除,结果分别是 21 和 14;21 和 14 都能被 7 整除,结果分别是 3 和 2;3 和 2 是互素的,所以 GCD(63,42)＝3×7＝21。

比蛮力法更简单的方法是辗转相除法。代码 1-2 已经展示了辗转相除的实现,它的计算过程如图 1-9 所示。

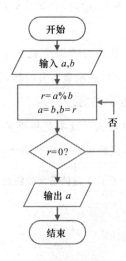

图 1-9　辗转相除的计算过程

示例 1-4　用辗转相除计算 GCD(200,36)＝?

用 36 除 200,商是 5,余数是 20,写成欧几里得算式:200＝5×36+20;

用 20 除 36,商是 1,余数是 16,写成欧几里得算式:36＝1×20+16;

用 16 除 20,商是 1,余数是 4,写成欧几里得算式:20＝1×16+4;

用 4 除 16,商是 4,余数是 0,写成欧几里得算式:16＝4×4+0;

所以 GCD(200,36)＝4。

辗转相除的过程很简单,反复使用余数除除数,直到能够整除为止。想要分析它生效的原因,还要用到欧几里得算式。

设 a 和 b 是两个整数,$0<b<a$,根据欧几里得算式,a 可以写成:

$$a = k_1 b + r_1$$

$$r_1 = a - k_1 b$$

其中 k_1 是正整数，$0 \leqslant r_1 < b$。设 n 是 a 和 b 的公约数，根据整除的推论：

$$\text{if } n \mid a, n \mid b \text{ then } n \mid (pa + qb)$$

$$\text{when } p = 1, q = -k_1 \text{ then } n \mid (a - k_1 b) \Rightarrow n \mid r_1$$

$$\Rightarrow n \mid a, n \mid b, n \mid r_1 \qquad \qquad ①$$

对于同一个 n，如果 n 可以整除 b 和 r_1，那么 n 也可以整除 a：

$$a = k_1 b + r_1$$

$$\text{if } n \mid b \text{ and } n \mid r_1 \text{ then } n \mid a \qquad \qquad ②$$

根据①，a 和 b 的公约数一定是 r_1 的约数；根据②，b 和 r_1 的公约数也一定是 a 的约数。$r_1 < b < a$，这意味着 a 和 b 的公约数等价于 b 和 r_1 的公约数，进而得到 $\text{GCD}(a, b) = \text{GCD}(b, r_1)$。可以用一组图来展示这个过程，原始问题是找出 a 和 b 的公约数，如图 1-10 所示。

由结论①可知，a 和 b 的公约数一定是 r_1 的约数，那么 r_1 的约数一定包含原始问题，如图 1-11 所示。

由结论②可知，b 和 r_1 的公约数也一定是 a 的约数，那么 b 和 r_1 的公约数要缩小到原始问题的边缘，如图 1-12 所示。

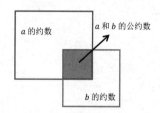
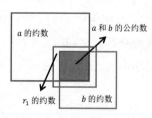
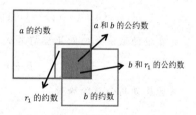

图 1-10　a 和 b 的公约数　　　　图 1-11　r_1 的约数　　　　图 1-12　b 和 r_1 的公约数要

　　　　　　　　　　　　　　　　　　一定包含原始问题　　　　缩小到原始问题的边缘

从图 1-12 中可以看出，b 和 r_1 的公约数与原始问题的阴影部分一致，所以 a 和 b 的公约数等价于 b 和 r_1 的公约数，它们的最大公约数自然也相同，如图 1-13 所示。

现在用欧几里得算式表示 b 和 r_1 的关系：

$$b = k_2 r_1 + r_2, 0 \leqslant r_2 < r_1$$

继续表示 r_{n-1} 和 r_n 的关系：

$$r_1 = k_3 r_2 + r_3, 0 \leqslant r_3 < r_2$$

$$r_2 = k_4 r_3 + r_4, 0 \leqslant r_4 < r_3$$

$$\vdots$$

$$r_{n-1} = k_{n+1} r_n + r_{n+1}, 0 \leqslant r_{n+1} < r_n$$

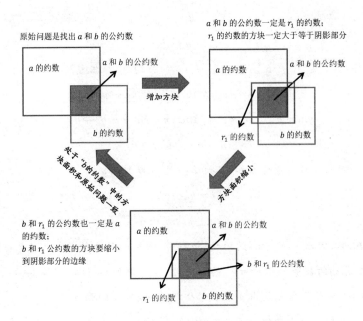

图 1-13　a 和 b 的公约数等价于 b 和 r_1 的公约数

假设第 n 次是迭代的尽头，即 $r_{n-1} \mid r_n, r_{n+1}=0$，由于已知 $\mathrm{GCD}(a,b)=\mathrm{GCD}(b,r_1)$，用同样的方式可知 $\mathrm{GCD}(b,r_1)=\mathrm{GCD}(r_1,r_2)$，如此继续下去，最终会得到结论：

$$\mathrm{GCD}(b,r_1)=\mathrm{GCD}(r_1,r_2)=\mathrm{GCD}(r_2,r_3)=\cdots=\mathrm{GCD}(r_{n-1},r_n)$$

更直观的做法是把欧几里得算式用商和余数表示，用 r_1 除 b：

$$b \div r_1 = k_2 \cdots\cdots r_2, 0 \leqslant r_2 < r_1 < b$$

然后反复用余数除除数：

$$r_1 \div r_2 = k_3 \cdots\cdots r_3, 0 \leqslant r_3 < r_2$$
$$r_2 \div r_3 = k_4 \cdots\cdots r_4, 0 \leqslant r_4 < r_3$$
$$\vdots$$
$$r_{n-1} \div r_n = k_{n+1} \cdots\cdots r_{n+1}, 0 \leqslant r_{n+1} < r_n$$

每一次都会得到一个更小的余数，最终余数将达到 0，迭代结束。

这就是辗转相除的原理，因为是用欧几里得算式推导的，所以也被称为欧几里得算法。

1.5.3　更相减损

最大公约数存在一个性质：

$$\mathrm{GCD}(a,b)=\mathrm{GCD}(b,b \pm a)$$

对于这个值得怀疑的等式，只要证明 a 和 b 的公约数与 b 和 $b \pm a$ 的公约数相同就可以了。根据整除的推论，如果有一个整数 c 能够同时整除 a 和 b，则对于任意的整数 m、n，都有 $c \mid (ma + nb)$：

$$\text{if } c \mid a, c \mid b \text{ then } c \mid (ma + nb)$$

$$\text{when } m = \pm 1, n = 1 \text{ then } c \mid (b \pm a)$$

由此得到的结论是，a 和 b 的公约数一定是 $b \pm a$ 的约数，如图 1-14 所示。

仍然是根据整除的推论：

$$\text{if } c \mid b, c \mid (b \pm a) \text{ then } c \mid [mb + n(b \pm a)]$$

$$\text{when } m = 1, n = -1 \text{ then } c \mid [mb + n(b \pm a)] \Rightarrow c \mid [b - (b \pm a)]$$

$$\Rightarrow c \mid \pm a, c \mid a$$

这意味着 b 和 $b \pm a$ 的公约数一定是 a 的约数，如图 1-15 所示。

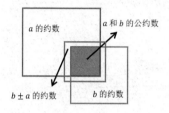
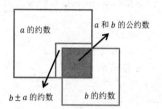

图 1-14　a 和 b 的公约数
一定是 $b \pm a$ 的约数

图 1-15　b 和 $b \pm a$ 的公约数
一定是 a 的约数

b 和 $b \pm a$ 的公约数恰好是图 1-15 的阴影部分，等价于 a 和 b 的公约数，所以 $\text{GCD}(a, b) = \text{GCD}(b, b \pm a)$。

注：对于公约数来说，$\text{GCD}(b, b \pm a)$ 和 $\text{GCD}(b, a \pm b)$ 是一回事。

按照上面的过程不断向下计算，$\text{GCD}(a, b)$ 中两个参数的差值最终会与它们中的较小者相等，这个相等的数就是最大公约数，这种求得最大公约数的方法称为更相减损术。

示例 1-5　用更相减损术计算 GCD(72,57)＝?

计算过程如图 1-16 所示。

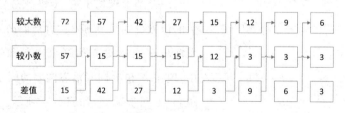

图 1-16　GCD(72,57)＝3

《九章算术》还提供了更相减损术的一个升级版，原文如下："可半者半之，不可半者，副置分母、子之数，以少减多，更相减损，求其等也。以等数约之。"翻译成算法如下。

（1）如果 a 和 b 都是偶数，就用 2 分别去除 a 和 b，直到其中一个变成奇数，并计算 a 或 b 一共除以了几次 2，用 m 表示；否则直接跳到步骤（2）。

（2）使用更相减损不断相减，直到差值与较小数相等。

（3）用 2^m 去乘步骤（2）中最后的差值，其结果就是 a 和 b 的最大公约数。

由此得到了另一种最大公约数的实现方式。

代码 1-8　用更相减损术计算最大公约数 C1_8.py

```
01  def gcd_derogation(a, b):
02      ''' 使用更相减损术求 GCD(a,b) '''
03      if a == b:
04          return a
05      if a < b:
06          a, b = b, a
07      m = 0 #  a 和 b 除以 2 的次数
08      if a & 1 == 0 and b & 1 == 0:  #  判断 a 和 b 是否都为偶数
09          a //= 2
10          b //= 2
11          m += 1
12      #  更相减损术
13      r = 0
14      while True:
15          r = a - b
16          if r == b:
17              break
18          a = max(b, r)
19          b = min(b, r)
20      return (2 ** m) * r
```

1.6　青蛙约会

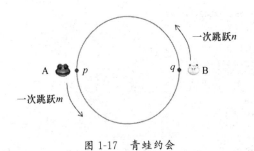

图 1-17　青蛙约会

　　一个圆形围墙下有 A 和 B 两只青蛙想要约会，它们的位置分别是 p 和 q。青蛙们高兴地出发了，但是出发前忘记通知对方朝哪个方向前进。围墙的周长是 L，现在 A 和 B 同时沿着围墙的同一方向跳跃，A 每次跳 m，B 每次跳 n，如图 1-17 所示。假设两只青蛙跳跃一次的耗时相同，落在同一点视为相遇，那么它们经过几次跳跃才能相遇？p、q、m、n 都是整数。

1.6.1 线性不定方程

青蛙约会成功的第一个前提是 $m \neq n$，否则它们会永远跳下去。假设 p 和 q 相距很近，并且 A 跳跃得比较快，如果能够相遇，那么 A 一定比 B 至少多跳一圈，也就是运动会上常说的"扣圈"。当然，在 A 将要追上 B 时，如果下一跳又正好跳到了 B 的前面，那么这一圈就白扣了，需要重新追赶。设它们经过 x 次跳跃能够相遇，相遇时 A 比 B 多跳了 y 圈，可以写出下面的式子：

$$(p + mx) - (q + nx) = Ly$$

$$(m - n)x + (p - q) = Ly$$

$$(n - m)x + Ly = p - q$$

其中 p、q、m、n、L 是已知的，x、y 是未知的，重新命名变量：

$$let \ a = n - m, b = L, c = p - q$$

$$then \ ax + by = c$$

对于任意整数 a、b、c，形如 $ax + by = c$ 的方程称为线性不定方程。"线性"表示方程的未知数次数是一次，"不定"表示未知数的个数多于方程的个数。

我们的目标是求解线性不定方程，在求解时需要用到公约数定理和扩展欧几里得算法。

1.6.2 公约数定理

公约数存在两个定理，如果 $d = \text{GCD}(a, b)$，则：

定理 1.1 存在整数 x 和 y，使得 $d = ax + by$，x 和 y 可以是负整数。定理 1.1 也叫作贝祖定理。

定理 1.2 如果 c 是 a 和 b 的另一个公约数，则 $c \mid d$。

定理 1.2 还产生了一个推论：$\text{GCD}(a, b)$ 是 a 和 b 的线性组合 $ax + by$ 中的最小正元素。

1.6.3 扩展欧几里得算法

对于线性不定方程 $ax + by = c$ 来说，如果 $c = \text{GCD}(a, b)$，则方程存在一组整数解；如果 c 是 $\text{GCD}(a, b)$ 的整数倍，则方程存在多组整数解；否则方程没有整数解。

1.5.2 小节已经介绍了欧几里得算法如何通过辗转相除求得两个数的最大公约数：

$$\text{GCD}(a, b) = \text{GCD}(b, a \% b)$$

解线性不定方程需要不断迭代原方程（原方程是第 0 次迭代），直到 $a \% b = 0$ 为止：

$$i = 0, \text{then}:$$

$$a_{i+1} = b_i, b_{i+1} = a_i \% b_i$$

$$\xrightarrow{\text{辗转相除}} \text{GCD}(a_i, b_i) = \text{GCD}(a_{i+1}, b_{i+1})$$

$$\Longrightarrow a_i x_i + b_i y_i = a_{i+1} x_{i+1} + b_{i+1} y_{i+1}$$

$$i += 1$$

$$\text{until } b_i = 0$$

最后一次迭代(第 $n+1$ 次迭代)时，$a_n \% b_n = 0$：

$$a_n x_n + b_n y_n = \text{GCD}(b_n, a_n \% b_n) = b_n x_{n+1} + (a_n \% b_n) y_{n+1} = b_n x_{n+1} + 0 y_{n+1} \qquad ①$$

$$b_n x_{n+1} + 0 y_{n+1} = \text{GCD}(b_n, 0) = b_n$$

其中的一组特解是 $x_{n+1} = 1, y_{n+1} = 0$。虽然这组解并不是关于 x_0 和 y_0 的，但可以通过它一步步向前反向推出原方程的解。

在 Python 中，$a_n \% b_n$ 等同于 $a_n - (a_n // b_n) b_n$，代入①中可以得到 x_n, y_n 与 x_{n+1}, y_{n+1} 的关系：

$$a_n x_n + b_n y_n = b_n x_{n+1} + (a_n \% b_n) y_{n+1}$$

$$= b_n x_{n+1} + (a_n - (a_n // b_n) b_n) y_{n+1}$$

$$= b_n x_{n+1} + a_n y_{n+1} - (a_n // b_n) b_n y_{n+1}$$

$$= a_n y_{n+1} + b_n (x_{n+1} - (a_n // b_n) y_{n+1})$$

当 x_n, y_n 与 x_{n+1}, y_{n+1} 满足下面的关系时，上式是恒等式(identities)：

$$x_n = y_{n+1}, y_n = x_{n+1} - (a_n // b_n) y_{n+1}$$

注：在恒等式中，无论变量如何取值，等式永远成立。

这样就可以由 $x_{n+1} = 1, y_{n+1} = 0$ 推出 x_n, y_n，不断向前递推，最终可以求得 x_0 和 y_0。通过代码 1-9 可求得原方程的解，该算法被称为扩展欧几里得算法。

代码 1-9　扩展欧几里得算法 ext_eculid.py

```python
01  def extEculid(a, b):
02      ''' 扩展欧几里得算法计算 ax+by = GCD(a, b)的解 '''
03      if b == 0:
04          x, y = 1, 0 #  b = 0时的一组特解
05          return x, y
06      x, y = extEculid(b, a % b)
07      return y, x - (a // b) * y
08
09  if __name__ == '__main__':
10      print('5x + 10y = 5, (x, y) =', extEculid(5, 10))
11      print('5x + 11y = 1, (x, y) =', extEculid(5, 11))
12      print('16x + 24y = 8, (x, y) =', extEculid(16, 24))
13      print('72x + 57y = 3, (x, y) =', extEculid(72, 57))
```

这里使用了 4 组测试数据，代码 1-9 的运行结果如图 1-18 所示。

```
5x + 10y = 5,  (x, y) = (1, 0)
5x + 11y = 1,  (x, y) = (-2, 1)
16x + 24y = 8,  (x, y) = (-1, 1)
72x + 57y = 3,  (x, y) = (4, -5)
```

图 1-18　代码 1-9 的运行结果

作为方程的最简情况，对于 $ax+by=1$ 来说，如果 $\text{GCD}(a,b)=1$，则方程有唯一整数解。这实际上是由 $ax+by=\text{GCD}(a,b)$ 推导而来的：

$$\text{let } d=\text{GCD}(a,b)$$

$$\text{then } ax+by=d \xrightarrow{\text{等号两侧同时除以}d} \frac{a}{d}x+\frac{b}{d}y=1$$

$$\text{let } A=\frac{a}{d}, B=\frac{b}{d} \text{ then } Ax+By=1$$

由于 d 是 a 和 b 的最大公约数，所以 A 和 B 一定是整数，且它们之间不会再有其他约数（否则 d 就不是 a 和 b 的最大公约数），因此 $ax+by=\text{GCD}(a,b)$ 有唯一整数解，等同于 $Ax+By=1$。如果重新命名系数，用 a、b 代替 A、B 就可以得到结论——对于 $ax+by=1$，如果 $GCD(a,b)=1$，则方程有唯一整数解。

1.6.4　线性不定方程的最小正整数解

在 $ax+by=c$ 中，如果 c 是 $\text{GCD}(a,b)$ 的整数倍，则方程有多组解，这些解又是什么呢？

$$\text{let } d=\text{GCD}(a,b), A=\frac{a}{d}, B=\frac{b}{d}, C=\frac{c}{d}$$

$$\text{then } ax+by=c \xrightarrow{\text{两侧同时除以}d} Ax+By=C \qquad ②$$

由于 d 是 a 和 b 的最大公约数，所以 A 和 B 不再有其他的约数，即 A 和 B 互素，$\text{GCD}(A,B)=1$，于是下面的不定方程有唯一解：

$$Ax+By=\text{GCD}(A,B)=1 \qquad ③$$

根据扩展欧几里得算法可以计算出它的唯一解，设这组解是 x_0, y_0，将解代入③：

$$Ax_0+By_0=1 \qquad ④$$

$$③-④=A(x-x_0)+B(y-y_0)=0$$

由于 A 和 B 互素，因此 $(x-x_0)$ 一定含有因子 B，$(y-y_0)$ 一定含有因子 A，由此可以得到不定方程的通解：

$$x-x_0=kB, x=x_0+kB=x_0+k\frac{b}{d}$$

$$y-y_0=kA, y=y_0+kA=y_0+k\frac{a}{d}$$

$$k \in \mathbf{Z}$$

满足方程的解有无数个,但在实际问题中我们往往只需求得其中的最小正整数解即可。如果不考虑 y 的取值,x 的最小正整数解就是 $x_0 + k\dfrac{b}{d} > 0$ 时的最小值(注意是 $x_0 + k\dfrac{b}{d}$ 的最小值,而不是 x_0 的最小值)。

 1.7 最小公倍数

最大公约数和最小公倍数(least common multiple)往往是成对出现的。对于两个不等于 0 的整数 a 和 b,如果 $a \mid k$ 且 $b \mid k$,那么 k 就是 a 和 b 的公倍数;在所有满足条件的 k 中,大于 0 的最小者就是 a 和 b 的最小公倍数,记作 $c = \mathrm{LCM}(a, b)$。

注:与 $\mathrm{GCD}(a, b)$ 类似,按照惯例,在 $\mathrm{LCM}(a, b)$ 中,$a \geqslant b$。

1.7.1 寻找最小公倍数

寻找两个数的最小公倍数远比寻找它们的最大公约数简单,使用蛮力法计算即可。

代码 1-10　求两个数的最小公倍数 C1_10.py

```
01  def lcm(a, b):
02      ''' 求 a,b 的最小公倍数 '''
03      a, b = abs(a), abs(b)
04      if a == b:
05          return a
06      if a < b:
07          a, b = b, a #  保证 a > b
08      result = 1
09      for i in range(1, b + 1): #  寻找 a 和 b 的最小公倍数
10          c = a * i
11          if c % b == 0:
12              result = c
13              break
14      return result
15
16  if __name__ == '__main__':
17      print('LCM(42, 39) = ', lcm(42, 39)) #  LCM(42, 39) = 546
18      print('LCM(48, -28) = ', lcm(48, -28)) #  LCM(48, -28) = 336
```

根据定义,最小公倍数是正整数,负数的最小公倍数相当于其绝对值的最小公倍数。

1.7.2　利用最大公约数求最小公倍数

既然最大公约数和最小公倍数经常成对出现，是否能够通过其中一个直接计算另一个呢？当然可以，这需要用到下面的定理：

$$ab = \mathrm{GCD}(a,b)\,\mathrm{LCM}(a,b)$$

定理表明，a 和 b 的乘积等于它们的最大公约数和最小公倍数的乘积，于是就得到了寻找最小公倍数的另一个版本。

代码 1-11　利用最大公约数求最小公倍数 C1_11.py

```
01  from C1_8 import gcd_derogation
02
03  def lcm_by_gcd(a, b):
04      ''' 利用最大公约数求最小公倍数 '''
05      a, b = abs(a), abs(b)
06      return a if a == b else (a * b) / gcd_derogation(a, b)
07
08  if __name__ == '__main__':
09      print('LCM(42, 39) = ', lcm_by_gcd(42, 39))       # LCM(42, 39) = 546.0
10      print('LCM(48, -28) = ', lcm_by_gcd(48, -28))     # LCM(48, -28) = 336.0
```

可以随机选取一些数字对上述定理进行验证，结果一定是正确的。但是一个新的定理应该是由概念和其他定理推导而来的，而不是通过无数个计算总结出来的。下面就来分析这个定理的推导过程。

依然是利用素因子表达式：

$$a = p_1^{a_1}\, p_2^{a_2} \cdots p_t^{a_t},\, b = p_1^{b_1}\, p_2^{b_2} \cdots p_t^{b_t}$$

$p_1, p_2, \cdots, p_t$ 是 a 和 b 共同的素因子，它们的次数可以是 0。例如：

$$a = 25 = 3^0 \times 5^2,\, b = 15 = 3^1 \times 5^1$$

作为 a 和 b 的最大公约数，$\mathrm{GCD}(a,b)$ 可以分解为：

$$\mathrm{GCD}(a,b) = p_1^{\min(a_1,b_1)}\, p_2^{\min(a_2,b_2)} \cdots p_t^{\min(a_t,b_t)}$$

类似地，$\mathrm{LCM}(a,b)$ 可以分解为：

$$\mathrm{LCM}(a,b) = p_1^{\max(a_1,b_1)}\, p_2^{\max(a_2,b_2)} \cdots p_t^{\max(a_t,b_t)}$$

将二者相乘：

$$\mathrm{GCD}(a,b)\mathrm{LCM}(a,b) = p_1^{\min(a_1,b_1)+\max(a_1,b_1)}\, p_2^{\min(a_2,b_2)+\max(a_2,b_2)} \cdots p_t^{\min(a_t,b_t)+\max(a_t,b_t)}$$

$$= p_1^{a_1+b_1}\, p_2^{a_2+b_2} \cdots p_t^{a_t+b_t}$$

$$= (p_1^{a_1}\, p_2^{a_2} \cdots p_t^{a_t})(p_1^{b_1}\, p_2^{b_2} \cdots p_t^{b_t})$$

$$= ab$$

1.8 哥德巴赫猜想猜的是什么？

哥德巴赫猜想是最广为人知的数学难题，它的简称是"1+1"，这其实很容易令人产生误解。最普遍的误解是：哥德巴赫猜想就是证明1+1=2——"一个苹果加另一个苹果为什么等于两个苹果"这件事至今还没有被证明。这个误解有些不着边际，哥德巴赫（Goldbach）应该不会猜想这样无聊的问题。另一个误解的版本稍微高级一点，说一个素数加上另一个素数等于一个偶数。这个问题应该有很多人能够证明。

真正的哥德巴赫猜想是哥德巴赫在1742年提出的：任一大于2的偶数都可写成两个素数之和。但是哥德巴赫自己却无法证明它，于是就写信请教赫赫有名的大数学家欧拉，请其帮忙证明，但是欧拉直到去世都无法证明。因为今天的数学界已经不再使用"1也是素数"这个约定，所以哥德巴赫猜想的现代版本是：所有大于4的偶数都可以分解成两个素数之和，简称"1+1"，没有"=2"。图1-19所示是哥德巴赫关于这一猜想的一篇手稿。

图1-19　哥德巴赫猜想的手稿

1.9 整数比自然数更多吗？

这里有个有趣的问题：整数有无穷个，自然数也有无穷个，那么整数和自然数到底哪个更多呢？

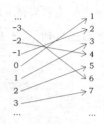

图 1-20　整数与自然数的对应关系

表面看上去是整数更多，多了一倍，因为它比自然数多了负值部分。但真相是，二者的数量一样多！这就要了解数学中是怎样定义"一样多"的。在数学中，如果两个集合能够产生一一对应的关系，并且这个对应关系可以用一个函数表示，那么就可以说这两个集合的元素一样多。例如，整数与自然数的对应关系如图 1-20 所示。

这个表达对应关系的函数为：

$$f(x)=\begin{cases}2x+1, & x\geqslant 0\\ -2x, & x<0\end{cases}$$

x 是整数，$f(x)$ 是自然数，对于每一个整数 x，都有唯一的自然数 $f(x)$ 与之对应。因为 $f(x)$ 没有尽头，所以不存在对应不上的情况。

自然数和实数是否也有这样的对应关系呢？没有。它们无法产生一一对应，因为每两个实数间都有无穷多个数，无法有效地写出一个对应关系。

1.10 全体实数比 ±1 之间的实数更多吗？

整数和自然数一样多，那么全体实数与（−1,1）区间内的实数哪个多呢？表面看上去又是全体实数多，但实际上二者一样多！

这个匪夷所思的问题可以借助一个数轴来解答。数轴上的每一个点都代表一个实数，把 −1～1 的线段向上弯折，得到一个与 0 点相切，弧长是 2 的圆弧，如图 1-21 所示。

图 1-21　用圆弧表示（−1,1）区间内的实数

把数轴上的任意点与弧连线,都可以在弧上找到唯一点,如图 1-22 所示。

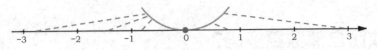

图 1-22　数轴上的每一点都能与弧上的点对应

弧上的点和数轴上的点都有无数个,最终的密集连线将会变成一个平面,无限远端的连线也将近似地平行于数轴,如图 1-23 所示。

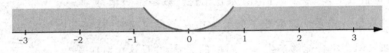

图 1-23　弧上的点和数轴上的点之间的密集连线将会变成一个平面

由此可见,二者的数量相等,准确地说是"势"相等。如果 $A = A(x)$ 和 $B = B(x)$ 是两个势相等的函数,则可以记作 $A \sim B$。

实际上我们可以写出 $(-1,1)$ 与所有实数之间的明确对应关系。例如,常见的 Sigmoid 函数:

$$y = \frac{1}{1 + e^{-x}}, x \in \mathbf{R}, y \in (-1,1)$$

函数图像如图 1-24 所示。

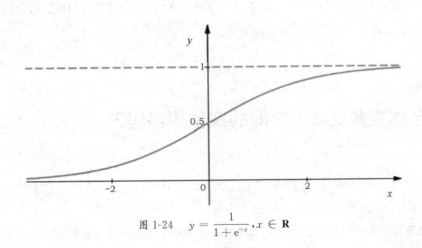

图 1-24　$y = \dfrac{1}{1 + e^{-x}}, x \in \mathbf{R}$

1.11　大整数的乘法

我们在小学就学过用竖式计算两个多位数的乘法,如图1-25所示。

这个过程虽然简单但是比较烦琐，很容易出错，通常是由计算器代劳的。然而对于超大整数的乘法，计算器也未必可靠，因为它还存在"溢出"的问题，这时需要我们自行编写算法。

```
        1  2  3
  ×     3  2  1
  ─────────────
        1  2  3
     2  4  6
  3  6  9
  ─────────────
  3  9  4  8  3
```

图 1-25　使用竖式计算乘法

1.11.1　竖式算法

虽然对于 Python 来说，不需要过多考虑整数的长度和溢出问题，但对于其他编程语言却未必如此。这里我们暂且抛开语言本身的特性，只关注算法本身。假设输入两个长整数 x 和 y，它们的乘积将会溢出，所以需要将乘积转换成字符串，根据乘法竖式的运算规则，很容易写出下面的代码。

代码 1-12　模拟竖式运算 **multi_vertical.py**

```python
01  def multi(x, y):
02      ''' 竖式法计算两个整数相乘 '''
03      x_str, y_str = str(x), str(y)
04      x_len, y_len = len(x_str), len(y_str)
05      z = [0] * (x_len + y_len)
06      # 按位相乘
07      for i in range(x_len):
08          for j in range(y_len):
09              z[x_len - i - 1 + y_len - j - 1] += int(x_str[i]) * int(y_str[j])
10      # 处理进位
11      for i in range(len(z) - 1):
12          if z[i] >= 10:
13              z[i + 1] += (int(z[i]) // 10)
14              z[i] = int(z[i]) % 10
15      return list2str(z)
16
17  def list2str(z):
18      ''' z 转换成字符串并删除左侧的 0 '''
19      s = [str(i) for i in z]
20      return ''.join(s[:: -1]).lstrip('0')
21
22  def show(a, b):
23      ''' 展示运行结果 '''
24      print('{0} * {1} = {2}\t({3})'.format(a, b, multi(a, b), a * b))
25
26  if __name__ == '__main__':
27      show(123, 321)
28      show(123, 456)
29      show(123456789000, 987654321000)
```

代码中 07～09 行用两个循环模拟了乘法计算的过程，以 123×321 为例，在循环结束后，z 将存储下面的数据，如图 1-26 所示。

代码中 11～14 行的 for 循环作用是处理进位问题。最后将列表逆序后转换为字符串，再去掉左

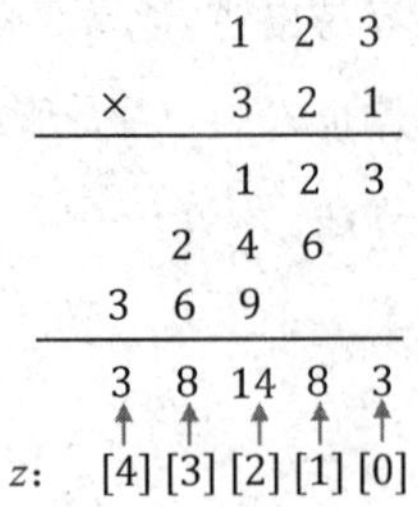

$$
\begin{array}{r}
1\ 2\ 3 \\
\times\quad 3\ 2\ 1 \\
\hline
1\ 2\ 3 \\
2\ 4\ 6\quad \\
3\ 6\ 9\quad\quad \\
\hline
3\ \ 8\ \ 14\ \ 8\ \ 3
\end{array}
$$

$z:\quad [4]\ [3]\ [2]\ [1]\ [0]$

图 1-26　按位相乘后 z 中存储的数据

侧多余的 0。show() 除展示竖式乘法的计算结果外,还额外显示了直接用 Python 计算 a * b 的结果以便对比。代码 1-12 的运行结果如图 1-27 所示。

```
123 * 321 = 39483    (39483)
123 * 456 = 56088    (56088)
123456789000 * 987654321000 = 121932631112635269000000    (121932631112635269000000)
```

图 1-27　代码 1-12 的运行结果

1.11.2　Karastuba 算法

竖式乘法偏向于使用蛮力,Karastuba 博士在 1960 年提出了一个更简单的算法,其思想是把两个大整数的乘法转化为若干次小规模的乘法和少量的加法,这就是 Karastuba 算法。

对于两个 n 位的大整数 x 和 y,可以把它们分解成两部分:

$$x = x_1 10^{\frac{n}{2}} + x_0, 0 \leqslant x_0 < 10^{\frac{n}{2}}$$

$$y = y_1 10^{\frac{n}{2}} + y_0, 0 \leqslant y_0 < 10^{\frac{n}{2}}$$

例如:

$$12345 = \underbrace{123}_{x_1} \times 10^2 + \underbrace{45}_{x_0}$$

是不是有点似曾相识? 没错,这实际上是利用了欧几里得算式将一个整数分解成 $m = qn + r$ 的形式。现在 x 和 y 的乘积可以表示为:

$$xy = (x_1 10^{\frac{n}{2}} + x_0)(y_1 10^{\frac{n}{2}} + y_0) = x_1 y_1 10^n + (x_1 y_0 + x_0 y_1)10^{\frac{n}{2}} + x_0 y_0$$

其中 10^n 的运算可以通过位移进行高效处理,这就相当于把原来的大整数乘法变成了 4 次较小规模的乘法和少量的加法。上式还可以更进一步表示为:

$$x_1 y_0 + x_0 y_1 = (x_1 + x_0)(y_0 + y_1) - x_1 y_1 - x_0 y_0$$

$$xy = x_1 y_1 10^n + [(x_1 + x_0)(y_0 + y_1) - x_1 y_1 - x_0 y_0]10^{\frac{n}{2}} + x_0 y_0$$

虽然看起来更复杂了，但是对于计算机来说，由于已经计算过 x_1y_1 和 x_0y_0，不需要再次计算，因此 $x_1y_0+x_0y_1$ 从原来的 2 次乘法、1 次加法，变成了 1 次乘法、2 次加法和 2 次减法。在计算机中，多 1 次加法或减法对时间复杂度没有影响，而减少 1 次乘法却能减少时间复杂度。对每一个乘法都进行类似的分解，反复迭代 x_i、y_i，直到其中一个乘数只有 1 位为止。按照这种思路可以编写新的乘法运算实现代码。

代码 1-13　Karastuba 算法 multi_karastuba.py

```
01  def karastuba(x, y, n):
02      ''' Karastuba 算法计算两个 n 位的大整数乘法，x >= 0，y >= 0 '''
03      if x == 0 or y == 0:
04          return 0
05      elif n == 1:
06          return x * y
07      k = n // 2
08      x1 = x // (10 ** k)
09      x0 = x % (10 ** k)
10      y1 = y // (10 ** k)
11      y0 = y % (10 ** k)
12      z0 = karastuba(x0, y0, k)               # 计算 x0y0
13      z1 = karastuba(x1, y1, k)               # 计算 x1y1
14      z2 = karastuba((x1 + x0), (y0 + y1), k) - z1 - z0
15      return z1 * (10 ** n) + z2 * (10 ** k) + z0
```

然而运行代码 1-13 时会发现很难生效，原因是计算时要求的环境太过理想——每次迭代时 x_i 和 y_i 的位数都必须相同。这就需要重新审视 Karastuba 算法，看看非理想状态下是如何计算的。

假设 x 和 y 分别是 m 位和 n 位的大整数，x 和 y 可以这样分解：

$$x = x_1 10^{\frac{m}{2}} + x_0, 0 \leqslant x_0 < 10^{\frac{m}{2}}$$

$$y = y_1 10^{\frac{n}{2}} + y_0, 0 \leqslant y_0 < 10^{\frac{n}{2}}$$

$$xy = (x_1 10^{\frac{m}{2}} + x_0)(y_1 10^{\frac{n}{2}} + y_0) = x_1 y_1 10^{\frac{m+n}{2}} + x_1 y_0 10^{\frac{m}{2}} + x_0 y_1 10^{\frac{n}{2}} + x_0 y_0$$

反复迭代多项式中的每一项的 $x_i y_j$，直到其中一个乘数只有一位为止。

示例 1-6　用 Karastuba 算法计算 123×321

第 1 次迭代，$x = 123$，$y = 321$，用上标表示迭代的次数：

$$123 = \boxed{12 \times 10^1 \mid 3} \qquad 321 = \boxed{32 \times 10^1 \mid 1}$$

$$x_1^{(1)} = 12, \ x_0^{(1)} = 3 \qquad\qquad y_1^{(1)} = 32, \ y_0^{(1)} = 1$$

$$xy = x_1^{(1)} y_1^{(1)} 10^2 + x_1^{(1)} y_0^{(1)} 10^1 + x_0^{(1)} y_1^{(1)} 10^1 + x_0^{(1)} y_0^{(1)}$$

$$= (12 \times 32) 10^2 + (12 \times 1) 10^1 + (3 \times 32) 10^1 + 3 \times 1$$

其中 12×1、3×32、3×1 都出现了有一个乘数是 1 的情况，因此停止这 3 项的迭代，直接计算它们的结果。

$$xy = (12 \times 32)10^2 + 120 + 960 + 3 = (12 \times 32)10^2 + 1083$$

第 2 次迭代，$x_1^{(1)} = 12$，$y_1^{(1)} = 32$：

12 =	1×10^1	2		32 =	3×10^1	2

$x_1^{(2)} = 1, x_0^{(2)} = 2$ $\qquad$ $y_1^{(2)} = 3, y_0^{(2)} = 2$

$$x_1^{(1)} y_1^{(1)} = x_1^{(2)} y_1^{(2)} 10^2 + x_1^{(2)} y_0^{(2)} 10^1 + x_0^{(2)} y_1^{(2)} 10^1 + x_0^{(2)} y_0^{(2)}$$
$$= (1 \times 3)10^2 + (1 \times 2)10 + (2 \times 3)10 + 2 \times 2$$
$$= 300 + 20 + 60 + 4 = 384$$

综合两次迭代：

$$xy = 384 \times 10^2 + 1083 = 39483$$

现在可以编写能够正确运行的 Karastuba 算法了。用代码 1-14 替换代码 1-13。

代码 1-14　正确的 Karastuba 算法

```
01   def karastuba(x, y):
02       ''' Karastuba 算法计算两个 n 位的大整数乘法，x >= 0, y >= 0 '''
03       if x == 0 or y == 0:
04           return 0
05       m, n = len(str(x)), len(str(y)) #  x 和 y 的位数
06       if m == 1 or n == 1: #  如果 x 或 y 只有 1 位，直接计算结果
07           return x * y
08       m //= 2
09       x1, x0 = x // (10 ** m), x % (10 ** m) #  分解 x
10       n //= 2
11       y1, y0 = y // (10 ** n), y % (10 ** n) #  分解 y
12       #  迭代分解后的 4 个较小规模的乘法
13       x1y1 = karastuba(x1, y1)
14       x1y0 = karastuba(x1, y0)
15       x0y1 = karastuba(x0, y1)
16       x0y0 = karastuba(x0, y0)
17       return x1y1 * (10 ** (m + n)) + x1y0 * (10 ** m) + x0y1 * (10 ** n) + x0y0
18
19   def show(x, y):
20       ''' 在控制台打印 karastuba(x, y)的运行结果 '''
21       z = karastuba(x, y)
22       print('{0} * {1} = {2}, ({3})'.format(x, y, z, x * y == z))
23
24   if __name__ == '__main__':
25       show(123, 321)
26       show(123456789, 987456)
27       show(1234567891234567, 1234567891234567)
```

先看看 Windows 计算器下的 $1234567891234567 \times 1234567891234567$，如图 1-28 所示。

计算器已经无法给出精确的结果，但 karastuba()可以给出，如图 1-29 所示。

对于非十进制整数，Karastuba 算法依然适用。

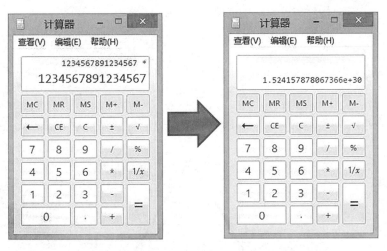

图 1-28　Windows 计算器下的计算结果

```
123 * 321 = 39483, (True)
123456789 * 987456 = 121908147038784, (True)
1234567891234567 * 1234567891234567 = 1524157878067365654031415677489, (True)
```

图 1-29　代码 1-14 的运行结果

 小结

1.欧几里得算式：

$$m = qn + r, 0 \leqslant r < |n|, n \neq 0$$

2.素数的定义和判定。

3.整数的素因子分解及其应用。

4.最大公约数定理。

5.通过辗转相除和更相减损术寻找最大公约数。

6.线性不定方程 $ax + by = n\mathrm{GCD}(a, b)$ 的通解：

$$x - x_0 = kB, x = x_0 + kB = x_0 + k\frac{b}{d}$$

$$y - y_0 = kA, y = y_0 + kA = y_0 + k\frac{a}{d}$$

7.如何寻找最小公倍数。

8.哥德巴赫猜想：所有大于 4 的偶数都可以分解成两个素数（质数）之和。

9.用 Karastuba 算法计算大整数相乘。

第 2 章

密码疑云（数论）

　　本章主要介绍了公开密码体制和公钥密码体制，并以 RSA 加密算法为例，介绍了素数在密码学中的应用。

希尔顿·丘比特（Hilton Cupid）先生拿着一张奇怪的纸条找到福尔摩斯（Holmes），纸条上面画着一行跳舞的小人，如图 2-1 所示。

图 2-1　跳舞的小人

这些奇怪的纸条经常会出现在他家的窗台和工具房的门上，他的妻子埃尔希（Elsle）一看到这些小人就会非常惊恐。希尔顿对此感到相当困扰，想求福尔摩斯帮忙解开谜团。

福尔摩斯拿着这些画着小人的纸条仔细观察，发现小人只有有限的几种，而且某些小人出现的频率远比其他小人更高。于是福尔摩斯得出一个推论——每一个跳舞的小人都代表一个英文字母。

根据接连收到的一些纸条，福尔摩斯终于推测出每个跳舞的小人所对应的字母。最后一组小人宣布了一个穷凶极恶的威胁："ELSIE，PREPARE TO MEET GOD（埃尔希，准备去见上帝）。"可惜福尔摩斯仍然晚了一步，当他赶到希尔顿家时，希尔顿先生和他的妻子已经遭遇了不幸。后来，福尔摩斯用同样的方式向凶手写了一封信，最终抓到了凶手。

福尔摩斯是根据英文字母的使用频率推测出答案的，英文中最常见的字母是 E，把出现最多的一种小人看作 E，由此一步步猜测其他字母（幸好是英文）。在今天看来，这种简单的密码已经起不到保密作用，真正能够服务于大众的加密还需要动用数学法则。

 ## 2.1　密码简史

政治、经济、军事等领域都离不开密码，随着科学技术的发展，密码在设计思想、编制技术、保密水平等方面也在不断进化。

2.1.1　古老的密码

少年时代的某一时刻，我们或许都曾经希望自己的一些信息成为秘密，于是不约而同地想到了一种加密方法——把拼音文字向后偏移。例如，当偏移量为 3 时，所有的字母 A 将被替换成 D，B 变成 E……以此类推。这确实是一种加密技术，而且是密码学中最广为人知的替换加密技术——明文中的所有字母都在字母表上向前或向后按照一个固定数目进行偏移，从而被替换成密文。这种加密方

图 2-2 恺撒密码的加密罗盘

法是以罗马共和时期恺撒的名字命名的,被称为恺撒密码,当年恺撒(Caesar)曾用此方法与将军们进行联系。图 2-2 所示是恺撒密码的加密罗盘。

恺撒密码的缺点是加密算法太过简单,最多在字母表上移动 26 次就可以将其轻松破解,知不知道文字偏移量根本没有太大影响。在悬疑大师肯·福莱特(Ken Follett)的《无尽世界》中,梅尔辛和凯瑞斯就曾经用恺撒密码加密自己的信件并且为此沾沾自喜,最后却被修道院的院长发现并轻松破解。

2.1.2 军事密码

在战火纷飞的年代,某些重要的信息甚至决定着战争的成败,为了保护信息不被敌方获取而产生的加密方式更显得至关重要。据《六韬·龙韬》所载,3000 年前由姜尚(姜子牙,约公元前 1156 年—约公元前 1017 年)发明的"阴符"便是最早的军事密码。

相传武王伐纣期间,姜子牙在一次和商军作战时遇到危急情况,他想令信使突围,通知武王派出援兵,但又担心机密被敌人截获,还怕武王不认识信使而产生犹豫耽误军机,于是就把自己当年"太公钓鱼"的鱼竿折成长短不一的数节,令信使仔细保管。信使突围回到西岐后,武王令侍卫将几节鱼竿合在一起,辨认出是姜子牙的心爱之物,于是赶快率大军支援,解了姜太公之危。战事结束后,姜子牙对着那几节鱼竿冥思许久,最终和武王一起发明了独有的专用通信凭证——"阴符"。

太公的"阴符"一共有 8 种:"大胜克敌之符,长一尺;破军杀将之符,长九寸;降城得邑之符,长八寸;却敌报远之符,长七寸;警众坚守之符,长六寸;请粮益兵之符,长五寸;败军亡将之符,长四寸;失利亡士之符,长三寸。"这种加密程度比恺撒密码更加高级,确实是"敌虽圣智,莫之能识";相应地,"阴符"的缺点也很明显,那就是能够传递的信息十分有限。

在谍战片中,谍报人员收到的指示常常是一连串的 4 位数字,通常这些数字是某本畅销书(大多数时候,中国是《三国演义》,外国是《圣经》,当然也有例外,《燃烧的密码》中纳粹间谍使用的就是《蝴蝶梦》)的页码和文字索引,情报员们翻书查找每一个字,阅读后迅速将数字销毁。这些畅销书就是解开密文时必须持有的密钥。面对一大堆杂乱无章的数字,没有密钥的敌军往往无从下手。试想,连一个最常用的"的"字都可以在一本书的每一页中出现多次,等同于每个文字都有无数的数字编码,没有密钥又如何知道含义呢?

真实的战争中,信息加密方式更是千奇百怪,纳粹分子将摩尔斯码与国际象棋棋谱和图书上的符号结合得天衣无缝,甚至时装模特的设计图纸也能被设计成一条条密码。图 2-3 所示是隐藏在五线谱中的密码。

图 2-3　五线谱中的密码

2.1.3　电子时代的密码

随着电子时代的到来,计算机刚一出现就被用来破解密码,一大批加密机制被计算机破解并淘汰,密码也因此飞速升级。随着因特网的发展,网络安全问题也日趋严重,大量在网络中存储和传输的数据都需要保护。然而不幸的是,应用层中最主要的超文体传输协议(Hyper Text Transfer Protocol,HTTP)没有任何加密机制,这就意味着计算机网络天生就是不安全的,需要一种有效的加密机制来为用户提供通信的保密性。加密机制也是许多其他安全机制的基础,例如,最典型的登录口令、取款时的输入密码。

网络是公用的,一个服务器可以同时对多个终端提供服务,每个终端在与服务器通信时都想要对其他终端保密,而作为服务提供者的服务器并不接受终端的编程,这就意味着用户无法自己定制密码规则。同时,各种黑客也盘踞在网络上,对数据虎视眈眈。

2.2　被窃听与被冒充

网络上处处存在着黑客。也许是单纯地出于炫耀,也许是为了达到某种非法的目的,黑客们会想尽办法截获他人的通信,如图 2-4 所示。

有时候,发送的信息对截获者来说并不容易理解,但不怀好意的黑客仍然可以通过分析正在传输的报文的长度和传输频度来了解数据的某种性质,从而知道正在通信的终端的位置和身份。这种攻击属于被动攻击。被动攻击并不涉及数据的任何改变,仅仅是偷窥行为,只要把门关上就可以对其进行有效预防,例如,使用虚拟专网(VPN)。另一类黑客的行为更为恶劣,他们会篡改一个合法消息的某些部分,从而欺骗服务器,得到一个未授权的结果。这种攻击属于主动攻击,如图 2-5 所示。

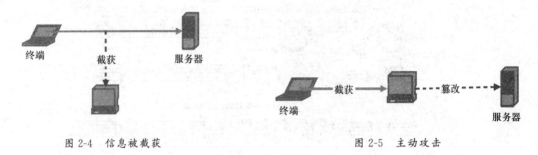

图 2-4　信息被截获　　　　　　　　　　　图 2-5　主动攻击

　　为了保护个人信息的安全,人们设计了多重防线,而数据加密就是这众多防线中非常重要的一环,其相应的密码体制也应运而生。

2.3　密码体制

　　信息论的创始人克劳德·香农(Claude Shannon)在 1949 年发表了《保密系统的通信理论》,将密码学置于坚实的数学基础之上,这标志着密码学作为一门科学的形成。随着计算机技术的发展,密码学的研究也取得了突飞猛进的发展。20 世纪 70 年代后期,美国联邦政府颁布的数据加密标准(Data Encryption Standard,DES)和公钥密码体制的出现,成为近代密码学的两个重要里程碑。

2.3.1　对称加密

　　人们常用 Alice、Bob 和 Mallory 的故事来解释加密模型,一般的加密模型如图 2-6 所示。

　　Alice 向 Bob 发送一条明文信息 X ,询问今晚几点下班。为了数据的保密性,Alice 使用加密密钥 K ,通过 E 运算对 X 进行加密,从而得到了密文 Y :

$$Y = E_K(X)$$

　　密文在网络传输的过程中可能会遇到黑客 Mallory,但是 Mallory 没有密钥,因此他无法知道 Alice 所发送信息的内容到底是什么。当 Bob 收到密文 Y 后,也不理解 Y 代表的含义,必须用密钥 K 通过 D 运算对 Y 进行解密,还原出明文 X :

$$D_K(Y) = D_K(E_K(X)) = X$$

　　注:E 和 D 是一种函数运算,输入数据即可得出结果,其并不关心输入是什么,因此也可以直接对明文进行用于解密的 D 运算,从而得到另一种形式的密文。

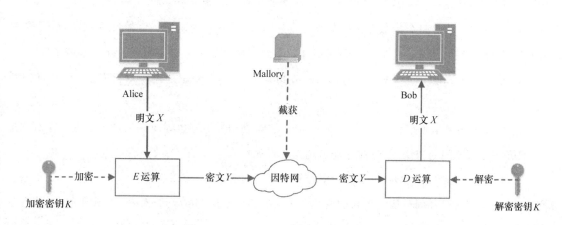

图 2-6　一般的加密模型

　　模型中完成加密和解密的算法就是所谓的密码体制，由于加密和解密使用了相同的密钥，所以上面的模型被称为"对称密钥密码体制"，简称对称加密。谍战片中的加密几乎都是使用这种体制，通信双方使用同一本畅销书。

　　作为公开的加密体制，对称加密存在一个数据加密标准，它就是 IBM 研制的 DES。DES 在 1977年被美国定为联邦信息标准，后来又被 ISO 作为数据加密标准。DES 在加密时先对明文进行分组，每一组是 64 位的二进制数据，然后再使用一个 64 位的密钥对每一组数据加密，得到相应的 64 位密文，最后再把所有密文串联起来，如图 2-7 所示。

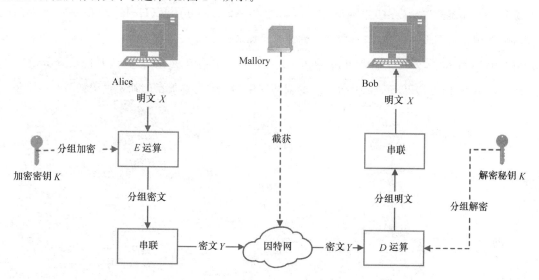

图 2-7　DES 分组加密的加密过程

　　在 DES 标准中，加密算法是公开的，数据的保密性完全取决于密钥。密钥共有 64 位，其中又有 8

位用于奇偶校验,这意味着一共有 2^{56} 种密钥。如果使用蛮力搜索密钥,那么找到密钥的平均时间复杂度是 $O(2^{28})$。尽管这是个指数级别的复杂度,但是相对于破解密码后产生的价值而言,$O(2^{28})$ 并没有复杂到不可接受,如今的普通台式机可以在数小时内将其破解。后来出现了用来代替 DES 的国际加密算法(International Data Encryption Algorithm,IDEA),它使用的是 128 位密钥,远比 DES 更安全。

无论是 DES 还是 IDEA,密钥都是解开一切的关键,密钥的保管也因此成为重中之重。在对称加密中,双方都使用相同的密钥,但怎样才能做到这一点呢?

一种方法是事先约定,Alice 和 Bob 约定好使用相同的密钥 K,如果有一天 Alice 或 Bob 觉得密钥不安全,那么他们需要共同更换一个新的密钥。但是 Alice 还有 Merry 和 Kerry 等其他朋友,持有密钥的人数就变成了 4 个甚至更多。于是问题出现了,随着人数的增多,密钥的管理会变得越来越困难,密钥的安全性也会变得越来越差——一个秘密如果被 100 个人知道,早晚也会被 1000 个人知道。

还有一种方法是通过密钥分配中心(Key Distribution Center,KDC)管理密钥。KDC 是一种运行在物理安全的服务器上的服务,作为发起方和接收方共同信任的第三方,KDC 维护着领域中所有安全主体账户的信息数据。KDC 知道属于每个账户的名称和密钥,Alice 和 Bob 的会话密钥也由 KDC 颁发。KDC 虽然好用,却无形中增加了网络成本,于是,在人们强烈需求的推动下,公钥密码体制诞生了。

2.3.2　非对称加密

公钥密码体制的概念是由美国斯坦福大学的迪菲(Diffie)和赫尔曼(Hellman)在 1976 年提出的,由于加密和解密使用了不同的密钥,所以也称为非对称加密。

在非对称加密中,公钥(加密密钥,Public Key,PK)、加密算法、解密算法是向公众开放的,私钥(解密密钥,也称为秘钥,Secret Key,SK)是需要保密的。非对称加密的加密过程如图 2-8 所示。

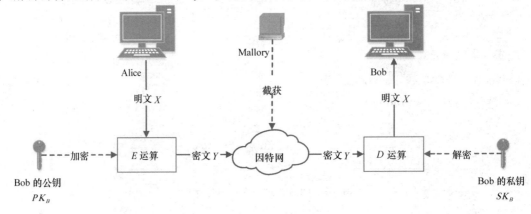

图 2-8　非对称加密的加密过程

Bob 通过密钥生成器生成了一对密钥：用于加密的公钥 PK_B 和用于解密的私钥 SK_B。Bob 把 SK_B 小心地保管起来，然后向公众开放了 PK_B，Alice 也收到了一份。如果 Alice 想和 Bob 通信，就需要用 Bob 的公钥 PK_B 对发送的明文 X 进行加密，从而得到密文 Y：

$$Y = E_{PK_B}(X)$$

Bob 收到密文后，需要用自己的私钥对其解密，还原出明文 X：

$$D_{SK_B}(Y) = D_{SK_B}(E_{PK_B}(X)) = X \qquad\qquad ①$$

公钥是用来加密的，不能用来解密，这意味着：

$$D_{PK_B}(E_{PK_B}(X)) \neq X$$

公钥与私钥是一对，如果用 Bob 的公钥对数据进行加密，那么只有用 Bob 的私钥才能解密；如果用 Bob 的私钥对数据进行加密，那么同样只有用 Bob 的公钥才能解密。如果 Bob 主动向 Alice 发送信息，那么 Bob 需要用自己的私钥对数据进行加密，而 Alice 可以用 Bob 的公钥对数据进行解密，如图 2-9 所示。

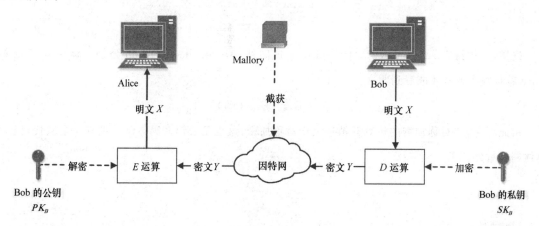

图 2-9　Bob 向 Alice 发送信息

这个过程意味着：

$$X = E_{PK_B}(D_{SK_B}(X))$$

联合①可以更清楚地看到公钥与私钥的关系：

$$X = E_{PK_B}(D_{SK_B}(X)) = D_{SK_B}(E_{PK_B}(X))$$

当然，Bob 的两把密钥存在一定的关联性，否则 Alice 也无法对 Bob 的密文进行解密。

但上述过程存在一个问题，Bob 的信息极有可能被同样持有公钥 PK_B 的 Mallory 截获并翻译成明文，因此还需要在 Alice 的配合下做出改进，如图 2-10 所示。

Bob 向 Alice 发送信息时除使用自己的私钥加密外，还需要另外使用 Alice 的公钥再进行一次加密：

$$Y = E_{PK_A}(D_{SK_B}(X))$$

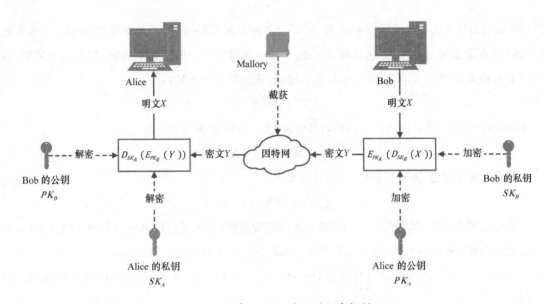

图 2-10　在 Alice 配合下的加密机制

这样,必须持有 Alice 的私钥才能冲破第一道防线,Mallory 持有的 Bob 公钥也就失去了意义。Alice 需要两次解密才能看到明文:

$$X = D_{SK_A}(E_{PK_B}(Y))$$

由此可见,非对称加密的运算开销远大于对称加密,这也是公钥密码体制并没有完全取代对称密码体制的重要原因。

2.4　数字签名

秦汉时期,出于对官方通信保密的需要,封泥被大量使用。一份文件就是一捆竹简,官员要将竹简捆好,再用自己的专有印章在竹简的封口处印上封泥(图 2-11),之后将封泥在火上烤,使之干燥。在对方收到文件时,若封泥完好,则表示信件没有被私拆过;若封泥破损,则意味着信息可能已经被泄露。

图 2-11　竹简上的封泥

随着纸张的流行，封泥退出了历史舞台，取而代之的是亲笔签名。作为验证文件真实性的依据，签名一直被沿用至今。例如，办理信用卡需要签名，买房贷款需要签名，燃气开通需要签名，就连小学生的听写作业也要家长签名。

纸质文件可以通过签名验证真实性，网络上数字信息的真实性能否用类似的机制验证呢？当然可以，这就是数字签名。

当 Bob 向 Alice 发送信息时，数字签名需要实现 3 种功能。

（1）Bob 的签名是独一无二的，Alice 能够核实 Bob 对信息的签名，以便确认信息确实是 Bob 发送的。

（2）Alice 能够通过 Bob 的签名确认信息没有被 Mallory 篡改过。

（3）Bob 事后不能对自己的签名抵赖。

数字签名的实现方法有多种，由于非对称加密实现起来更为容易，因此大多数数字签名都是基于非对称加密的。数字签名的过程如图 2-12 所示。

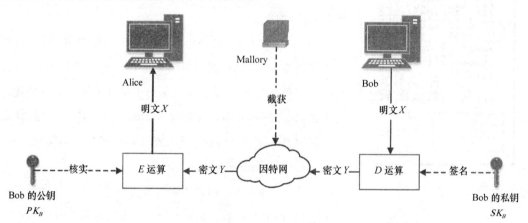

图 2-12　数字签名的过程

Bob 用自己的私钥 SK_B 对自己发送的信息进行 D 运算。由于 Bob 的私钥只有他自己持有，因此密文 Y 上的签名是独一无二的。Alice 收到带有 Bob 签名的密文后，用 Bob 的公钥进行解密，如果密文被篡改过，就无法还原有效的明文。如果 Bob 赖账，不承认自己曾经发送给 Alice 任何信息，Alice 就可以拿出用公钥还原的明文给进行公证的第三方看：

$$X = E_{PK_B}(D_{SK_B}(X))$$

因为有效的明文是用 Bob 给的公钥还原的，所以他无法抵赖。

任何人都可以核对签名，但却无法伪造。签名的任何一位发生了变化都会使签名失去效力，因此对于电子票据和需要认证的电子信息来说，数字签名是一种理想的工具。

2.5 数字证书

Bob 的签名需要用 Bob 的公钥来核实,但如果 Mallory 可以伪造公钥,那么 Alice 核实签名就无从谈起,也就永远无法验证签名的合法性。为了保证 Alice 收到的确实是 Bob 的公钥,数字证书就派上了用场。

图 2-13　数字证书

Bob 有一个证书,其中包含了 Bob 的公钥和他的一些相关信息,并且证书也有一把公钥和一把私钥。在经过证书的签名后(用证书的私钥加密),形成了一个"公章",这个公章就是数字证书,也就是用证书的私钥加密的信息。"公章"盖在 Bob 的数字签名之后,如图 2-13 所示。

Alice 通过"公章"的公钥识别出 Bob 的信息和公钥,确认信息确实是 Bob 发送的,然后对信息进行解密。但是如果 Mallory 连"公章"都可以伪造,那么又该如何确保这个公章是真的呢?如此下去,就会使问题陷入无限循环。为了解决这个问题,就需要一个能够确保证书公钥合法并且能够对证书签名的第三方机构,即认证机构(Certification Authority,CA)。

现在,Alice 用 CA 的公钥解开数字证书,就可以拿到 Bob 真实的公钥,再用 Bob 的公钥核实数字签名是否为 Bob 的。

我们常用的网银 USB Key(U 盾)就是数字证书的硬件载体,它是由银行指定的 CA 颁发的,属于我们自己的"公章"。此外,USB Key 还存有储户自己的私钥。USB Key 相当于大门的钥匙,如果钥匙丢了,就需要及时通知银行。

2.6 RSA 体制

在公钥密码体制提出不久,人们就找到了 3 种加密方案,其中最著名的当属 RSA 体制。RSA 是一种非对称加密体制,在公开密钥加密和电子商务中被广泛使用。RSA 是在 1977 年由罗纳德·李维斯特(Ron Rivest)、阿迪·萨莫尔(Adi Shamir)和伦纳德·阿德曼(Leonard Adleman)一起提出的。当时他们三人(图 2-14)都在美国麻省理工学院工作,RSA 取自他们三人姓氏的首字母。

图 2-14　RSA 三兄弟

其实 RSA 加密就在我们身边，例如，当我们打开一个网站，如图 2-15 所示，发现在地址栏上有一把小锁头，这表示网站使用了 https。https 中的 s 是安全（secure）的意思。网站公布了一把公钥，浏览器会把用户输入的密码用公钥加密，将密文发送给网站，网站再用自己的私钥解密。类似地，浏览器也会为用户生成一对密钥，并把公钥发给网站，用户通过自己的私钥解密网站发给自己的信息。

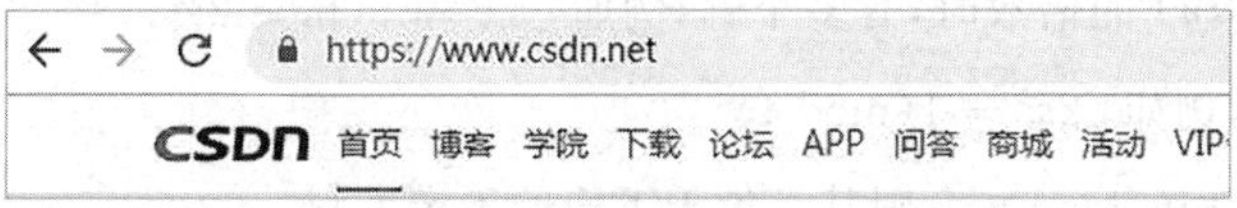

图 2-15　CSDN 的地址栏

RSA 背后的原理是一个数论理论——将两个大素数（如 1024 位的素数）相乘很容易，但是想要对它们的乘积进行素因子分解（重新分解成原来的两个素数）却极为困难。在理解 RSA 之前还需要知道一些数学概念。

2.6.1　同余、同余方程和乘法逆元

a 和 b 是两个整数，如果它们的差能够被另一个整数 n 整除，则称 a、b 对于模 n 同余，记作 $a \equiv b(\bmod n)$，读作 a 和 b 关于模 n 同余。$a \equiv b(\bmod n)$ 的等价形式是 $n \mid (a - b)$，例如：

$$28 \equiv 16(\bmod 12), 28 \equiv 16(\bmod 4), 19 \equiv -5(\bmod 12)$$

可将 $a \equiv b(\bmod n)$ 理解为 $a - b = kn$，k 是任意整数。当 $a \equiv 0(\bmod n)$ 时，则 $n \mid a$。

注：数学中被重用的符号很多，同余符号"$\equiv$"就是其中的一个。在代数中，"$\equiv$"表示"恒等"，$f(x) \equiv n$ 表示 $f(x)$ 的值始终为 n，与 x 的取值无关。

同余问题很常见，例如，从今天起，当满足 $n \equiv m(\bmod 7)$ 时，第 n 天和第 m 天将会是星期中的同

一天；平面上位于同一顶点的两条射线，各自朝同一方向旋转了 n 度和 m 度，当 $n \equiv m (\mathrm{mod}\ 360°)$ 时，二者将重合；钟表上的时针从当前位置经过了 n 小时和 m 小时，当 $n \equiv m (\mathrm{mod}\ 12)$ 时，时针会到达同一位置。

同余符号"$\equiv$"比等号"$=$"多了一横，它与等号具有类似的性质，即允许两边同时加上或减去同一个量，允许同时乘同一个常数。对于 $a \equiv b (\mathrm{mod}\ n)$ 来说，当 c 是整数时：

$$a + c \equiv (b + c)(\mathrm{mod}\ n)$$
$$a - c \equiv (b - c)(\mathrm{mod}\ n)$$
$$ac \equiv bc (\mathrm{mod}\ n)$$

注：(1) $a + c \equiv (b + c)(\mathrm{mod}\ n)$ 的意思是 $(a + c) - (b + c)$ 能被 n 整除；$a - c \equiv (b - c)(\mathrm{mod}\ n)$ 的意思是 $(a - c) - (b - c)$ 能被 n 整除；$ac \equiv bc(\mathrm{mod}\ n)$ 的意思是 $ac - bc$ 能被 n 整除。

(2) 同余的其他性质可参考附录 A.1。

我们把形如 $ax \equiv b (\mathrm{mod}\ n)$ 的方程称为线性同余方程。在数论中，线性同余方程是最基本的同余方程。

同余方程的整数解有 3 种情况。

(1) 当 $\mathrm{GCD}(a, n) = b$ 时，有唯一解，例如，$2x \equiv 1 (\mathrm{mod}\ 5)$。

(2) 当 b 是 $\mathrm{GCD}(a, n)$ 的倍数时，有多个解，例如，$4x \equiv 6 (\mathrm{mod}\ 2)$。

(3) 其他情况无解，例如，$2x \equiv 1 (\mathrm{mod}\ 4)$。

如果原方程是 $ax \equiv b (\mathrm{mod}\ n)$，则其等价于下面的不定方程：

$$n \mid (ax - b)$$

设 y 是一个指定的整数，则 $n \mid (ax - b)$ 意味着：

$$ax - b = ny \Rightarrow ax - ny = b$$

其中 a、b、n 是已知数，x、y 是未知数，这就把同余方程转换成了线性不定方程，可以用 1.6.3 小节的扩展欧几里得算法求解。

作为同余方程的最简情况，$b = 1, ax \equiv 1 (\mathrm{mod}\ n)$，如果 $\mathrm{GCD}(a, n) = 1$，则方程有唯一整数解，这个整数解称为 a 在模 n 上的乘法逆元，记作 a^{-1}：

$$aa^{-1} \equiv 1 (\mathrm{mod}\ n)$$

代码 2-1 使用扩展欧几里得算法求 a 在模 n 上的乘法逆元。

代码 2-1　求 a 在模 n 上的乘法逆元 C2_1.py

```
01    import math
02
03    def multi_inverse(a, n):
04        ''' ax≡1 (mod n)，求 a 在模 n 上的乘法逆元 '''
05        if math.gcd(a, n) == 1:  # 有唯一解的情况
06            return extEculid(a, n)[0]
```

```
07        else:
08            return None
09
10  def extEculid(a, b):
11      ''' 扩展欧几里得算法，求线性不定方程 ax+by = GCD(a, b)的解 '''
12      if b == 0:
13          x, y = 1, 0
14          return x, y
15      x, y = extEculid(b, a % b)
16      return y, x - (a // b) * y
17
18  def show(a, n):
19      ''' 展示 ax≡1 (mod n)的解 '''
20      x = multi_inverse(a, n)
21      if x is not None:
22          print('{0}x≡1 (mod {1}), x={2}, ({2}×{0}-1) % {1} = 0'.format(a, n,
23                  multi_inverse(a, n)))
24      else:
25          print('{0}x≡1 (mod {1}) 没有唯一解'.format(a, n))
26
27  if __name__ == '__main__':
28      show(5, 8)
29      show(5, 14)
30      show(5, 10)
```

代码 2-1 的运行结果如图 2-16 所示。

2.6.2 欧拉函数和欧拉定理

```
5x≡1 (mod 8),  x=-3,  (-3×5-1) % 8 = 0
5x≡1 (mod 14), x=3,   (3×5-1) % 14 = 0
5x≡1 (mod 10) 没有唯一解
```

图 2-16 代码 2-1 的运行结果

对于正整数 n，它的欧拉函数（Euler's totient function）是所有小于 n 的正整数中与 n 互素的数的个数，用 $\varphi(n)$ 表示。欧拉函数又称为 φ 函数、欧拉商数等，$\varphi(n)$ 的值被称为 n 的欧拉数，规定 $\varphi(1)=1$。例如，在小于 8 的正整数中，1、3、5、7 都与 8 互素，因此 $\varphi(8)=4$，$\varphi(8)$ 是一个欧拉函数，它的值等于 4，4 是 8 的欧拉数。当 n 是素数时，$\varphi(n)=n-1$，因为所有小于 n 的数都与 n 互素。

注：与如今的观点不同，当年欧拉认可 1 是素数，所以在欧拉函数中 1 也被加了上去。下文在讨论欧拉函数时都把 1 视为素数。

欧拉函数有一个性质，如果 n 可以分解为两个互素正整数 p 和 q 的乘积，那么 n 的欧拉函数等于 p 和 q 的欧拉函数的乘积，即：

$$\varphi(n)=\varphi(pq)=\varphi(p)\varphi(q)$$

如果 p 和 q 都是素数，则：

$$\varphi(p)=p-1, \varphi(q)=q-1$$

例如,小于 12 的正整数中与 12 互素的有 1、5、7、11,所以 $\varphi(12)=4$。12 可以分解为两个互素的数 3 和 4 的乘积,因此:

$$\varphi(12)=\varphi(3\times4)=\varphi(3)\varphi(4)=(3-1)\varphi(4)=2\times2=4$$

不少人会在这里陷入两种误区,一种是把 $\varphi(4)$ 继续写成 $\varphi(4)=4-1$,这是错误的,因为 $\varphi(n)=n-1$ 的前提是 n 是素数,4 不是素数,所以 $\varphi(4)=2\neq4-1$;另一种是把 $\varphi(4)$ 写成 $\varphi(4)=\varphi(2)\varphi(2)$,这也是错误的,因为两个数互素的前提是它们的最大公约数是 1,2 和 2 的最大公约数是 2,因此 2 和 2 并不互素。

欧拉定理(也称为费马-欧拉定理)用欧拉函数描述了一个关于同余的性质:如果 n、a 是正整数,且二者互素,则:

$$a^{\varphi(n)}\equiv1(\bmod\ n)$$

2.6.3 RSA 算法的密钥生成过程

密钥对的生成是 RSA 算法的核心,生成过程如下。

(1)选择两个不相等的大素数 p 和 q,计算出 $n=pq$,n 被称为 RSA 算法的公共模数。

(2)计算 n 的欧拉数 $\varphi(n)$,$\varphi(n)=(p-1)(q-1)$。

(3)随机选择一个整数 e 作为公钥加密密钥指数,$1<e<\varphi(n)$,且 e 与 $\varphi(n)$ 互素。

(4)利用同余方程 $ed\equiv1(\bmod\ \varphi(n))$ 计算 e 对应的私钥解密指数 d。由于 e 与 $\varphi(n)$ 互素,$\mathrm{GCD}(e,\varphi(n))=1$,因此同余方程有唯一解,$d$ 就是 e 对于模 $\varphi(n)$ 的乘法逆元。

(5)将 (e,n) 封装成公钥,(d,n) 封装成私钥,同时销毁 p 和 q。

由于 n 已经被公开出去,剩下的 d 就成为 RSA 有效性的关键,如果 d 被破解,那么加密系统也随之宣告失效。至于 d 能否被破解,将在后面的内容中进行讨论,这里先介绍 RSA 的加密和解密算法。

2.6.4 RSA 的加密和解密算法

现在 Bob 通过 RSA 的密钥生成过程生成了公钥和私钥,并把公钥告知 Alice。如果 Alice 想和 Bob 通信,就需要用 Bob 的公钥 PK_B 对发送的明文 X 进行加密,从而得到密文 Y:

$$Y=E_{PK_B}(X)=E_{e,n}(X)$$

$E_{e,n}(X)$ 是幂模运算,先计算 X 的 e 次方,再用 n 求模:

$$E_{e,n}(X)=X^e\ \bmod\ n$$

Bob 收到密文 Y 后,需要对其进行解密,还原出明文 X,解密运算也是幂模运算:

$$X = D_{SK_B}(Y) = D_{d,n}(Y) = Y^d \bmod n$$

注：所有信息（包括文字、语音、图片、视频等）在计算机中都是二进制数据，且信息会被分组传输，因此可以将 X 和 Y 视为整数，进而使用幂模运算。

加密运算容易理解，解密运算为什么能还原出明文呢？

如果 $a \bmod n = b$，则下面的表达是等同的：

$$a \bmod n = b \Leftrightarrow n \mid (a-b) \Leftrightarrow a \equiv b \pmod n \Leftrightarrow a - b = kn, k \in \mathbf{Z}, k \neq 0$$

因此加密过程等同于：

$$X^e \bmod n = Y \Leftrightarrow X^e - Y = kn$$

$$\Rightarrow Y = X^e - kn$$

将密文代入解密运算：

$$Y^d \bmod n = (X^e - kn)^d \bmod n$$

继续计算似乎有点困难，不妨先把问题简化，令 $a = X^e$：

$$\text{when } d = 2, \text{then } (a - kn)^2 = a^2 - 2akn + (kn)^2$$

$$\text{when } d = 3, \text{then } (a - kn)^3 = a^3 - 3a^2kn + 3a(kn)^2 - (kn)^3$$

$$\vdots$$

$$(a - kn)^d = a^d \underbrace{\pm \cdots \pm (kn)^d}_{\text{每一项都包含}kn}$$

这里有一个规律，除第一项外，展开式的每一项都含有 kn，这意味着 $(a - kn)^d$ 能否被 n 整除完全取决于展开式的第一项，因此：

$$(X^e - kn)^d \bmod n = X^{ed} \bmod n \qquad ①$$

回顾生成密钥的步骤（4），根据 $ed \equiv 1 \pmod{\varphi(n)}$ 计算出 d，同余意味着：

$$ed - 1 = h\varphi(n), h \in \mathbf{Z}, h \neq 0$$

$$ed = h\varphi(n) + 1 \qquad ②$$

将②代入①中：

$$X^{ed} \bmod n = X^{h\varphi(n)+1} \bmod n \qquad ③$$

这里先假设 X 与 n 互素。根据欧拉定理，当 X 与 n 互素时：

$$X^{\varphi(n)} \equiv 1 \pmod n$$

$$\Rightarrow X^{\varphi(n)} = 1 + kn, k \in \mathbf{Z}, k \neq 0$$

$$\Rightarrow X^{h\varphi(n)} = (1 + kn)^h$$

根据①的结论：

$$(1 + kn)^h \bmod n = 1^h \bmod n = 1$$

$$X^{h\varphi(n)} \bmod n = 1$$

因此，③可进一步化简为：

$$X^{h\varphi(n)+1} \bmod n = X^{h\varphi(n)} X \bmod n$$

$$= \left[(X^{h\varphi(n)} \bmod n)(X \bmod n) \right] \bmod n$$

$$= (X \bmod n) \bmod n$$

注:这里使用了模运算法则 $(ab) \bmod n = \left[(a \bmod n)(b \bmod n) \right] \bmod n$,其他法则可参考附录 A.2。

这里有两种情况,$X < n$ 或 $X \geqslant n$。当 $X < n$ 时,由于已经假设了 X 与 n 互素,所以:

$$(X \bmod n) \bmod n = X \bmod n = X$$

当 $X \geqslant n$ 时,情况变得有些微妙,假设 $X = 37, n = 35$,此时:

$$(37 \bmod 35) \bmod 35 = 35 \neq X$$

这可坏了,解密算法根本无法还原出明文!难道是解密算法有误?实际上 RSA 的加密是有前提条件的,根据 RSA 规范(参见 https://tools.ietf.org/html/rfc2437),明文的取值范围必须在 0 到 $n-1$ 之间,如图 2-17 所示。

```
5.1.1 RSAEP

RSAEP((n, e), m)

Input:
(n, e)     RSA public key
m          message representative, an integer between 0 and n-1

Output:
c          ciphertext representative, an integer between 0 and n-1;
           or "message representative out of range"

Assumptions: public key (n, e) is valid
```

图 2-17　RSA 规范

看来只能是 $X < n$,当 X 与 n 互素时,解密算法有效,可以还原出明文。

再来讨论 X 与 n 不互素时的情况。此时 X 和 n 必然有除 1 外的其他公约数。由于 n 只有 p 和 q 两个约数,因此 p 和 q 中一定至少有一个是 X 的约数,也就是说,$X = kp$ 或 $X = kq$。假设 p 和 q 都是 X 的约数,又因为 q 本身是与 p 互素的素数,且 $X = kp$,所以 k 一定是 q 的整数倍。由此:

$$\text{let } k = tq, t \in \mathbf{Z}, t \neq 0$$

$$\text{then } X = kp = tpq = tn$$

$$E_{e,n}(X) = Y = X^e \bmod n = (tn)^e \bmod n = 0$$

如果任何明文的加密都是 0,那么加密算法是无效的,解密更无从谈起。由 RSA 规范可知,X 处于 0 和 $n-1$ 之间,这样就限定了在两个互素的数 p 和 q 中,最多只能有一个是 X 的约数,因为如果两个都是 X 的约数,那么必有 $X \geqslant n$,与规范矛盾,因此 p 和 q 不会全是 X 的约数。

由于已经让 $X = kp$,RSA 规范又限定了 q 不是 X 的约数,因此 X 和 q 只能是互素关系。根据欧拉定理,如果 X 和 q 互素,则:

$$X^{\varphi(q)} \equiv 1 \pmod{q}, \varphi(q) = q - 1$$

$$\Rightarrow X^{q-1} \equiv 1 \pmod{q}$$

$$\Rightarrow (X^{q-1})^{h(p-1)} \equiv 1^{h(p-1)} (\bmod \ q), h \in \mathbf{Z}, h \neq 0$$

$$\Rightarrow X^{h(p-1)(q-1)} \equiv 1 (\bmod \ q)$$

注：这里使用了同余的性质，若 $a \equiv b (\bmod \ n)$，则 $a^k \equiv b^k (\bmod \ n)$。同余的其他性质可参考附录 A.1。

同余符号两侧同时乘 X：

$$X^{h(p-1)(q-1)} X \equiv X (\bmod \ q)$$

$$\Rightarrow X^{h(p-1)(q-1)+1} \equiv X (\bmod \ q)$$

$$\Rightarrow q \mid (X^{h(p-1)(q-1)+1} - X) \qquad\qquad ④$$

根据②和欧拉函数的性质：

$$ed = h\varphi(n) + 1 = h(p-1)(q-1) + 1$$

代入④中：

$$q \mid (X^{ed} - X) \Rightarrow X^{ed} - X = tq \Rightarrow X^{ed} = X + tq, t \in \mathbf{Z}, t \neq 0$$

$$\xrightarrow{X=kp} (kp)^{ed} = kp + tq$$

因为 $(kp)^{ed}$ 能被 p 整除，所以 $kp + tq$ 也能被 p 整除；因为 kp 能被 p 整除，所以根据整除的性质，tq 也能被 p 整除；因为 p 和 q 互素，所以 t 一定是 p 的倍数：

$$\text{let } t = rp, r \in \mathbf{Z}, r \neq 0$$

$$(kp)^{ed} = kp + tq = kp + rpq = kp + rn = X + rn$$

现在可以把这个结论代入①中继续进行解密运算：

$$X^{ed} \bmod n = (kp)^{ed} \bmod n = (X + rn) \bmod n$$

根据模运算法则，解密运算可进一步化简为：

$$(X + rn) \bmod n = (X \bmod n + rn \bmod n) \bmod n = (X \bmod n) \bmod n$$

由于 RSA 规范限制了 $X < n$，因此：

$$(X \bmod n) \bmod n = X \bmod n = X$$

现在可以肯定，RSA 的解密运算确实可以还原出明文。

假设 Bob 选择了两个素数，$p = 113, p = 59$，由此计算出 $n = 6667, \varphi(n) = 112 \times 58 = 6496$；之后 Bob 选择了一个与 6496 互素的小素数 $e = 17$ 作为加密密钥指数；再使用代码 2-1 计算出乘法逆元 $d = 3057$；最后，Bob 把 $(17, 6667)$ 作为公钥发送给 Alice，把 $(3057, 6667)$ 作为私钥留给了自己。

现在，Alice 向 Bob 发送了一个数字 502，经过加密运算后生成了密文：

$$Y = X^e \bmod n = 502^{17} \bmod 6667 = 6111$$

Bob 收到密文后，用自己的私钥对其进行解密：

$$Y^d \bmod n = 6111^{3057} \bmod 6667 = 502 \cdot$$

可以通过代码 2-2 验证这个过程。

代码 2-2　验证 RSA 的加密与解密 C2_2.py

```
01    from C2_1 import extEculid
02
03    def encryption(X, e, n):
04        '''
05        RSA 加密
06        :param X: 明文
07        :param e: 加密密钥指数
08        :param n: 大素数
09        :return: 密文
10        '''
11        return X ** e % n
12
13    def deciphering(Y, d, n):
14        '''
15        解密
16        :param Y: 密文
17        :param d: 解密密钥指数
18        :param n: 大素数
19        :return: 明文
20        '''
21        return Y ** d % n
22
23    p, q, e = 113, 59, 17
24    n, phi_n = p * q, (p - 1) * (q - 1)
25    d = extEculid(e, phi_n)[0]
26    print('PK=', (e, n), ',SK=', (d, n))
27    X = 502
28    Y = encryption(X, e, n)
29    print('X =', str(X), ',Y=', str(Y))
30    print('D(Y) =', deciphering(Y, d, n))
```

代码 2-2 的运行结果如图 2-18 所示。

```
PK= (17, 6667) ,SK= (3057, 6667)
X= 502 ,Y= 6111
D(Y) = 502
```

图 2-18　代码 2-2 的运行结果

2.6.5　RSA 的安全性

密码体制的安全性依赖于密钥的安全性，现代密码学并不追求加密算法的保密性，而是追求加密算法的完备性，使攻击者在不知道密钥的情况下，无法从算法中找到突破口。

RSA 算法的密钥生成过程中涉及 p、q、n、$\varphi(n)$、e、d 几个数字，其中 p 和 q 在最后被销毁，n、$\varphi(n)$、e、d 这 4 个数中，n、e 用于公钥，对外公开；d 作为私钥要严格保密，一旦泄露则说明加密系统被破解。那么，能否通过公钥 n 和 e 推算出 d？

回顾 RSA 密钥生成的过程，d 是由 $ed \equiv 1(\mathrm{mod}\ \varphi(n))$ 计算得出的，只有已知 e 和 $\varphi(n)$ 才能计算出 d；$\varphi(n)=(p-1)(q-1)$，只有已知 p 和 q 才能计算出 $\varphi(n)$；$n=pq$，只有将 n 进行素因子分解才能计算出互素的 p 和 q。这就回到了 RSA 的原理——将两个大素数相乘很容易，但是想要对它们的乘积进行素因子分解却极为困难。反过来，如果 n 可以被素因子分解，就可以复原已经被销毁的 p 和 q，进而计算出 d，获得私钥。

对一个极大整数做素因子分解越困难，RSA 算法越可靠。这里的"困难"是指计算上的困难，假如有人找到一种快速的素因子分解算法，那么用 RSA 加密的可靠性就会极度下降。迄今为止，只有较短的 RSA 密钥才可能被解破，人们还没有发现一个快速分解大整数的有效方法。为了确保 RSA 加密系统的安全性，应该随机选择两个很大的素数，确保 n 达到上千位，以防御未来可能出现的素因子分解技术的进步。一些研究人员指出，目前能预测 2030 年之前足够安全的 RSA 密钥长度是 2048 位。

2.7 攻破心的壁垒

坚固的城堡往往是从内部被攻克的，再高明的加密体制也抵挡不住私钥被人为地泄露。

周武王在对主将颁布"阴符"时曾明令告知，谁要敢泄露"阴符"的暗语就杀了谁："诸奉使行符，稽留者，若符事泄，闻者告者，皆诛之。八符者，主将秘闻，所以阴通，言语不泄、中外相知之术，敌虽圣智，莫之能识。"然而一旦被俘，又有几个人能够做到不泄密？谍战片中很少有高端的密码破解技术，更多的是对被俘者进行严刑拷打，这显然比破解密码更加有效。现代特种部队的"抗审"训练的目的也并非是单纯地提高人员硬扛的能力，而是教他们尽最大可能拖延泄密的时间，像挤牙膏一样把信息一点一点透露出去，因为随着时间的流逝，一些机密的等级也将变得越来越低。

窃取和平年代的商用密码自然不能靠严刑拷打。我们平时接触的密码很多，例如，公司门禁密码和业务系统密码。然而令人遗憾的是，绝大多数公司都过于注重技术上的安全性，而轻视了脆弱的人心。

银河集团最近上线了一款用于管理公司业务和客户信息的"芒砀山系统"，该系统由一个著名的软件公司开发，号称"能够安全运行 100 年"。"芒砀山系统"在外网公开了注册用户能够使用的一系列功能。银河集团特别注重系统的安全性，要求所有有权限登录管理端的员工必须使用 16 位以上的密码并定期更换。现在 Mallory 来了,他想要到系统中游荡一番,顺便篡改一下数据,他会怎么做呢?

以下是 Mallory 的自述:

我一定要黑进"芒砀山系统"!为此我做了大量的信息侦查,收集到了"银河集团"一些人员的姓名和座机电话。

我不知道这个系统还有没有其他名字,所以我一开始拨打了一个客服电话,说自己的公司也在使用一个类似的系统。我说:"我们的系统在公司内部叫黑色长城,你们也叫这个名字吗?"

"我们叫芒砀山号。"客服小姐说。

这是个有用的信息,能够增加我的信誉度。然后,我给行政部门拨打了一个电话,给了他们在信息侦查时找到的客服部经理的名字,说自己是一位刚刚入职的员工,需要分配一个邮箱。接电话的人立马给我开通了邮箱,并告诉了我邮箱地址和初始密码。

一小时后,我又拨打了行政部门的电话,接电话的还是刚才的人,我挂掉了电话。

又过了一会儿,我再次拨打行政部门的电话,这次是一个叫赵信的人接听的。"你好,我是客服部新入职的员工,我需要登录芒砀山号的客户管理界面,能不能为我开通一下账号?""好的,你的邮箱是什么?"我给了他刚刚激活的邮箱。"好的,没问题。你的账号就是你的邮箱,初始密码需要到我这里领取。"

我试着问:"可以把密码发到我邮箱里吗?"

他回答说:"我们不允许在电话和邮件中给你密码,你的办公室在哪里?"

我说:"我马上要去赶飞机。你可以把密码密封在一个信封里,待会交给琪琳吗?"琪琳是我从信息侦查环节中查到的客服部秘书的名字。

他说:"好的,祝你工作顺利。"

过了一会儿,我打电话给琪琳,让她取回赵信留给我的信封,并读取其中的信息给我,她照办了。我告诉她把纸条扔到垃圾桶里,因为我不再需要它了。

太刺激了!"芒砀山系统"就这样对我敞开了大门。

注:这个故事改编自凯文·米特尼克(Kevin David Mitnick)和威廉·L.西蒙(William L.Simon)的《线上幽灵:世界头号黑客米特尼克自传》。

Mallory 使用了一种被称为"社会工程学"的知识取得了密码,从而"光明正大"地走进了系统。这并不是因为 Mallory 有多高的技术,而是因为他更懂人心。

2.8 来自量子计算的挑战

RSA 加密体制能够确保安全的前提是,没有一个计算机能够在可接受的时间内分解一个大整数，即使是超级计算机也要花费很长时间。然而，随着量子计算机体系结构的发展，过去的超强算力似乎也并不遥远。

20 世纪后期，美国学者提出了基于量子计算机的素因子分解算法——Shor 算法，并从理论上证明，在当前最快的计算机上需要上万年才能完成的计算任务，使用量子计算机瞬间即可完成。Shor 算法严重地威胁了 RSA 这类基于 NP 完全问题的公钥密码系统的安全性。紧随其后的 Grover 量子搜索算法，对于密码破译来说，相当于把密钥的长度减少了一半。种种迹象表明，通用量子计算机一旦实现，将对目前广泛使用的 RSA、ElGamal 和 ECC 等加密机制构成严重威胁。

注：第 11 章将有更多关于 NP 完全问题的介绍。

2019 年 5 月，谷歌的 Craig Gidney 和瑞典皇家理工学院(KTH)的 Martin Ekera 展示了量子计算机如何用 2000 万个量子位来进行大整数分解的计算。他们表示："……已经使得分解 2048 位 RSA 整数最多需要使用的量子位，下降了近两个数量级。"事实上，他们证明了使用这样的设备只需要 8 个小时就可以完成计算。

一台 2000 万个量子位的量子计算机在今天看来还很遥远，但在专家们确保信息安全的 10 年内，这种设备是否有可能实现？如果能实现，那么人们就需要一种新的加密方式了。对于普通人来说，RSA 加密机制被破解后带来的风险很小。大多数人使用 2048 位 RSA 加密或类似的方法在互联网上发送信用卡的交易信息，即使 RSA 加密机制在 10 年内被破解，这些发生在今天的交易记录，所造成的损失也会微乎其微。但对政府来说则不然，他们今天发出的某些信息，例如，大使馆和军方之间的通信，在 20 年后可能仍然很重要，因此值得保密。如果这些信息仍然通过 RSA 加密或类似的方法发送，那么这些政府组织就应该开始考虑信息的安全问题了。2016 年，美国国家安全局已经建议所有美国政府机构放弃 RSA 加密算法，改用其他技术。

随着量子技术的不断成熟，实用量子计算机终将到来，那时，密码学，特别是基于 NP 完全问题的公钥密码系统将会何去何从呢？

2.9 小结

1．对称加密和非对称加密的过程。

2．用数字签名来核实发信人，用数字证书来核实签名。

3．RSA 背后的原理是将两个大素数相乘很容易，但是想要对它们的乘积进行素因子分解却极为困难。

4．RSA 算法的密钥生成过程。

5．RSA 的加密和解密算法。

第 3 章
递归的逻辑（计数）

递归的思路被称为"机器咬尾巴"，本章介绍了编程中常用的递归算法和离散数学中对递归的定义，并介绍了如何通过特征方程求得递归的显示表达，以及如何使用动态编程技术改进递归算法的效率。

查尔斯·巴贝奇(Charles Babbage)是 19 世纪的一名英国发明家和数学家。他曾经发明了差分机——一台能够按照设计者的意图,自动处理不同函数计算过程的机器(图 3-1)。这是一台硕大的、泛着微光的金属机器,包括数以千计加工精密的曲柄和齿轮。巴贝奇在孤军奋战下造出的这台机器,运算精度达到了 6 位小数,能够算出多种函数表。此后的实际应用证明,这种机器非常适合用于编制航海和天文方面的数学用表。

图 3-1　巴贝奇的差分机

巴贝奇花费了漫长的一生时间来改进差分机,先是一种设想,然后是另一种设想……他曾设想通过数据穿孔卡上的指令进行任何数学运算的可能性,并设想了现代计算机所具有的大多数其他特性。由于这些设想都超越了他所处的时代——巴贝奇的设想直到电子时代才得以完成——改进版的差分机最终没能变成现实。

在一次科技展览会上,年轻而又光彩照人的奥古斯塔·爱达·拜伦(Augusta Ada Byron)看到了被称为"思考机器"的差分机试验品。那一刻,爱达确定了她一生的目标——完成这台精美的机器。接下来的几年时间里,爱达迅速学会了各种数学知识并拜入巴贝奇门下,终其一生让处理"数"的差分机变成处理"信息"的分析机。

为了展示机器的威力,爱达曾设计了一个假想的程序,它循环运行,一次迭代的结果将成为下一次迭代的输入,每个函数前后相继,遵循相同的规则,巴贝奇将这个思路称为"机器咬尾巴——团团转"。然而这个程序仅仅存在于爱达的头脑中,直到她去世也没有生产出可以运行这个程序的机器。

一个世纪后,爱达的梦想终于变成了现实,她的假想也成为如今程序员们经常使用的一种重要算法——递归。

3.1 递归关系式

先来看一个表达式:

$$D_1 = 0$$
$$D_2 = 1$$
$$D_3 = 3D_2 + D_1 + (-1)^3$$
$$\vdots$$
$$D_n = nD_{n-1} + D_{n-2} + (-1)^n, n = 3, 4, 5, \cdots$$

表达式指出,从第 3 项开始,每一项都是由前 2 项通过计算得出的,这类表达式就是递归关系式,有时也称为差分方程。为了能从递归关系式计算出序列中的每一项,必须已知序列开始的若干个数,这些数被称为初始条件或初始值。

因为采取逐步计算的方式可以得到序列各项的值,所以很多时候得到递归关系式本身就是朝解决一个计数问题迈了一大步。有些计数问题甚至只能依赖递归关系进行计算。

3.2 不断繁殖的兔子——递归关系模型

最著名的递归模型当属斐波那契数列,它最早出现在 1202 年。

意大利数学家斐波那契(Fibonacci)在他的名著《算法之书》中提出了一个关于兔子的问题:某一年的年底将一雄一雌两只兔子放进围场中;从第二年 1 月份开始,这对兔子将产下一双儿女;此后每一对兔子在进入围场的第二个月都能产下一对龙凤胎;一年后,围场里会有多少对兔子?

这里的假定条件是不考虑人类猎杀造成的影响,并且每对兔子都能健康成长,简单而言就是不考虑其他因素,只关注数学模型本身。

3.2.1 递归表达

在上一年 12 月放入一对兔子,次年 1 月,初始兔子将产下一对新兔子,所以 1 月份将有两对兔子。

2 月份,新兔子还没有长大,只有初始兔子能够生产一对兔子,所以 2 月底将有 3 对兔子。

3 月份,初始兔子和 1 月份诞生的新兔子都将分别生产一对兔子,再加上 2 月底本来就有的 3 对兔子,所以 3 月底将有 2+3=5 对兔子。

类似地,4 月底将有 3+5=8 对兔子,如图 3-2 所示。

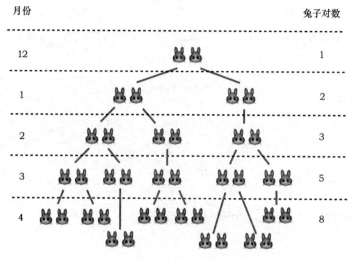

图 3-2 前 4 个月的兔子

如果用 $f(n)$ 表示第 $n-1$ 月围场中的兔子总对数,那么可以总结出:

$$f(1)=1$$
$$f(2)=2$$
$$f(3)=3$$
$$f(4)=5$$
$$f(5)=8$$
$$\vdots$$
$$f(n)=f(n-1)+f(n-2)$$

可以利用这个关系计算出一年后兔子的总对数,即 $f(13)$,这需要已知 $f(1)\sim f(12)$ 的值:

$$f(6)=f(5)+f(4)=8+5=13$$
$$f(7)=f(6)+f(5)=13+8=21$$
$$f(8)=f(7)+f(6)=21+13=34$$
$$f(9)=f(8)+f(7)=34+21=55$$
$$f(10)=f(9)+f(8)=55+34=89$$
$$f(11)=f(10)+f(9)=89+55=144$$
$$f(12)=f(11)+f(10)=144+89=233$$
$$f(13)=f(12)+f(11)=233+144=377$$

一年后围场中有 377 对兔子。

程序通常是从 0 开始的,因此我们可以令 $f(0)=f(1)=1$,这就使得 $f(2)=f(0)+f(1)$, $f(2)\sim f(n)$ 都满足递归关系:

$$f(n)=f(n-1)+f(n-2), n=2,3,4,\cdots$$

这个序列就是著名的斐波那契数列,$f(0)$ 和 $f(1)$ 是序列的初始值。在得到递归关系模型后,很容易写出一段"机器咬尾巴"的代码。

代码 3-1　斐波那契数列的递归解法 C3_1.py

```
01  def fabo(n):
02      ''' 用递归计算斐波那契数列 '''
03      return 1 if n < 2 else fabo(n - 1) + fabo(n - 2)
04
05  if __name__ == '__main__':
06      for i in range(14):
07          print('f({0}) = {1}'.format(i, fabo(i)))
```

代码 3-1 的运行结果如图 3-3 所示。

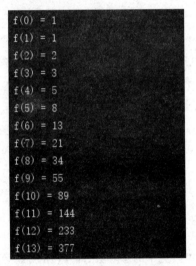

```
f(0) = 1
f(1) = 1
f(2) = 2
f(3) = 3
f(4) = 5
f(5) = 8
f(6) = 13
f(7) = 21
f(8) = 34
f(9) = 55
f(10) = 89
f(11) = 144
f(12) = 233
f(13) = 377
```

图 3-3　代码 3-1 的运行结果

3.2.2　斐波那契数列的和

斐波那契数列有很多有趣的性质,其中之一就是求和。

用 $S(n)$ 表示前 n 项的和:

$$S(n)=f(1)+f(2)+\cdots+f(n)$$

以 $S(3)$ 为例,利用 $f(0)=f(1)=1$,$S(3)$ 可以转换为:

$$S(3) = f(1) + f(2) + f(3) + (f(1) - 1) + (f(0) - 1)$$
$$= f(0) + f(1) + f(1) + f(2) + f(3) - 2$$
$$= f(2) + f(1) + f(2) + f(3) - 2$$
$$= f(3) + f(2) + f(3) - 2$$
$$= f(4) + f(3) - 2$$
$$= f(5) - 2$$

由此大胆地推断：

$$S(n) = f(n + 2) - 2$$

可以用数学归纳法证明这个推断。

当 $n = 1$ 时，$S(1) = f(3) - 2 = 3 - 2 = 1$，此时推断正确。

假设 t 是任意自然数，推断对于 $n = t - 1$ 成立：

$$S(t - 1) = f(t - 1 + 2) - 2 = f(t + 1) - 2$$

当 $n = t$ 时：

$$S(t) = S(t - 1) + f(t) = f(t + 1) - 2 + f(t) = f(t + 2) - 2$$

推断依然成立，由此可知推断是正确的。

这样，求和就变得非常容易了，不需要再将数字进行一一累加。

代码 3-2　斐波那契序列求和 C3_2.py

```
01  from c3_1 import fabo
02
03  def fabo_sum(n):
04      #  斐波那契数列的前 n 项之和（序列从 f(1)开始）
05      return fabo(n + 2) - 2
06
07  if __name__ == '__main__':
08      print('S(5) = ', fabo_sum(5))
```

代码 3-2 的运行结果是 $S(5) = 19$，这个答案回答了图 3-2 中一共有多少对兔子。

3.3　递归关系的基本解法

斐波那契数列在计算时需要遵循递归表达式，即求 $f(n)$ 的值时必须先求得 n 之前的所有序列数。这样的求解方式还是有些麻烦，于是人们设想，能否将斐波那契数列的递归表达转换成普通的函数，以便直接求得 $f(n)$？答案是肯定的，那就是利用特征根。

3.3.1　特征方程和特征根

首先要明确的是,没有一个通用的方法能够求解所有的递归关系式,但是有一些方法对于某些规则的递归非常有效,特征方程(characteristic equation)就是其中之一。我们可以利用特征方程求得斐波那契数列的显示表达。

当一个递归关系满足:

$$F(n) = a_1 F(n-1) + a_2 F(n-2) + \cdots + a_k F(n-k), a_k \neq 0$$

则称递归关系为 k 阶的线性常系数齐次递归关系。"线性"是指所有 F 的次数都是1;"常系数"是指 $a_1, a_2, \cdots, a_k$ 都是常数;"齐次"是指在多项式的每一项中,F 的次数都相等。我们的目标是寻找递归关系的显示表达,也就是寻找一个能够直接表达 $F(n)$ 的函数,令这个函数为:

$$F(n) = x^n, x \neq 0$$

根据递归表达式:

$$F(n) = a_1 F(n-1) + a_2 F(n-2) + \cdots + a_k F(n-k)$$

$$\Rightarrow x^n = a_1 x^{n-1} + a_2 x^{n-2} + \cdots + a_k x^{n-k}$$

这就使原问题变成了解方程问题,该方程称为递归关系的特征方程。方程会产生 k 个解:x_1,$x_2, \cdots, x_k$,这些解称为特征根或特征解(characteristic roots)。特征根可以相同,但一定不为 0。当特征根互不相同时,则递归关系的通解为:

$$F(n) = c_1 x_1^n + c_2 x_2^n + \cdots + c_k x_k^n$$

其中 $c_1, c_2, \cdots, c_k$ 是常数,只要求得这些常系数就可以得到通解的固定形式。

注:这种方法仅适用于没有重根的线性常系数齐次递归关系。

3.3.2　斐波那契的显示表达式

斐波那契数列正好是线性常系数齐次递归关系,因此可以转换为下面的特征方程:

$$f(n) = f(n-1) + f(n-2)$$

$$\Rightarrow x^n = x^{n-1} + x^{n-2}$$

然后求解特征根:

$$x^n - x^{n-1} - x^{n-2} = 0$$

$$x^{n-2}(x^2 - x - 1) = 0$$

$$\Rightarrow x^{n-2} = 0 \ 或 \ x^2 - x - 1 = 0$$

由于已经知道在斐波那契数列中 $f(n-2)=x^{n-2}\neq 0$，所以只能是 $x^2-x-1=0$，从而可以计算出两个特征根：

$$x_1=\frac{1+\sqrt{5}}{2},x_2=\frac{1-\sqrt{5}}{2}$$

两个特征根互不相同，因此 $f(n)$ 的通解满足：

$$f(n)=c_1\left(\frac{1+\sqrt{5}}{2}\right)^n+c_2\left(\frac{1-\sqrt{5}}{2}\right)^n$$

由于已知 $f(0)=f(1)=1$，因此可以将通解转换为方程组：

$$\text{when } n=0,\text{then } f(0)=c_1+c_2=1$$

$$\text{when } n=1,\text{then } f(1)=c_1\left(\frac{1+\sqrt{5}}{2}\right)+c_2\left(\frac{1-\sqrt{5}}{2}\right)=1$$

$$\begin{cases}c_1+c_2=1\\c_1\left(\frac{1+\sqrt{5}}{2}\right)+c_2\left(\frac{1-\sqrt{5}}{2}\right)=1\end{cases}\Rightarrow\begin{cases}c_1=\frac{1}{\sqrt{5}}\left(\frac{1+\sqrt{5}}{2}\right)\\c_2=\frac{-1}{\sqrt{5}}\left(\frac{1-\sqrt{5}}{2}\right)\end{cases}$$

最后可以求得斐波那契数列的显示表达：

$$f(n)=c_1\left(\frac{1+\sqrt{5}}{2}\right)^n+c_2\left(\frac{1-\sqrt{5}}{2}\right)^n=\frac{1}{\sqrt{5}}\left(\frac{1+\sqrt{5}}{2}\right)^{n+1}-\frac{1}{\sqrt{5}}\left(\frac{1-\sqrt{5}}{2}\right)^{n+1}$$

这个式子用无理数表示了有理数。代码 3-3 直接使用上式计算斐波那契数列。

代码 3-3　利用显示公式计算斐波那契数列 C3_3.py

```
01  import math
02
03  def fabo_croots(n):
04      ''' 直接利用显示公式计算斐波那契数列 '''
05      f = (((math.sqrt(5) + 1) / 2) ** (n + 1) - ((math.sqrt(5) - 1) / 2) ** (n + 1)) / math.sqrt(5)
06      f = round(f, 1)
07      f = int(f) + 1 if f > int(f) else int(f)  # 将浮点数变成整数
08      return f
09
10  if __name__ == '__main__':
11      for i in range(0, 14):
12          print('f({0}) = {1}'.format(i, fabo_croots(i)))
```

直接使用显示公式将会得到一个浮点数，因此需要额外加上第 7 行的处理。代码 3-3 的运行结果与代码 3-1 一致。

3.3.3　黄金分割

尝试利用特征根对斐波那契数列求极限：

$$\lim_{n\to\infty}f(n)=\lim_{n\to\infty}\frac{1}{\sqrt{5}}\left(\frac{1+\sqrt{5}}{2}\right)^{n+1}-\lim_{n\to\infty}\frac{1}{\sqrt{5}}\left(\frac{1-\sqrt{5}}{2}\right)^{n+1}$$

由于 $\dfrac{\sqrt{5}-1}{2}<1$，所以：

$$\lim_{n\to\infty}\frac{1}{\sqrt{5}}\left(\frac{1-\sqrt{5}}{2}\right)^{n+1}=0$$

$$\lim_{n\to\infty}f(n)=\lim_{n\to\infty}\frac{1}{\sqrt{5}}\left(\frac{1+\sqrt{5}}{2}\right)^{n+1}-0=\frac{1}{\sqrt{5}}\left(\frac{1+\sqrt{5}}{2}\right)^{n+1}$$

$$\lim_{n\to\infty}f(n+1)=\frac{1}{\sqrt{5}}\left(\frac{1+\sqrt{5}}{2}\right)^{n+2}$$

$$\frac{f(n)}{f(n+1)}\approx\frac{\lim\limits_{n\to\infty}f(n)}{\lim\limits_{n\to\infty}f(n+1)}=\frac{2}{1+\sqrt{5}}=\frac{2(1-\sqrt{5})}{(1+\sqrt{5})(1-\sqrt{5})}=\frac{\sqrt{5}-1}{2}\approx0.618$$

这个结果就是著名的黄金分割。

黄金分割是一个神奇的比例，它的确切值为 $\dfrac{\sqrt{5}-1}{2}$，是一个无理数，一般取 0.618 作为黄金分割点的运算数值。黄金分割的奇妙之处在于，其比例与其倒数是一样的：1.618 的倒数是 0.618，而且 1.618∶1 与 1∶0.618 是一样的。

黄金分割具有严格的比例性、艺术性、和谐性，蕴藏着丰富的美学价值。人们认为符合这一比例的事物就会显得更美、更好看、更协调。在生活中，黄金分割有很多的应用。在工艺美术和日用品的长宽设计中，这一比例的使用能给人带来独特的美感；舞台上的报幕员以站在舞台黄金分割点的位置最美观，声音传播得最好；就连植物的螺旋结构也与黄金分割有关，如图 3-4 所示。

图 3-4　植物的螺旋结构

兔子繁殖的故事最终居然与黄金分割联系到一起，是不是有些不可思议？

3.4 递归算法

我们已经见识过递归程序,它提供了一种解决复杂问题的直观途径,但是这种"机器咬尾巴"的程序需要遵守一定的规则,否则将陷入泥潭。

3.4.1 可疑的递归

在程序设计中,递归的简单定义是"一个能调用自身的程序"。然而程序不能总是调用自身,否则将无法停止,所以递归还必须有一个明确的终止条件,并且每次调用自身时所使用的参数值必须更接近终止条件。代码 3-4 是一个可疑的递归。

代码 3-4　可疑的递归 C3_4.py

```
01  def suspicious(n, k):
02      '''
03      可疑的递归
04      :param n: 初始变量值
05      :param k: 递归的次数计数器
06      :return: 3n + 1
07      '''
08      print('\t' * k, 'suspicious({0})'.format(n))
09      if n == 1:
10          return 1
11      elif n & 1 == 1: #  判断 n 是否是奇数
12          return suspicious(n * 3 + 1, k + 1)
13      else:
14          return suspicious(n // 2, k + 1)
15
16  suspicious(3, 0)
```

如果 n 为奇数,则 suspicious() 使用 $3n + 1$ 作为参数来调用自身;如果 n 为偶数,则 suspicious() 使用 $\frac{n}{2}$ 的整数部分作为参数来调用自身。代码 3-4 的运行结果如图 3-5 所示。

虽然 suspicious(3) 最后终止了,但是程序并不是每次都使用接近终止条件的参数来调用自身。这种违背了递归原则的做法,使我们无法证明它是否会对某

```
suspicious(3)
    suspicious(10)
        suspicious(5)
            suspicious(16)
                suspicious(8)
                    suspicious(4)
                        suspicious(2)
                            suspicious(1)
```

图 3-5　代码 3-4 的运行结果

个特殊参数不会有任意深度的嵌套,也因此无法证明整个程序是否会终止。

为了避免不必要的麻烦,还是应该让递归程序更合规矩一些——有明确的终止条件,并且每次调用自身时所使用的参数值必须更接近终止条件。

3.4.2　递归与循环

很多时候,人们在使用递归的同时也在积极寻找与之等效的循环算法。

所有的递归都可以用循环代替,因此递归的实现往往也有对应的循环版本,斐波那契数列也是如此。代码 3-5 展示了斐波那契数列的循环版本。

代码 3-5　用循环计算斐波那契数列 C3_5.py

```
01  def fabo_loop(n):
02      ''' 用循环计算斐波那契数列 '''
03      fabo_list = [1] * (n + 1)
04      for i in range(2, n + 1):
05          fabo_list[i] = fabo_list[i - 1] + fabo_list[i - 2]
06      return fabo_list[n]
07
08  if __name__ == '__main__':
09      for i in range(0, 14):
10          print('f({0}) = {1}'.format(i, fabo_loop(i)))
```

代码 3-5 的运行结果与代码 3-1 一致,它的运行速度相当快,所有的斐波那契数都只计算了一次,同时还省去了因递归导致的方法调用的开销。

所有的递归都可以用循环代替,反之,所有循环也都可以用递归代替。像 Erlang 这种编程语言,甚至没有定义 while、for 这类用于循环的语法,而是全部使用递归取代。

3.5　动态编程

代码 3-1 展示的递归代码很优美,它能够让人以顺序的方式进行思考。然而代码 3-1 只能作为递归程序的演示样品,并不能应用于实践。在测试时便会发现,当输入大于 30 时,程序运行的速度会明显变慢,普通家用机甚至无法计算出 $f(50)$。这会促使我们将递归变成循环,并容易得出"递归并不是好算法"的结论。事实果真如此吗?当然不是。只要对代码 3-1 稍加改进就会大幅度提升递归的效率。

3.5.1　递归的无用功

通过运行代码 3-6 可以清晰地看到递归变慢的原因。

代码 3-6   递归变慢的原因 C3_6.py

```
01  def fabo(n):
02      ''' 用递归计算斐波那契数列 '''
03      if n < 2:
04          return 1
05      else: # 展示递归变慢的原因
06          global N
07          print('\t' * (N - n), 'f({})'.format(n))
08      return fabo(n - 1) + fabo(n - 2)
09
10  N = 6 # 问题规模
11  fabo(N)
```

代码 3-6 的运行结果如图 3-6 所示。

第二次递归会忽略上一次所做的所有计算，使得计算过程出现大量重复，这无疑会导致巨大的开销。由代码 3-6 得到的提示是：写出一个简单而低效的递归算法是很容易的，对此需要时刻保持警惕。

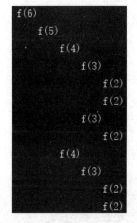

图 3-6   代码 3-6 的运行结果

3.5.2   避免无用功

既然已经知道了问题的所在，就可以更有针对性地提出解决问题的办法，这里只要把计算过的数据存储起来即可。代码 3-7 展示了一种被称为"动态编程"的技术，它可以有效地避免递归的无用功。

代码 3-7   用动态编程计算斐波那契数列 C3_7.py

```
01  fabo_list = [1, 1] # 存储所有计算过的斐波那契数
02  def fabo_dynamic(n):
03      ''' 用动态编程计算斐波那契数列 '''
04      if n < len(fabo_list): # 如果 f(n)已经计算过,直接返回其值
05          return fabo_list[n]
06      else:
07          fabo_n = fabo_dynamic(n - 1) + fabo_dynamic(n - 2)
08          fabo_list.append(fabo_n) # 将计算过的数值缓存起来
09          return fabo_n
10
11  if __name__ == '__main__':
12      for i in range(40, 51):
13          print('f({0}) = {1}'.format(i, fabo_dynamic(i)))
```

```
f(40) = 165580141
f(41) = 267914296
f(42) = 433494437
f(43) = 701408733
f(44) = 1134903170
f(45) = 1836311903
f(46) = 2971215073
f(47) = 4807526976
f(48) = 7778742049
f(49) = 12586269025
f(50) = 20365011074
```

图 3-7　$f(40) \sim f(50)$ 的值

全局变量 fabo_list 将缓存所有计算过的值,如果发现 $f(n)$ 在缓存中,则直接将其返回。这次可以快速计算 $f(40) \sim f(50)$,如图 3-7 所示。

这种缓存数据的方法就是动态编程,也被称为记忆法,它消除了重复计算,适用于任何递归算法,代价是我们要承担缓存造成的空间开销,这是典型的空间换时间策略。

如果在代码 3-7 中添加一条打印语句,就可以看出动态编程是如何提高效率的。

代码 3-8　动态编程的运算过程

```
01  def fabo_dynamic(n):
02      ……
03      else:
04          global N
05          print('\t' * (6 - n), 'f({0})'.format(n))
06          ……
07  N = 6 # 问题规模
08  fabo_dynamic(N)
```

```
f(6)
    f(5)
        f(4)
            f(3)
                f(2)
```

图 3-8　代码 3-8 的运行结果

代码 3-8 的运行结果如图 3-8 所示。

对比图 3-6 可以看出,图 3-8 是成阶梯状的,它能实现快速运算的关键在于有效去掉了重复运算。

3.6　递归与分治

递归和分治天生就是一对"好朋友"。所谓"分治",顾名思义,就是分而治之,它是一种古老的计算方法。

3.6.1　分治的步骤

在遥远的周朝,受当时生产力水平所限,天子无法管理庞大的土地和众多的子民,因此采用了封邦建国的制度,把土地一层一层划分下去,以达到分而治之的目的,这也许是最古老的分治法了,如图 3-9 所示。

正像分封制度一样,分治法的目的就是把很难处理的大问题分解成若干个容易解决的小问题。通常来说,可以将分治法归纳为 3 个步骤。

图 3-9　分封制度

(1)分解。将原问题分解成若干个与原问题结构相同但规模较小的子问题。

(2)解决。解决这些子问题。如果子问题规模足够小,那么可对其直接求解,否则就要递归地求解每个子问题。

(3)合并。将这些子问题的解合并起来,形成原问题的解。

3.6.2　化质为量

分治的基本思想是化质为量,即把"质"的困难转化成"量"的复杂。其实化质为量的思想不仅被用在分治上,而且在数学中还被普遍使用。下面以一个很难处理的积分为例:

$$\int e^{-x^2} dx = ?$$

被积函数是正态分布,使用常规的方法很难对其进行处理,但是由于被积函数与 e^t 相似,可以通过泰勒公式展开 e^t,因此被积函数可以进行下面的变换:

$$e^t = 1 + t + \frac{t^2}{2!} + \frac{t^3}{3!} + \cdots$$

$$\xrightarrow{t = -x^2} e^{-x^2} = 1 - x^2 + \frac{x^4}{2!} - \frac{x^6}{3!} + \frac{x^8}{4!} - \cdots$$

注:更多关于泰勒公式的介绍,可参考 9.4.4 小节。

将 e^{-x^2} 左右两侧同时积分:

$$\int e^{-x^2} dx = \int \left(1 - x^2 + \frac{x^4}{2!} - \frac{x^6}{3!} + \frac{x^8}{4!} - \cdots \right) dx$$

右侧的积分就是化质为量的意义所在——正态分布求解积分很困难,其展开后是幂级数,虽然有很多项,但是每一项都很容易求得积分的幂函数,于是,只要对展开后的每一项积分求和,就能得到展开前的积分。

3.6.3　快速排序

分治法的典型应用当属快速排序。假设 a 是一个存储了 N 个整数的乱序列表,快速排序将把列表分成两个部分,然后对每个部分进行独立排序。快速排序的关键是递归的划分过程,每一次划分都会把某个元素放到位,使比它小的元素都在其左侧,比它大的元素都在其右侧,然后递归地对左右两侧的元素进行排序。

代码 3-9 　快速排序 quick_sort.py

```
01   import random
02
03   def sort(a, l, r):
04       '''
05       快速排序
06       :param a: 待排序的列表
07       :param l: 左侧元素的下标
08       :param r: 右侧元素的下标
09       '''
10       if l < r:
11           m = partition(a, l, r)
12           sort(a, l, m - 1)
13           sort(a, m + 1, r)
14
15   def partition(a, l, r):
16       '''
17       快速排序的划分过程
18       :param a: 待排序的列表
19       :param l: 左侧元素的下标
20       :param r: 右侧元素的下标
21       :return: i:放置到位的元素的下标,a[i]的左侧元素都比 a[i]小,右侧元素都比 a[i]大
22       '''
23       i, j, v = l, r - 1, a[r]
24       while True:
25           while a[i] < v:
26               i += 1
27           while a[j] >= v:
28               if j == i:
29                   break
30               j -= 1
31           if i >= j:
32               break
33           a[i], a[j] = a[j], a[i]
34       a[i], a[r] = a[r], a[i]
35       return i
36
37   if __name__ == '__main__':
38       a = [random.randint(1, 100) for i in range(100)] # 创建 100 个整数
39       print(a)
40       sort(a, 0, len(a) - 1)
41       print(a)
```

sort()是快速排序的主体代码,如果列表中仅有一个或更少的元素,那么 sort()什么都不做;否则使用 partition()方法来处理列表,它将把 a[m]归位,将其放在 l 和 r 之间的某个位置上;然后以 m 为分界,递归地对 m 两侧的元素进行快速排序。

在 partition()中,v 存储了列表最右侧的元素,i 和 j 分别是列表的左、右下标。每一次循环都扫描左、右下标,通过交换,让 i 左侧的元素都比 v 小,j 右侧的元素都比 v 大,直到 i 和 j 相遇,最后把 v 放到列表的第 i 个位置上,如图 3-10 所示。

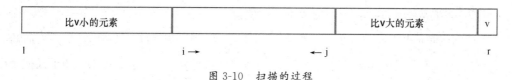

图 3-10 扫描的过程

3.6.4 直尺上的刻度

考虑一个在直尺上画刻度的问题:在直尺的 $\frac{1}{2}$ 处画一个刻度,$\frac{1}{4}$ 处画一个稍短的刻度,$\frac{1}{8}$ 处画一个更短的刻度……直到要求的最小刻度为止。这符合分治的策略,可以很容易编写出代码 3-10。

代码 3-10 直尺上的刻度 ruler_marks.py

```
01  marks = []  # 刻度线,每个元素是一个二元组:(刻度线位置, 刻度线高度)
02  def ruler(l, r, h):
03      '''
04      画出直尺上的刻度线
05      :param l: 直尺左端的刻度值
06      :param r: 直尺右端的刻度值
07      :param h: 位于 l 和 r 中间刻度线的高度
08      '''
09      m = (l + r) // 2
10      if h > 0:
11          ruler(l, m, h - 1) #  在左半部分画一个稍短的刻度
12          mark(m, h) #  在中间画一个长一点的刻度
13          ruler(m, r, h - 1) #  在右半部分画一个稍短的刻度
14
15  def mark(m, h):
16      '''
17      标记刻度线
18      :param m: 刻度线位置
19      :param h: 刻度线高度
20      '''
21      marks.append((m, h))
22
```

```
23  if __name__ == '__main__':
24      ruler(0, 8, 3)  #  直尺长度是 8,最高刻度是 3
25      print(marks)
26      for _, h in marks:  #  在控制台展示直尺
27          print('-' * h)
```

ruler()中的参数 l 和 r 分别表示直尺左、右端点的刻度值,h 表示每一次递归所画刻度的高度。为了能在直尺中间画出效果较好的刻度,这里规定 l+r 总是能够被 2 整除。mark()用于标记刻度线,它使用了动态编程技术,存储了刻度线的位置和高度。

在 ruler()中,首先把直尺分成相等的两部分,在左半部分画一个稍短的刻度,然后在中间画一个长一点的刻度,再在右半部分画另一个稍短的刻度,如此递归下去。ruler(0,8,3)产生的递归顺序如图 3-11 所示。

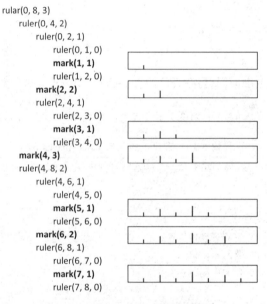

图 3-11 ruler(0,8,3)的递归顺序

代码 3-10 的运行结果展示了一个长度为 8 的直尺在标记刻度后产生的刻度线缓存,并在垂直方向展示了这把刻度尺,如图 3-12 所示。

图 3-12 代码 3-10 的运行结果

下面的任务是将刻度尺图形化。将代码 3-11 添加到 ruler_marks.py 中。

代码 3-11　画出刻度尺

```
01  import matplotlib.pyplot as plt
02  import matplotlib.patches as mpathes
03
04  def show():
05      ''' 将刻度尺图形化 '''
06      fig, ax = plt.subplots()
07      rect = mpathes.Rectangle([0, 0], 8, 1, fill=False) # 绘制一个矩形作为直尺
08      ax.add_patch(rect)
09      # 绘制刻度线
10      for m, h in marks:
11          plt.vlines(x=m, ymin=0, ymax=h * 0.2, colors='b')
12      plt.axis('equal')
13      plt.axis('off')
14      plt.show()
15
16  if __name__ == '__main__':
17      ......
18      show()
```

最终，show() 会画出一把漂亮的刻度尺，如图 3-13 所示。

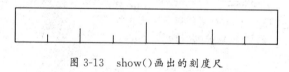

图 3-13　show() 画出的刻度尺

3.7 # 打印一棵二叉树

二叉树是一种常用的数据结构，每个节点下至多有两个子节点。二叉树的节点遍历可谓典型的递归调用，然而仅通过遍历的方法去了解一棵树并不直观，最好的方式是将二叉树直接打印出来。为了完成这个功能，首先需要创建一棵二叉树。

代码 3-12　创建二叉树 tree.py

```
01  class Node():
02      ''' 树的节点 '''
03      def __init__(self, value, left=None, right=None):
04          '''
05          :param value: 节点值
```

```
06          :param left: 左节点
07          :param right: 右节点
08          '''
09          self.value, self.left, self.right = value, left, right
10
11   class BTree():
12       ''' 二叉树 '''
13       __root = None   # 根节点
14       def __init__(self, root):
15           self.__root = root
16
17       def insert(self, node):
18           ''' 新增节点 '''
19           def insert(pNode, node):
20               '''
21               用递归的方式新增节点
22               :param pNode: 父节点
23               :param node: 待增加的节点
24               '''
25               if pNode.value > node.value:
26                   # 如果左节点为空，则 node 直接作为左节点
27                   if pNode.left is None:
28                       pNode.left = node
29                   else: # 否则递归地增加左节点
30                       insert(pNode.left, node)
31               else:
32                   # 如果右节点为空，则 node 直接作为右节点
33                   if pNode.right is None:
34                       pNode.right = node
35                   else: # 否则递归地增加右节点
36                       insert(pNode.right, node)
37           insert(self.__root, node)
38
39   if __name__ == '__main__':
40       tree = BTree(Node(5)) # 创建一棵根是 5 的二叉树
41       list = [2, 1, 4, 3, 6, 8, 7, 9] # 待新增的节点
42       for value in list: # 新增节点
43           tree.insert(Node(value))
```

代码 3-12 在创建二叉树时递归地插入节点。最终的二叉树由 9 个节点构成，如图 3-14 所示。

我们想简单一点，不借助图形工具，直接在控制台打印这棵树。这里的难点是处理两个兄弟节点的间距——当层数较多时，怎样才能保证有足够的空间展开每一层的所有节点？一个较为简单的思路是将树逆时针旋转 $90°$，让每个节点占据一行，通过若干个空白符号表示节点所在层数，这样就避开

了处理兄弟节点的间距，如图 3-15 所示。

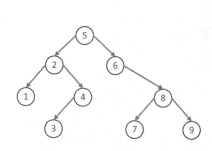

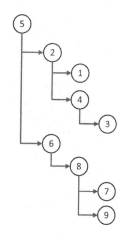

图 3-14　代码 3-12 创建的二叉树　　　　图 3-15　将树逆时针旋转 90°

代码 3-13 是上述方法的实现。将代码 3-13 添加到 tree.py 中。

代码 3-13　展示二叉树

```
01   def visit_DLR(node, h):
02       '''
03       通过前序遍历打印二叉树
04       :param node: 节点
05       :param h: node 节点所在的层数
06       '''
07       if node is None:
08           return
09       print('\t' * h, node.value)        # 打印 node 节点
10       visit_DLR(node.left, h + 1)        # 遍历左子树
11       visit_DLR(node.right, h + 1)       # 遍历右子树
12
13   class BTree():
14       ......
15       def show(self, visit=visit_DLR):
16           '''
17           展示二叉树
18           :param visit: 遍历模型
19           '''
20           visit(self.__root, 1)
21
22   if __name__ == '__main__':
23       ......
24       tree.show()
```

visit_DLR()使用前序遍历递归地打印二叉树，先遍历节点，再遍历左子树，最后遍历右子树。代码 3-13 的运行结果如图 3-16 所示。

图 3-16　代码 3-13 的运行结果

可以调整 visit_DLR() 中 print() 的位置让遍历顺序变成中序或后序。将代码 3-14 添加到 tree.py 中。

代码 3-14　中序遍历和后序遍历

```
01  def visit_LDR(node, h):
02      ''' 通过中序遍历打印二叉树 '''
03      if node is None:
04          return
05      visit_LDR(node.left, h + 1)   # 遍历左子树
06      print('\t' * h, node.value)   # 打印 node 节点
07      visit_LDR(node.right, h + 1)  # 遍历右子树
08
09  def visit_LRD(node, h):
10      ''' 通过后序遍历打印二叉树 '''
11      if node is None:
12          return
13      visit_LRD(node.left, h + 1)   # 遍历左子树
14      visit_LRD(node.right, h + 1)  # 遍历右子树
15      print('\t' * h, node.value)   # 打印 node 节点
```

中序遍历和后序遍历的结果如图 3-17 所示。

tree.show(visit=visit_LDR)　　　　　tree.show(visit=visit_LRD)

图 3-17　中序遍历和后序遍历

第3章
递归的逻辑（计数）

<table>
</table>

3.8 分形之美

《最强大脑》第四季的一期节目中,挑战者余彬晶挑战的项目是"分形之美"(图 3-18)。这是一个数学推理项目,现场嘉宾章子怡和刘国梁都一脸迷茫。

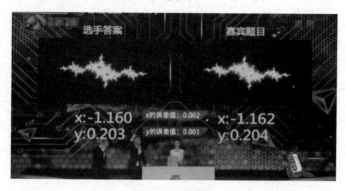

图 3-18 《最强大脑》中的"分形之美"

3.8.1 分形的概念

"分形"一词,是数学家曼德布罗特(Benoit B. Mandelbrot)创造出来的,其原意具有不规则、支离破碎等含义,通常被定义为:一个粗糙或零碎的几何形状,可以分成数个部分,且每一部分都(至少近似地)是整体缩小后的形状,即具有自相似的性质。

分形无处不在,绵延的海岸线,从远距离观察,其形状是极不规则的,但是拉近距离后,其局部形状又与整体形态相似;一棵参天大树,它的枝干或每一片叶子的叶脉,都与主干高度相似;一片雪花的每片花瓣在放大后都显出与原图案惊人的相似性(图 3-19)……

既然分形图的每一部分都是整体的缩小,那么会让人很自然地联想到递归算法。在本小节中,我们尝试用递归去绘制一棵分形树,绘制的目标如图 3-20 所示。

图 3-19 雪花的分形

图 3-20 绘制的目标

3.8.2 极坐标系下的向量旋转

比起刻度尺,树的坐标关系要复杂得多,如果继续在直角坐标系下处理就显得有些笨拙了,此时不妨试试极坐标。

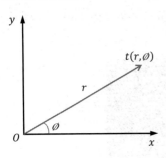

图 3-21 极坐标系

极坐标用向量的长度和角度来表示,一个典型的极坐标系如图 3-21 所示。

r 是向量的长度,$\varnothing$ 是向量与 x 轴逆时针方向的夹角,点 t 可以用 $(r,\varnothing)$ 来表示。可以看出,极坐标系仍未脱离原来的直角坐标系,仅仅是将直角坐标系上的点换了一种表示法,如果将点 t 转换成直角坐标系的表示法,那么:

$$x = r\cos\varnothing, y = r\sin\varnothing$$

这也是从极坐标到直角坐标的转换公式。

然后将向量逆时针旋转 θ,得到新的点 t',如图 3-22 所示。

点 t' 的坐标:

$$x = r\cos(\varnothing+\theta), y = r\sin(\varnothing+\theta)$$

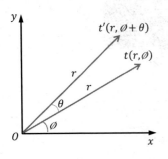

图 3-22 向量逆时针旋转 θ

现在将树放到极坐标系中,树的主干垂直于 x 轴,为了简单起见,可以让它附着在 y 轴上,这相当于 $\varnothing$ 等于 90°,如图 3-23 所示。

再把一个长度为 r' 的稍短向量逆时针旋转 θ 得到 B,顺时针旋转 θ 得到 C,如图 3-24 所示。

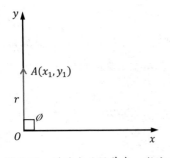

图 3-23 树的主干附着在 y 轴上

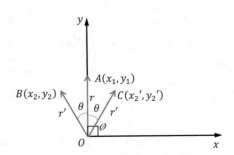

图 3-24 稍短向量旋转后得到 B 和 C

如此一来可以求得 B 和 C 的坐标:

$$B: x_2 = r'\cos(\varnothing+\theta), y_2 = r'\sin(\varnothing+\theta)$$

$$C: x_2' = r'\cos(\varnothing-\theta), y_2' = r'\sin(\varnothing-\theta)$$

作为树的枝干,需要将这两个新向量向上平移,使它们以 A 为起点,如图 3-25 所示。

现在得到了树的两个枝干及枝干终点的坐标:

$$B': x_1 + x_2 = x_1 + r'\cos(\varnothing+\theta), y_1 + y_2 = y_1 + r'\sin(\varnothing+\theta)$$

$$C':x_1 + x_2' = x_1 + r'\cos(\varnothing - \theta), y_1 + y_2' = y_1 + r'\sin(\varnothing - \theta)$$

已经知道了 A、B'、C' 的坐标，两点确定一条直线，因此可以画出 AB' 和 AC'。继续按照上述方法进行下去将会得到更多的枝干，如图 3-26 所示。

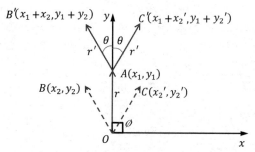

图 3-25 将两个新向量向上平移

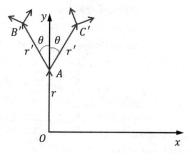

图 3-26 画出更多的枝干

3.8.3 编写代码

弄清分形的原理后就可以编写相关代码了。

代码 3-15 分形树 fractal.py

```
01  import numpy as np
02  import matplotlib.pyplot as plt
03
04  def draw(fai, theta, depth, ax):
05      '''
06      绘制分形树
07      :param fai: 向量的初始角度
08      :param theta: 向量每次逆时针旋转的角度
09      :param depth: 树的深度，当 depth == 0 时停止分形
10      :param ax: subplots
11      '''
12      def draw_line(x1, y1, fai, depth):
13          '''
14          绘制枝干
15          :param x1: 上一枝干的终点在 x 轴的坐标
16          :param y1: 上一枝干的终点在 y 轴的坐标
17          :param fai: 当前枝干逆时针旋转的角度
18          :param depth: 树的深度，当 depth == 0 时停止分形
19          '''
20          if depth == 0:
21              return
22          # 由于 np.cos 和 np.sin 使用的参数是弧度，所以需要先把角度转换成弧度
23          radian = np.radians(fai)
24          # 旋转后的坐标
```

```
25          x2 = x1 + np.cos(radian) * depth
26          y2 = y1 + np.sin(radian) * depth
27          # 画出枝干
28          ax.plot([x1, x2], [y1, y2], color='g')
29          # 继续分形
30          draw_line(x2, y2, fai + theta, depth - 1) # 左枝干
31          draw_line(x2, y2, fai - theta, depth - 1) # 右枝干
32      draw_line(0, 0, fai, depth)
33
34  # 绘制分形树
35  _, ax = plt.subplots()
36  plt.axis('off')
37  plt.axis('equal')
38  draw(90, 30, 8, ax)
39  plt.show()
```

代码 3-15 使用树的深度计算枝干的长度,每一层枝干的长度都比上一层少 1,直到深度是 0 为止。每一层的枝干都是由上一层枝干的终点坐标、偏斜角和枝干长度决定的。fai 的初始值是 $90°$,用 draw_line$(0,0,90,8)$来画树的主干,这样才能保证主干附着在 y 轴上,主干的终点坐标为:

$$x = 0 + \text{depth} \times \cos(90°) = 0, y = 0 + \text{depth} \times \sin(90°) = \text{depth}$$

注:弧度和角度的转换公式是 $1\text{rad} = \dfrac{180°}{\pi}$,$\pi$ 是无限不循环小数,因此在 Python 中这个转换是不精确的,np.cos(np.radians(90))并不会得到 0,而是得到 $6.123233995736766e-17$,这是一个很小的数,可以把它当作 0 处理。

代码 3-15 的运行结果如图 3-27 所示。

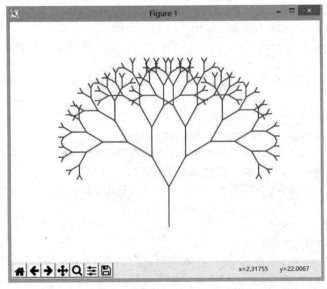

图 3-27 代码 3-15 的运行结果

可以通过改变初始深度来观察树的分形过程，将代码 3-16 添加到 fractal.py 中。

代码 3-16　分形过程

```
01  #  观察分形过程
02  fig = plt.figure()
03  for i in range(1, 10):
04      ax = fig.add_subplot(3, 3, i)
05      plt.axis('off')
06      plt.axis('equal')
07      plt.title('depth=' + str(i))
08      draw(90, 30, i, ax)
09  plt.show()
```

代码 3-16 绘制了深度为 1～9 的 9 棵分形树，它们展示了分形的过程，如图 3-28 所示。

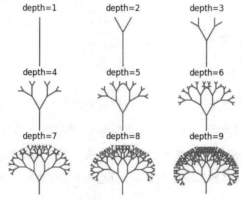

图 3-28　分形的过程

在绘制 depth＝1 的分形树时，plt.axis('equal')是必需的，它将使 x 轴和 y 轴的定标系数相同，即单位长度相同。如果将其注释掉，由于角度和弧度间的不精确转换，将得到一条斜线，如图 3-29 所示。

斜线是根据(0,0)和(6e−17,1)绘制的，在两个坐标轴的长度单位不对等时，微小的斜率也将被放大。在添上 plt.axis('equal')后，这个微小的斜率就可以忽略不计了，如图 3-30 所示。

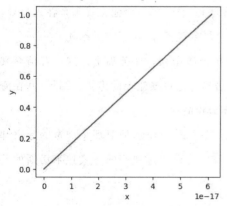 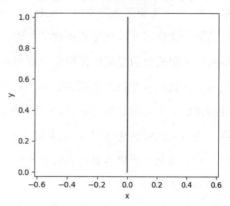

图 3-29　去掉 plt.axis('equal')将得到一条斜线　　图 3-30　plt.axis('equal')将统一定标系数，忽略微小的斜率

如果改变旋转角 θ 的初始值,将得到一些有趣的分形,如图 3-31 所示。

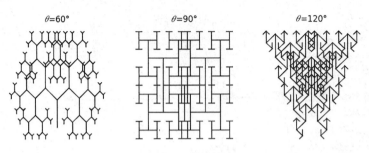

图 3-31 　 θ 是不同值时的分形

3.9 米诺斯的迷宫

米诺斯迷宫的传说来源于克里特神话,在希腊神话中也有大量的描述,号称世界四大迷宫之一。

米诺斯是宙斯和欧罗巴的儿子,因智慧和公正而闻名,死后成了冥界的判官。由于米诺斯得罪了海神波塞冬,波塞冬便以神力使米诺斯的妻子帕西法厄爱上了一头公牛,生下了一个牛首人身的怪物米诺陶洛斯。这个半人半牛的怪物不吃其他食物,只吃人肉,因此米诺斯把它关进一座迷宫里,令它无法危害人间。

后来雅典人杀死了米诺斯的一个儿子,为了复仇,米诺斯恳求宙斯的帮助。于是,宙斯给雅典带来了瘟疫。为了阻止瘟疫的流行,雅典人必须每年选送 7 对童男童女去供奉怪物米诺陶洛斯。

当雅典第三次纳贡时,王子忒修斯自愿充当祭品,以便伺机杀掉怪物,为民除害。当勇敢的王子离开王宫时,他对自己的父亲说,如果胜利了,船返航时他便会挂上白帆,反之则还是黑帆。忒修斯到了米诺斯王宫,公主艾丽阿德涅对他一见钟情,并送他一团线球和一柄魔剑,让他将线头系在入口处,放线进入迷宫。忒修斯在迷宫深处找到了米诺陶洛斯,经过一场殊死搏斗,终于将其杀死。

忒修斯带着深爱他的艾丽阿德涅公主返回雅典,却在途中把她抛在一座孤岛上。这一背信弃义的行为遭到了惩罚——胜利的喜悦冲昏了忒修斯的头脑,他居然忘记更换船上的黑帆!结果,站在海边遥望他归来的父亲看到黑帆之后,认为儿子死掉了,便悲痛地投海而亡。

我很小的时候就听过这个故事,随着时间的流逝,早已忘却故事的梗概,但对那个神奇的迷宫却至今记忆犹新。虽然不清楚当时的迷宫是怎样设计的,但是我们可以通过递归的方式让米诺斯的迷宫(图 3-32)重现人间。

图 3-32　米诺斯的迷宫

3.9.1　计算机上的迷宫

迷宫是由通道和墙壁组成的，通常是一个正方形的布局，于是矩阵便成了其中最自然的结构。
代码 3-17 可以生成一个典型的迷宫矩阵。

代码 3-17　迷宫矩阵 maze.py

```
01    # 迷宫矩阵
02    maze = [
03        [1, 1, 1, 1, 1, 1, 1, 1, 1, 1, 1, 1, 1, 1, 1, 1, 1],
04        [0, 0, 0, 0, 0, 1, 0, 0, 1, 0, 0, 0, 1, 0, 0, 1],
05        [1, 0, 1, 0, 0, 0, 0, 0, 1, 0, 1, 0, 0, 0, 1, 1],
06        [1, 0, 0, 0, 1, 1, 1, 1, 0, 1, 0, 1, 1, 0, 1],
07        [1, 1, 0, 0, 0, 0, 0, 0, 0, 0, 1, 1, 1, 0, 1],
08        [1, 1, 0, 1, 0, 1, 1, 0, 1, 1, 0, 1, 0, 0, 1],
09        [1, 1, 0, 0, 0, 0, 1, 0, 0, 1, 0, 0, 0, 1, 1],
10        [1, 1, 0, 0, 0, 0, 1, 1, 1, 0, 1, 0, 0, 1, 1],
11        [1, 1, 1, 1, 0, 0, 1, 0, 0, 0, 0, 1, 0, 0, 1],
12        [1, 0, 0, 0, 0, 0, 0, 1, 0, 0, 1, 1, 0, 1, 1],
13        [1, 0, 1, 0, 1, 0, 0, 0, 1, 0, 1, 0, 0, 1, 1],
14        [1, 1, 0, 0, 1, 0, 1, 1, 0, 1, 0, 1, 1, 1, 1],
15        [1, 0, 0, 0, 1, 0, 0, 1, 1, 0, 0, 0, 0, 1, 1],
16        [1, 0, 0, 0, 1, 0, 0, 1, 1, 0, 0, 0, 0, 0, 1],
17        [1, 0, 0, 0, 1, 0, 0, 0, 1, 1, 0, 0, 0, 0, 0, 0],
18        [1, 1, 1, 1, 1, 1, 1, 1, 1, 1, 1, 1, 1, 1, 1, 1]
19    ]
20
21    for a in maze:
22        for i in a:
23            print('%4d' % i, end='')
24        print()
```

在矩阵中，用 0 表示通道，用 1 表示墙壁，忒修斯王子可以在 0 之间任意穿行，代码 3-17 的运行结果如图 3-33 所示。

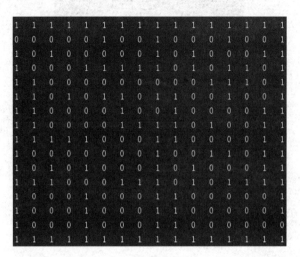

图 3-33　代码 3-17 的运行结果

3.9.2　迷宫的数据模型

虽然可以用 0 和 1 绘制出一个迷宫，但是其本质仍然属于手动编辑，我们的目标是寄希望于计算机自动生成一个大型迷宫，如图 3-34 所示。

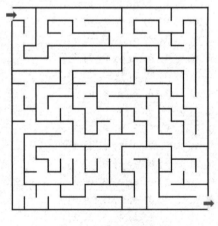

图 3-34　我们的目标

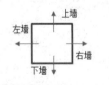

图 3-35　方块四周的墙壁

迷宫中有很多墙壁，再用 0 和 1 组成的简单矩阵就不合适了。如果将迷宫矩阵的每一个位置看作一个方块，则方块的上、下、左、右都可能有墙壁存在，这就需要对每个位置记录四面墙壁的信息，如图 3-35 所示。

实际上没那么复杂，只要记录上墙和右墙即可，至于下墙和左墙，完全可以由相邻方块的上墙和右墙代替,如图 3-36 所示。当然,最后还要在四周套上一层边框,如图 3-37所示。

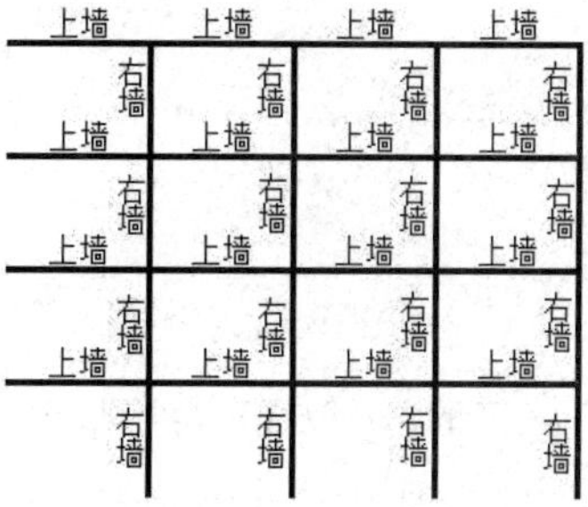

图 3-36　仅记录上墙和右墙

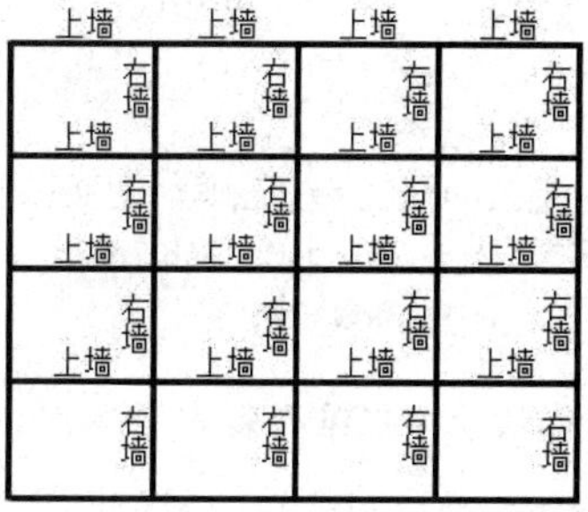

图 3-37　四周套上边框

在生成迷宫时,每一个方块都需要记录 3 种信息:是否已经被设置、是否有右墙、是否有上墙。一种"面向对象"的方法是将方块信息设计成一个类结构,用 3 个布尔型属性来记录,但是这样做性价比并不高。另一种更简单高效的方法是用一个 3 位的二进制数来表示,如图 3-38 所示。

图 3-38　用 3 位的二进制数记录方块信息

将矩阵中所有元素的初始值都设置为 011,表示方块未设置、有右墙、有上墙。如果已经设置了某个方块,那么第 3 位被置为 1,如此一来,每个方块可能会有 5 种状态,如图 3-39 所示。

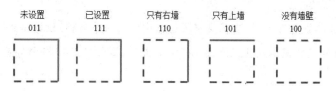

图 3-39　方块的 5 种状态

代码 3-18 是迷宫的数据模型。

代码 3-18　迷宫的数据模型 minos_maze.py

```
01   class MinosMaze:
02       ''' 米诺的迷宫 '''
03       def __init__(self, n):
04           ''' 初始化一个 n * n 的迷宫 '''
05           self.n = n #  矩阵维度
06           self.init_status = 0b011 #  方块的初始状态(方块未设置、有右墙、有上墙)
07           self.maze = [([self.init_status] * n) for i in range(n)] #  初始化迷宫矩阵
08
09       def show_bin(self):
10           ''' 显示迷宫的数字状态 '''
11           for a in self.maze:
```

```
12              for i in a:
13                  print('%6s' % bin(i), end='')
14              print()
15
16  if __name__ == '__main__':
17      m_8 = MinosMaze(8)  #  8×8的迷宫
18      m_8.show_bin()
```

这里仍然使用二维列表表示迷宫,列表的每一个元素代表迷宫的一个方格,初始状态是011。代码 3-18 最终以数字形式在控制台展示了一个 8×8 迷宫的初始状态,如图 3-40 所示。

```
0b11  0b11  0b11  0b11  0b11  0b11  0b11  0b11
0b11  0b11  0b11  0b11  0b11  0b11  0b11  0b11
0b11  0b11  0b11  0b11  0b11  0b11  0b11  0b11
0b11  0b11  0b11  0b11  0b11  0b11  0b11  0b11
0b11  0b11  0b11  0b11  0b11  0b11  0b11  0b11
0b11  0b11  0b11  0b11  0b11  0b11  0b11  0b11
0b11  0b11  0b11  0b11  0b11  0b11  0b11  0b11
0b11  0b11  0b11  0b11  0b11  0b11  0b11  0b11
```

图 3-40 8×8 迷宫的初始状态

3.9.3 拆墙

我们使用拆墙法自动生成迷宫,这需要遍历迷宫中的每一个方格,设置是否拆除右墙或上墙。具体来说,是用递归的方式随机遍历上、下、左、右 4 个方向,直到所有方格全部遍历完为止,如图 3-41 所示。

向上遍历,需要拆除当前方格的上墙;向下遍历,需要拆除下方方格的上墙;向左遍历,需要拆除左侧方格的右墙;向右遍历,需要拆除当前方格的右墙。拆墙过程如图 3-42 所示。

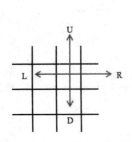

图 3-41 遍历上、下、左、右 4 个方向

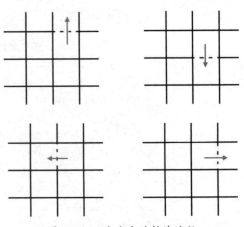

图 3-42 4 个方向的拆墙过程

代码 3-19 利用位运算进行拆墙工作。将代码 3-19 添加到 minos_maze.py 中。

代码 3-19 　拆墙

```
01  class MinosMaze:
02      ......
03      def remove_wall(self, i, j, side):
04          '''
05          拆除 maze[i][j] 的上墙或右墙
06          :param i: 行号
07          :param j: 列号
08          :param side: 拆墙方向，接受 'U' 和 'R' 两个方向
09          '''
10          if side == 'U':
11              self.maze[i][j] &= 0b110 # 拆除上墙
12          elif side == 'R':
13              self.maze[i][j] &= 0b101 # 拆除右墙
```

3.9.4　自动生成迷宫

通过递归的方式遍历方格，迷宫矩阵的方格会逐一被设置，直到所有方格都被设置为止。代码 3-20 是创建迷宫的过程。将代码 3-20 添加到 minos_maze.py 中。

代码 3-20 　创建迷宫

```
01  import random
02
03  def show_bin(maze):
04      ''' 显示迷宫的数字状态 '''
05      for a in maze:
06          for i in a:
07              print('%6s' % bin(i), end='')
08          print()
09
10  class MinosMaze:
11      ......
12      def create(self):
13          ''' 自动创建迷宫 '''
14
15          def check(i, j, side):
16              '''
17              检测是否可以从当前方格向 side 方向遍历
18              :param i: 行号
19              :param j: 列号
20              :param side: 遍历的方向
```

```
21            :return: 可以向 side 方向遍历,返回 True
22            '''
23            if side == 'U': #  向上遍历
24                # 未越界,并且 maze[i][j]的上方方格是初始状态
25                return i - 1 >= 0 and self.maze[i - 1][j] == self.init_status
26            elif side == 'D': #  向下遍历
27                # 未越界,并且 maze[i][j]的下方方格是初始状态
28                return i + 1 < self.n and self.maze[i + 1][j] == self.init_status
29            elif side == 'L': #  向左遍历
30                # 未越界,并且 maze[i][j]的左侧方格是初始状态
31                return j - 1 >= 0 and self.maze[i][j - 1] == self.init_status
32            elif side == 'R': #  向右遍历
33                # 未越界,并且 maze[i][j]的右侧方格是初始状态
34                return j + 1 < self.n and self.maze[i][j + 1] == self.init_status
35            else:
36                return False
37
38        def auto_rm_wall(i, j):
39            '''
40            用递归的方式遍历迷宫,进行拆墙操作
41            :param i: 行号
42            :param j: 列号
43            '''
44            sides = ['U', 'D', 'L', 'R'] #  上、下、左、右 4 个方向
45            self.maze[i][j] |= 0b100   #  maze[i][j] 已经被设置过
46            #  如果可以从当前方格向上、下、左、右 4 个方向之一移动,则开始拆墙操作
47            while (len([s for s in sides if check(i, j, s)]) > 0):
48                side = random.choice(sides)  #  随机方向
49                if side == 'U' and check(i, j, side): #  能够向上走
50                    self.remove_wall(i, j, 'U')  #  拆除当前方格的上墙
51                    auto_rm_wall(i - 1, j)  #  向上走
52                elif side == 'D' and check(i, j, side): #  能够向下走
53                    self.remove_wall(i + 1, j, 'U')  #  拆除下方方格的上墙
54                    auto_rm_wall(i + 1, j)  #  向下走
55                elif side == 'L' and check(i, j, side):  #  能够向左走
56                    self.remove_wall(i, j - 1, 'R')  #  拆除左侧方格的右墙
57                    auto_rm_wall(i, j - 1)  #  向左走
58                elif side == 'R' and check(i, j, side): #  能够向右走
59                    self.remove_wall(i, j, 'R')  #  拆除当前方格的右墙
60                    auto_rm_wall(i, j + 1)  #  向右走
61        auto_rm_wall(0, 0)  #  从入口位置开始遍历
62
63    def show(self, show_model=show_bin):
64        '''
```

```
65            绘制迷宫
66            :param show_model: 绘制方式
67            '''
68            show_model(self.maze)
69
70  if __name__ == '__main__':
71      m_8 = MinosMaze(8)  # 8×8的迷宫
72      m_8.create()
73      m_8.show()
```

代码 3-20 创建了一个 8×8 的迷宫，一种可能的迷宫结构如图 3-43 所示。

图 3-43　一种可能的 8×8 迷宫

矩阵中的所有元素均被设置，它们与方格墙壁的对应关系如表 3-1 所示。

表 3-1　矩阵元素与方格墙壁的对应关系

矩阵元素	右墙	上墙
0b111	有	有
0b110	有	无
0b101	无	有
0b100	无	无

3.9.5　绘制迷宫

只是在控制台显示迷宫矩阵未免有些无聊，本小节我们尝试将迷宫矩阵图形化。绘制迷宫的方法很简单，只需在坐标系中画出每个方格的墙壁即可。将代码 3-21 添加到 minos_maze.py 的 MinosMaze 中。

代码 3-21　绘制迷宫

```
01  import matplotlib.pyplot as plt
02
```

```
03    def show_pic(maze):
04        ''' 显示迷宫的图形状态 '''
05        n = len(maze) #  迷宫的维度
06        for i in range(n):
07            for j in range(n):
08                if maze[i][j] & 0b010 == 0b010: #  有右墙
09                    r_x, r_y = [j + 1, j + 1], [n - i, n - i - 1] #  右墙的坐标
10                    plt.plot(r_x, r_y, color='black')
11                if maze[i][j] & 0b001 == 0b001: #  有上墙
12                    u_x, u_y = [j, j + 1], [n - i, n - i] #  上墙的坐标
13                    plt.plot(u_x, u_y, color='black')
14        #  设置入口和出口
15        entrance, exit = ([0, 0], [n, n - 1]), ([n, n], [0, 1])
16        plt.plot(entrance[0], entrance[1], color='white') #  用白色擦除入口的左边框
17        plt.plot(exit[0], exit[1], color='white') #  用白色擦除出口的右边框
18        plt.axis('equal')
19        plt.axis('off')
20        plt.show()
21    ……
22    if __name__ == '__main__':
23        ……
24        m_8.show(show_pic)
```

出口位置在迷宫的右下角，由于创建迷宫时遍历了所有方格，因此出口处的方格一定是从它上方或左侧的方格遍历而来的，这意味着它一定没有上墙或左墙，拆除它的右边框一定能够成为出口。矩阵与迷宫的对应关系如图 3-44 所示。

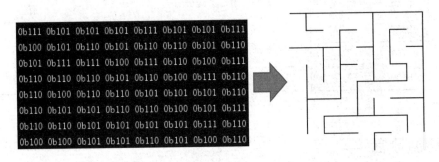

图 3-44　矩阵与迷宫的对应关系

看起来不太像迷宫，这是由于没有添加边框，因此还需要在 show_pic() 中进行最后的完善工作，为迷宫添加 4 个边框。

代码 3-22　添加迷宫边框

```
01    def show_pic(maze):
02        ……
```

```
03        plt.plot([0, self.n], [self.n, self.n], color='black')  # 绘制上边框
04        plt.plot([0, self.n], [0, 0], color='black')  # 绘制下边框
05        plt.plot([0, 0], [0, self.n], color='black')  # 绘制左边框
06        plt.plot([self.n, self.n], [0, self.n], color='black')  # 绘制右边框
07        entrance, exit =([0, 0], [self.n, self. n - 1]), ([self.n, self.n], [0, 1])  # 设置入口和出口
08        ……
```

最终绘制出一个完整的迷宫，如图 3-45 所示。

米诺斯的迷宫要比图 3-45 复杂得多，也许一个 32×32 的迷宫可以困住怪兽，如图 3-46 所示。

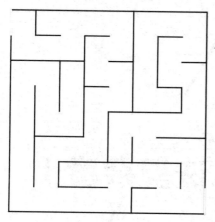

图 3-45　最终的 8×8 迷宫

图 3-46　32×32 的迷宫

3.10　小结

1.递归关系式有时也称为差分方程。为了能从递归关系式计算出序列中的每一项，必须已知序列开始的若干个数，这些数被称为初始条件或初始值。

2.使用特征方程和特征根找出递归的显示表达。

3.递归和循环可以互换。

4.递归必须有一个明确的终止条件，每次递归调用的参数值必须更接近终止条件。

5.动态编程可以有效避免递归的无用功。

6.分治的基本思想就是化质为量，即把"质"的困难转化成"量"的复杂。

第 4 章

大 O 和大 Θ（算法复杂度）

本章主要介绍了算法分析的基本知识，以及如何使用大 O 和大 Θ 评估算法效率。

　　高斯(Gauss)是一位著名的数学家。高斯 10 岁时,他的小学老师出了一道算术难题:1＋2＋3＋…＋100＝?

　　这下小朋友们可被难倒了,当他们认真地把数字一个个相加时,听到了高斯的声音:"老师,我已经算好了!"

　　老师很吃惊,高斯解释道:因为 1＋100＝101,2＋99＝101,3＋98＝101,…,49＋52＝101,50＋51＝101,而像这样等于 101 的组合一共有 50 组,所以很快就可以求出:101×50＝5050。

　　现在,人们可以很容易地把算术题的两种解法编写成两段计算机程序,从而用算法分析的观点比较它们的快慢。也许你已经知道,累加法的运行效率是 $O(N)$,而小高斯算法的运行效率是 $O(1)$。那么这里的大 O 究竟代表什么? 如何进行算法分析呢?

4.1 算法分析

　　在编写代码的某一时刻,程序员自然会产生一段代码比另一段代码运行得更快的想法。算法分析的任务便是尽可能多地发现算法的性能特征,以便让程序员利用这些特征做出正确的选择。在进行算法分析之前,首先要了解影响算法性能的因素并排除一些混淆视听的干扰项。

4.1.1　数据对性能的影响

　　也许我们都曾遇到过这种情况:在某一特定的时刻,算法会运行得十分缓慢。经过排查得知,这是由一些特殊的数据造成的,于是我们针对这些数据精心设计了另一个代替算法,得到了一个令人满意的结果,并兴高采烈地宣称解决了这一难题。令人遗憾的是,这个结果是带有欺骗性的,它忽视了一个问题——输入数据是随机的,这意味着针对精心挑选的数据而设计的新算法并不能真正衡量算法的快慢。这种忽视极为常见,甚至出现于一些知名软件工具的官网上。有些官网号称自己的工具比竞争对手的运行效率高出某个百分比,当我们真正使用时却发现并非如此,至少不像官网上宣称的那样。所以,精心挑选的数据不利于判断算法的性能,它将使算法偏向好的一侧。

　　由于我们验证的是算法而不是数据,一个较为理想的方法是直接使用生产数据,它能让我们确切地衡量算法在真实环境中的开销。然而生产数据通常是软件正式运行一段时间后积累产生的,在构建软件的阶段很可能与实际生产脱节,这就迫使我们使用自行创造的数据。其中随机数据最能够表现出程序在平均状态下的性能,让我们在开发和测试阶段能够选择一个较为靠谱的算法。

　　值得注意的是,随机输入本身并不精确,不能准确地刻画真实情况,或者本身就不是自然存在的输入模型。几何概型中的随机点几乎无人质疑,但是未必能刻画一个随机的文本输入(如对餐厅某个菜品的点评）。可见，随机数据是实验室的结果，并不能代表程序的实际运行效率。尽管如此，随机输入仍然是一个好的参考项，我们可以把自行创造的随机数据和真实数据分别输入程序，对比它们的运行结果，看看试验环境和真实环境是否匹配。如果二者的运行结果匹配，则说明我们的选择或改进是正确的；否则，需要进一步分析数据对算法的影响。

另一种方法是创造最坏的数据，研究程序在极端情况下的性能。某些算法可能会对输入极端敏感，它们的性能会随着数据的改变而跌宕起伏（如插入排序），这也迫使我们在选择算法时需要充分考虑输入的数据。虽然最坏的数据可能永远都不会发生，但是它们仍然提供了关于性能的重要信息。

一个关于数据选择的陷阱是过于强调极端情况下的坏数据。由于大多数算法的运行时间都取决于输入，于是一种自然的倾向就产生了——选择一种尽可能小地依赖输入数据的算法，正是这个目标让我们对最坏的输入数据异常着迷。然而，能够提高极端情况下运行效率的算法实现起来可能极为复杂。更尴尬的是，我们拼尽全力实现的算法虽然能够获得极端情况下的性能提升，但是在生产环境下却比一个简单的算法更慢，这迫使我们不得不考虑新算法是否真的有效，或者它能够带来的性能提升是否与付出的精力等价。

4.1.2　影响性能的其他因素

不同的机器、操作系统、编程语言、网络环境等都会对算法造成影响，在资源共享的环境中，甚至相同的程序在不同的时间也会表现出不同的性能。

当程序中掺杂了过多不可预估的开销时，可能会导致运行效率不可预估地下降。一个典型的场景是对内存的漠视：某个程序需要根据一批订单号从数据库中获取一些数据进行处理。大多数时候，较为快速的方法是一次性从数据库中加载这些数据，然后在内存中对其进行处理，而不是多次请求一条数据。一次加载法将节省数据库请求和网络连接的开销。令人遗憾的是，有相当多的系统都在使用循环，每次只获取一条数据。

4.1.3　理想中的世界

由于影响算法性能的一系列因素并不确定，所以想要精确预测某个程序的运行时间是不可能的，但是我们可以通过算法分析大致推断出在一般或某种特定情况下，哪个算法更快。

算法分析的一个重要步骤是把抽象操作与实际运行分开，以代码 4-1 为例。

代码 4-1　循环累加

```
01   sum = 0
02   for i in range(n):
03       sum += i
```

在这段代码中，一共执行了多少加法运算是抽象操作，这是由算法的性能决定的；而这段代码实际运行的时间则是由具体的计算机决定的。将二者分开有助于我们独立于特定的编程语言或硬件环境分析算法。此外，还要忽略内存、网络、数据库等共享资源，也就是说，我们重点度量的是"计算"，是理想中的世界，是物理中的"光滑平面"。

4.2 运行比较法

我们经常通过一种毫无神秘性可言的方法比较两个算法的快慢：分别运行解决同一个问题的两个算法，比较运行时间的长短。这种方法似乎是万能的，然而在实际应用中，它将遇到两个难题，以至于"运行比较法"在很多时候并不理想。

第一个难题是，对于某些复杂的算法来说，编写一个正确的、能够完整运行的实现本身就是一个巨大的挑战，编写新实现所付出的代价甚至可能远远超出了问题本身，以至于一开始就让人心生恐惧——特别是在经历了一系列苦难完成了实现后，却发现运行时间比原来更长，将使人深受打击。

另一个难题是等待时间可能太长。如果待处理的问题本身就过于复杂，那么即使一个高效的算法也需要运行很长时间。对于一个运行时间是 10 秒的算法，或许不难注意到比它快 10 倍的改进版；但是对于一个运行时间以天为单位的算法，即使它的运行速度快上 10 倍，也需要花费超过 2 小时。对于两个已经存在的程序，如果需要花小时级的时间才能得出谁快谁慢的结论，那么几乎可以肯定这种比较法不是一种有效的方法。

4.3 数学分析法

运行比较法的困难迫使我们求助于数学工具，虽然我们不能对一个还没有完整实现的程序使用运行比较法，但是却能通过数学分析大致了解程序的性能并预估改进版本的有效性。

大多数算法都有影响其运行时间的主要参数 N，这里的 N 是所解决问题的大小的抽象度量。例如，对于一个排序算法来说，N 是待排序元素的个数。我们的目标是尽可能使用简单的数学公式，用 N 表达出程序的运行效率。

4.3.1 函数的增长

对于将要进行比较的两个算法,我们并不满足于简单地将比较的结果描述为"一个算法比另一个算法快",而是希望能够通过数学函数直观地感受二者的差异,具体来说,是希望知道"一个算法比另一个算法快多少"。

一些函数在算法分析中极为常见,具体如下。

(1)1。如果程序中的大多数指令只运行 1 次或几次,与问题的规模无关,那么就说程序运行的时间是常量的。小高斯的算法就是典型的常量时间。

(2)$\lg N$。随着问题规模的增长,程序运行时间增长较慢,可以认为程序的运行时间小于一个大常数。虽然对数的底数会影响函数的值,但影响不大。鉴于计算机是二进制的,所以通常取 2 为底数,$\lg N = \log_2 N$,这与数学中的略有差别(数学中 $\lg N = \log_{10} N$)。当 $N = 1024$ 时,$\lg N = 10$;当 N 增长 10 倍时,$\lg N \approx 13$,仅有略微的增长;只有当 N 增长到 N^2 时,$\lg N$ 才翻倍。如果一个算法是把一个大问题分解为若干个小问题,而每个小问题的运行时间是常数,那么就认为这个算法的运行时间是 $\lg N$,二分查找就是其中的典型。

注:有些资料在算法分析时用 $\ln N$ 代表 $\log_2 N$,究竟是用 $\lg N$ 还是用 $\ln N$,这个问题就像"空格党"和"Tab 党"之间的争论一样,对此不必太过纠结,理解意思即可。

(3)$\sqrt{N}$。$\sqrt{N}$ 比 $\lg N$ 稍大,当问题规模翻倍时,运行时间比翻倍少一点;当 N 增长 100 倍时,程序运行时间增长 10 倍。开销是 $\sqrt{N}$ 时间的程序通常对程序的终止条件做了处理,例如,1.3.2 小节中的代码 1-4,在判断一个数是否是素数时,边界值是这个数的平方根,而不是这个数本身。

(4)N。这就是通常所说的线性时间,如果问题规模增大 M 倍,那么程序运行时间也增大 M 倍。1 到 100 的蛮力求和法就是线性时间,这类方法通常带有一个以问题规模为终点的循环。

(5)$N \lg N$。当问题规模翻倍时,如果运行时间比翻倍多一点,那么就简单地说程序运行的时间是 $N \lg N$。当 $N = 1024$ 时,$N \lg N = 10240$;当 $N = 2048$ 时,$N \lg N = 22528$。$N \lg N$ 与 $\lg N$ 都是把一个大问题分解为若干个能够在常数时间内运行的小问题,区别在于是否需要合并这些小问题,如果合并,就是 $N \lg N$;如果不合并,就是 $\lg N$。大多数归并问题的运行时间可以简单地看作 $N \lg N$。

(6)N^2。如果问题规模翻倍,那么运行时间增长 4 倍;如果问题规模增长 10 倍,那么运行时间增长 100 倍。

(7)N^3。如果问题规模翻倍,那么运行时间增长 8 倍;如果问题规模增长 10 倍,那么运行时间增长 1000 倍。

(8)2^N。指数级的增长。如果 $N = 10$,那么 $2^N = 1024$;如果 N 翻倍,那么 $2^N = 1048576$。复杂问题的蛮力法通常具有这样的规模,这类算法通常不能应用于实际。

以下为这些函数的增长曲线，如图 4-1 所示。

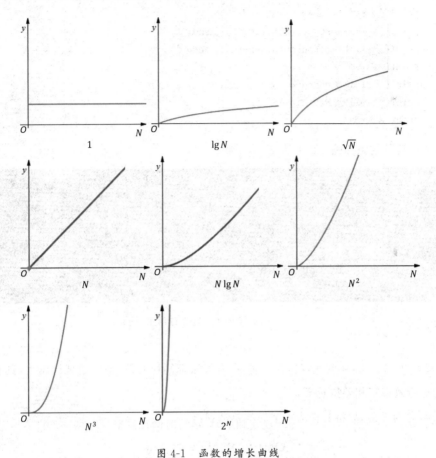

图 4-1　函数的增长曲线

以上函数能够帮助我们直观地理解算法的运行效率，从而更容易区分出快速算法和慢速算法。大多数时候，我们都简单地把程序运行的时间称为"常数""线性""平方次"等。对于小规模的问题，算法的选择不太重要，一旦问题达到一定规模，算法的优劣就会很快体现出来。代码 4-2 展示了当问题规模分别是 10、100、1000、10000、100000、1000000 时，$\lg N$、$\sqrt{N}$、N、$N\lg N$、N^2、N^3 的增长规模。

代码 4-2　函数的增长规模 C4_2.py

```
01  import math
02
03  fun_list = ['lgN', 'sqrt(N)', 'N', 'NlgN', 'N^2', 'N^3'] # 函数列表
04  print(' ' * 10, end='')
05  for f in fun_list:
06      print('%-15s' % f, end='')
07  print('\n', '-' * 100)
08
09  N_list = [10 ** n for n in range(7)] # 问题规模
```

```
10    for N in N_list: #  函数在不同问题规模下的增长
11        print('%-8s%-2s' % (N, '|'), end='')
12        print('%-15d' % round(math.log2(N)), end='')
13        print('%-15d' % round(math.sqrt(N)), end='')
14        print('%-15d' % N, end='')
15        print('%-15d' % round(N * math.log2(N)), end='')
16        print('%-15d' % N ** 2, end='')
17        print(N ** 3)
```

代码 4-2 的运行结果如图 4-2 所示。

	lgN	sqrt(N)	N	NlgN	N^2	N^3
1	0	1	1	0	1	1
10	3	3	10	33	100	1000
100	7	10	100	664	10000	1000000
1000	10	32	1000	9966	1000000	1000000000
10000	13	100	10000	132877	100000000	1000000000000
100000	17	316	100000	1660964	10000000000	1000000000000000
1000000	20	1000	1000000	19931569	1000000000000	1000000000000000000

图 4-2 代码 4-2 的运行结果

从图 4-2 中可以看出,在问题规模为 1 时,所有算法都同样有效,但问题规模越大,具有不同复杂度的算法的运行效率就相差得越大。

2^N 增长得尤为迅猛,故将其作为一个另类单独列出。

代码 4-3 2^N 的增长 C4_3.py

```
01    for N in range(10, 110, 10):
02        print('2**{0} = {1}'.format(N, 2 ** N))
```

代码 4-3 的运行结果如图 4-3 所示。

```
2**10 = 1024
2**20 = 1048576
2**30 = 1073741824
2**40 = 1099511627776
2**50 = 1125899906842624
2**60 = 1152921504606846976
2**70 = 1180591620717411303424
2**80 = 1208925819614629174706176
2**90 = 1237940039285380274899124224
2**100 = 1267650600228229401496703205376
```

图 4-3 代码 4-3 的运行结果

从这些运行结果可知,有些时候,选择正确的算法是解决问题的唯一途径。对于函数的输出结果来说,如果把 100 看作 1 秒,那么 10000 就是 100 秒,超过 1.5 分钟。这意味着对于一个规模是 1000000 的问题来说,使用一个 lgN 复杂度的算法可以立刻得出结果,$\sqrt{N}$ 复杂度的算法耗时约 10 秒,N 复杂度的算法耗时将超过 2.7 小时,N^3 复杂度的算法耗时达 3 万多年!也许我们可以忍受一个运行 10 秒或 2.7 小时的程序,但一定无法容忍有生之年看不到运行结果的程序。

4.3.2 算法选择的陷阱

如果不理解函数的增长，就可能会忽视算法的性能。由于较为快速的算法往往比蛮力法复杂得多，所以多数程序员往往更愿意使用虽然慢一些但是更加直接的蛮力法。但是有些时候，只要加上少许的代码就能提升程序效率，例如，1.3.2小节中的代码1-4，此时如果仍旧使用纯粹的蛮力法显然就不合适了。此外，由于程序通常处理的是离散问题，所以往往容易忽略几乎总是能够提升算法效率的数学公式。假设需要计算一个序列的值：

$$f(N) = 1 + \frac{1}{2} + \frac{1}{3} + \cdots + \frac{1}{N}, N > 1000000$$

相当数量的程序员会耿直地使用循环累加法，但如果知道自然对数，那么程序员就可以毫不犹豫地直接让 $f(N)$ 等于自然对数，这是由黎曼和的积分表达推导而来的。当 $N \rightarrow \infty$ 时：

$$f(N) = \int_1^N \frac{1}{x} \mathrm{d}x = \ln N$$

一个简单的数学公式就可以让 N 级别的函数增长缩减为常数时间。

当我们迫不及待地使用函数增长的知识改进算法时，也极有可能陷入另一个陷阱：如果一个程序的运行时间非常短暂，而我们却仍然试图花费大量时间提高它的运行效率，这将是毫无意义的；特别是当已经预估到这段低速的程序只会运行几次时，仍盲目地把时间浪费在不重要的问题上，花费大量时间试图提高程序的整体性能，实际上却并没有改进，这显然是不明智的。

这些陷阱的关键是问题的规模。对于求解1到100之和的问题，可以使用循环累加法；但是当累加的终点不确定且存在大数的可能时，就更应该选择小高斯的方法。由此可见，一个算法并没有绝对的好坏之分，只有在特定场景下的合适与不合适。

4.3.3 提升效率的次序

当一个软件遇到了性能瓶颈时，首先，要改进的是系统功能重构，应适当减少可能拖垮系统的业务需求。客户对"实时"相当感兴趣，然而极少有使用者能够真正清楚何处应该是实时的。这一点同样体现在其他行业，例如，生产商如果想要降低生产成本，那么相比于对供应商进行原材料压价，提高生产效率和改进制作工艺才是更好的办法。

其次，应当改进的是软件结构，包括部署结构、数据存储结构、软件设计结构等。软件设计本身就是一个从结构到行为的过程，软件所能够产生的行为是由它的结构决定的，一个优良的结构往往能够较为容易地让人找到其影响性能的关键点。这就好比，小猫能够轻松地爬树是由于它有柔软的脊柱和锋利的爪子；相反，人的身体结构对爬树的支持并不友好，所以即便经过一定训练也很难比得过小猫。

再次,应当改进的是算法的选择,一个线性复杂度的算法多数情况下都优于一个平方次复杂度的算法。

最后,需要改进的是代码层面的优化。有些代码优化是明显有效的,例如,将复杂的重复运算从循环中移出;还有在逻辑判断时,将廉价的判断放在最前面。另一些则不太明显,例如,当 a 是一个整数时,用 $\sim a+1$ 表示 $-a$,这并不一定能提高算法的效率,或者对效率的提升并不明显,只会让团队中的其他成员感到迷惑。令人难以置信的是,也许是为了更能体现对某种编程语言的精通,有很多软件开发人员往往对这类代码层面上的花样更感兴趣,却不追求其他更有效的改进。

注:在 C++ 或 Java 中用 $\sim a+1$ 表示 a 的相反数更加常见,在 Python 中则更多的是直接使用 $-a$。

4.4 大 O

在算法分析时,人们对影响算法的主要因素更感兴趣。当算法效率随着问题规模增长逐渐逼近一个临界时,可以使用大 O 表示法直观地给出算法的效率。

4.4.1 大 O 的定义

f 和 g 是定义在正整数的子集上的函数,如果存在常数 c 和 k,使得对所有的 $n \geqslant k$,有 $|f(n)| \leqslant cg|n|$,则称 f 是 $O(g(n))$ 或 f 是 $O(g)$,读作 f 是 g 的大 O,记作 $f=O(g(n))$ 或 $f=O(g)$。如果 $f=O(g)$,则 f 的增长比 g 慢;如果 $f=O(g)$,并且 $g=O(f)$,则称 f 和 g 是同阶的,二者的增长速度相差无几。

上述定义不太容易理解,下面用几个例子来加以说明。

注:使用大 O 的目的是算法分析,n 是问题的规模,通常是离散值,因此只考虑 n 是正整数的情况。此外,对于算法分析来说,c 和 k 也应当是正整数,后文将不再特别指出。

示例 4-1 $f(n)=\dfrac{n^3}{2}-n^2=O(?)$

$$f(n)=\frac{n^3}{2}-n^2 \leqslant \frac{n^3}{2} \leqslant n^3$$

$$\text{let } c=1, k=1, g(n)=n^3$$

$$\text{if } n \geqslant k, \text{then } |f(n)| \leqslant c|g(n)|=|g(n)|$$

$$f=O(g(n))=O(n^3)$$

结果表明 f 的增长慢于 n^3。在本例中,c 和 k 也可以选择其他常数,同时也可以选择其他的函数

作为 g ，例如，$g = \dfrac{n^3}{2}$ ，因此也可以说 $f = O\left(\dfrac{n^3}{2}\right)$ 。但由于大 O 表示法的目的是尽量简化表达式，以达到粗略表达算法效率的目的，因此使用更简单的 $O(n^3)$ 。实际上使用 $\left(\dfrac{n^3}{2}\right)$ 还是 $O(n^3)$ ，要看是对算法单独分析还是与其他算法比较。在比较两个算法时，$O\left(\dfrac{n^3}{2}\right)$ 比 $O(n^3)$ 快一倍，此时使用 $O\left(\dfrac{n^3}{2}\right)$ 更好。

示例 4-2 $\quad f(n) = 2n^4 - n^3, g(n) = n^4$ ，证明 f 和 g 是同阶的

$$f(n) = 2n^4 - n^3 \leqslant 2n^4 = 2g(n)$$

$$\text{let } c = 2, k = 1$$

$$\text{if } n \geqslant k, \text{then } |f(n)| \leqslant c |g(n)|$$

当 $k = 1, c = 2$ 时，$f = O(g)$ 。反过来：

$$g(n) = n^4 = 2n^4 - n^4 \leqslant 2n^4 - n^3 = f(n)$$

$$\text{let } c = 1, k = 1$$

$$\text{if } n \geqslant k, \text{then } |g(n)| \leqslant c |f(n)|$$

当 $k = 1, c = 1$ 时，$g = O(f)$ 。根据定义，f 和 g 是同阶的。

示例 4-3 $\quad N \lg N = O(?)$

根据 4.3.1 小节的内容：

$$N \lg N \leqslant N \sqrt{N} = N^{\frac{3}{2}} \Rightarrow N \lg N = O(N^{\frac{3}{2}})$$

需要明确的是，算法分析中的大 O 逼近与数学中的函数逼近不同。使用函数逼近时，如果 $cg(n)$ 在 $n \geqslant k$ 时逼近 $f(n)$ ，那么 $cg(n)$ 的值可能比 $f(n)$ 大，也可能比 $f(n)$ 小，随着 n 的增大，二者趋近于等同，如图 4-4 所示。

使用 $O(g)$ 逼近时，$cg(n)$ 在 $n \geqslant k$ 时总是大于等于 $f(n)$ ，随着 n 的增大，二者趋近于等同，或者 $O(g)$ 比 $f(n)$ 略大，$f(n) = O(g)$ 类似于 $f(n) \leqslant cg(n)$ ，如图 4-5 所示。

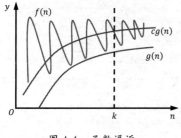

图 4-4　函数逼近

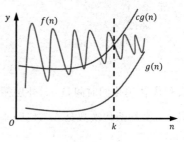

图 4-5　大 O 逼近

4.4.2　大 O 的意义

如果 $f=O(g)$，那么 g 是一族函数，因此从严格意义上讲，大 O 表示法是不精确的。尽管如此，我们在进行算法分析时仍然更倾向于使用大 O 表示法，这主要基于以下 3 个原因。

第一，大 O 表示法可以用简单的表达式逼近真实结果，能在程序细节未知的情况下对程序效率和问题规模的关系做出预测。当问题规模增长时，基本操作要重复执行的次数必定也会以一定的数量级增长，这个数量级就称为算法的渐近时间复杂度（asymptotic time complexity），简称时间复杂度，用 $T(n)$ 表示。$g(n)$ 是一个与 $T(n)$ 拥有相同数量级的函数，这类 $g(n)$ 的集合就是 $O(g)$。

第二，大 O 表示法可以让我们在忽略问题小项的同时也关注问题的规模。我们通常是在假定问题规模很大时进行算法分析，但是如果 $n < k$，那么此时就不可以说算法的时间复杂度是 $O(g)$。在这种情况下，大 O 表示法明确地声明了 c 和 k，促使我们给予问题规模足够的关注。我宁愿选择冒泡排序处理一个小规模的排序问题，也不愿意调试一个更复杂的快速排序。

第三，人们常常对算法在什么时候会变慢更感兴趣，使用大 O 表示法可以基于算法运行时间的上界对算法进行分类，以便为算法排名，从而明确算法的好坏。

4.4.3　渐进表达式

本小节对 4.4.2 小节中所提到的第一个原因做出解释。假设有一个特定的算法需要执行两次循环，其中外层循环执行了 N 次，内层循环执行了 M 次，代码 4-4 模拟了这一行为。

代码 4-4　两层循环

```
01  num1, num2 = 0, 0
02  for i in range(N):
03      num1 += 1
04      j = 1
05      while j < i:
06          num2 += num1
07          j *= 2
```

假设程序初始化的时间是 a_0，外层循环执行一次的时间是 a_1，共迭代了 N 次，内层循环执行一次的时间是 a_2，平均迭代次数是 M，代码 4-4 执行的总时间为：

$$a_0 + a_1 N + a_2 MN$$

由于 $a_1 N$ 与 N 同阶，因此可以使用 $O(N)$ 表示 $a_1 N$ 的时间复杂度。再进一步假设，如果 M 远小于 N，则可以使用 $\ln N$ 近似地表示平均迭代次数。当使用大 O 表示法时，并不需要找出具体的

a_0、a_1、a_2，只需要知道它们是常数，是问题小项。当 N 较大时，总时间就可以近似地表示成：

$$T(N) = a_0 + a_1 N + a_2 MN = N + N\lg N$$

当问题规模翻倍时，与原问题总复杂度的比为：

$$S = \frac{T(2N)}{T(N)} = \frac{2N + 2N\ln 2N}{N + N\ln N}$$

其中：

$$\ln 2N = \ln 2 + \ln N = 1 + \ln N$$

由此可以用大 O 表示法计算 S：

$$S = \frac{2N + 2N(1 + \ln N)}{N + N\ln N}$$

$$= \frac{2N + 2(N\ln N + N)}{N\ln N + N}$$

$$= \frac{2N}{N\ln N + N} + 2$$

$$= \frac{2}{\ln N + 1} + 2$$

$$= O\left(\frac{2}{\ln N}\right) + 2$$

$$= O\left(\frac{2}{\ln N}\right)$$

由于 $\dfrac{2}{\ln N}$ 与 $\dfrac{1}{\ln N}$ 是等阶的，因此 S 最终可以近似地表示成：

$$S = O\left(\frac{1}{\ln N}\right)$$

这就是时间复杂度的渐进表达式。当 $N \to \infty$ 时，S 的极限是 0，表明算法总时间是一个常数。渐进公式能够使我们在实现的具体细节未知的情况下对算法的效率做出预测。同时这里也体现了渐进表达的不精确性，$\dfrac{2}{\ln N}$ 应当是 $\dfrac{1}{\ln N}$ 的 2 倍，但渐进表达式认为二者相等。不过，对于一个足够大的 N 值来说，常系数 2 起不到关键作用。虽然渐进表达式丧失了数学上的精确性，但是获得了表达上的简洁，因此在单独对某一个算法进行分析时，仍然使用渐进表达式。

4.4.4　多项式复杂度

在理解了渐进表达式后，就不难理解多项式复杂度了。简单地说，$O(1)$、$O(\lg N)$、$O(\sqrt{N})$、$O(N)$、$O(N\lg N)$、$O(N^a)$ 这类复杂度称为多项式复杂度，它们的共同特点是问题规模 N 作为底数出现。另一类 $O(a^N)$ 或 $O(N!)$ 的复杂度是非多项式级的，其运行时间往往令人无法接受。

4.4.5 棋盘上的米粒

印度有一个古老的传说:舍罕王打算奖赏国际象棋的发明人——宰相西萨·班·达依尔(Sissa Ben Dahir)。国王问他想要什么,他对国王说:"陛下,请您在这张棋盘的第 1 个小格里放 1 粒米,第 2 个小格里放 2 粒,第 3 小格里放 4 粒……以后每一小格都比前一小格加 1 倍。请您把这样摆满棋盘上所有 64 格的米粒,都赏给您的仆人吧!"国王觉得这要求太容易满足了,就命令给他这些米粒。

侍从按照宰相的要求,计算出每格棋盘应该放置米粒的详细数量。

第 1 格:$2^0 = 1$

第 2 格:$2^1 = 2$

第 3 格:$2^2 = 4$

……

第 20 格:$2^{19} = 524288$

第 21 格:$2^{20} = 1048576$

第 22 格:$2^{21} = 2097152$

……

第 32 格:$2^{31} = 2147483648$

……

第 42 格:$2^{41} = 2199023255552$

到第 20 格时,数量就开始出现爆炸式增长;到第 22 格时,如果把米粒的数量折算成重量,就大约有 20 千克;到了第 32 格时,大约有 24 吨,相当于 4 头大象;算到第 42 格时,已经相当于 4096 头大象了。再往后,因为大象实在是太多了,又把大象换成了鲸鱼。一头鲸鱼 24 吨重,相当于 4 头大象。

……

第 50 格:$2^{49} = 562949953421312$

当算到第 50 格时,鲸鱼的数量已经达到了 262144 头!现在鲸鱼的数量也太多了,又将鲸鱼改成了铁塔。一座铁塔的重量是 9600 吨,相当于 400 头鲸鱼。转换之后,发现第 50 格有 655 座铁塔。

……

第 63 格:$2^{62} = 4611686018427387904$

第 64 格:$2^{63} = 9223372036854775808$

终于算到了第 64 格,这是最后一格了,这一格米粒的重量相当于 8388608 座铁塔!这么多座铁塔的重量是地球重量的 1/80!如此多的米粒又岂是一个小小的棋盘所能承载的?

故事中问题的复杂度是米粒的个数,如果派一个人去数米粒,那么数米粒的总效率是 $O(2^n)$,这是个爆炸性的数量增长,拥有这种复杂度的算法几乎无法解决任何实际问题。

实际上指数量级的算法很常见,使用递归计算的斐波那契数列就是其中一个。

代码 4-5　使用递归计算的斐波那契数列

```
01  def fabo(n):
02      ''' 用递归计算斐波那契数列 '''
03      return 1 if n < 2 else fabo(n - 1) + fabo(n - 2)
```

在使用代码 4-5 时,只要 n 稍大一些就能让计算机陷于停顿。对于递归的算法分析远没有循环那么直观,一个简单的方法是借助画图来观察,如图 4-6 所示。

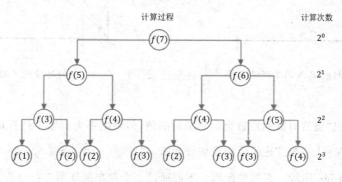

图 4-6　fabo(7)的计算过程

每一层的计算次数都是上一层的 2 倍,最终出现了指数爆炸。当问题规模是 N 时,最终需要 2^N 次计算。尽管每次计算的时间都可以忽略不计,但正像棋盘上的米粒一样,只要 N 稍作增长,微小的时间就会飞速累积成世纪。

 ## 4.5　大 Θ

我们总是对改进算法充满热情,然而程序的效率最终会达到某个极限,对于给定的问题,我们还需要知道什么时候应该停止改进,此时需要用到大 Θ 表示法。

4.5.1　大 Θ 的定义

f 和 g 是定义在正整数的子集上的函数,如果存在常数 c_1、c_2、k,使得对所有的 $n \geq k$,有 $c_1 g(n) \leq f(n) \leq c_2 g(n)$,则称 f 是 $\Theta(g(n))$ 或 f 是 $\Theta(g)$,读作 f 是 g 的大 Θ,记作 $f = \Theta(g(n))$ 或 $f = \Theta(g)$。显然,$\Theta(g)$ 是一族函数,由于 f 夹在 $c_1 g(n)$ 和 $c_2 g(n)$ 之间,因此 $\Theta(g)$ 中也包括 f。$\Theta(g)$ 中的所有函数都是同阶的,即 $f = O(g)$,$g = O(f)$。

大 Θ 和大 O 存在一些区别,大 O 表示法只强调了渐进上界,当 $n \geqslant k$ 时,有 $f(n) \leqslant cg(n)$, $cg(n)$ 就是 $f(n)$ 的渐进上界,如图 4-7 所示;大 Θ 表示法除强调渐进上界外,还强调渐进下界,当 $n \geqslant k$ 时,有 $c_1 g(n) \leqslant f(n) \leqslant c_2 g(n)$, $c_1 g(n)$ 是 $f(n)$ 的渐进下界, $c_2 g(n)$ 是 $f(n)$ 的渐进上界,如图 4-8 所示。

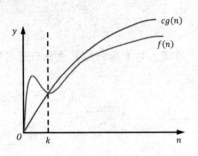 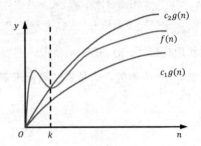

图 4-7　$f = O(g)$ 只强调了渐进上界　　　　图 4-8　$f = \Theta(g)$ 同时强调了渐进上界和渐进下界

4.3.1 小节曾指出"虽然对数的底数会影响函数的值,但影响不大。鉴于计算机是二进制的,所以通常取 2 为底数,$\lg N = \log_2 N$。"这句话的确切含义是,对于 $f(n) = \log_b n$ 与 $g(n) = \lg n$ 来说,无论 b 等于什么,$\log_b n$ 都与 $\lg n$ 同阶。真的如此吗?下面通过一个简单的证明进行分析。

令 a 是一个常数,根据对数的换底公式:

$$f(n) = \log_b n = \frac{\log_a n}{\log_a b}$$

$$\text{let } a = 2, g(n) = \lg n$$

$$f(n) = \log_b n = \frac{\log_a n}{\log_a b} = \frac{\lg n}{\lg b}$$

$$|f(n)| = |\log_b n| \leqslant \left| \frac{\lg n}{\lg b} \right| = \frac{1}{|\lg b|} |\lg n| = \frac{1}{|\lg b|} |g(n)|$$

$$\text{let } c = \frac{1}{|\lg b|}, k = 1$$

$$\text{if } n \geqslant k, \text{then } |f(n)| \leqslant c|g(n)|, f = O(g)$$

反过来,还是根据换底公式:

$$g(n) = \lg n = \frac{\log_b n}{\log_b 2}$$

$$|g(n)| = |\lg n| \leqslant \frac{1}{|\log_b 2|} |\log_b n| = \frac{1}{|\log_b 2|} f(n)$$

$$\text{let } c = \frac{1}{|\log_b 2|}, k = 1$$

$$\text{if } n \geqslant k, \text{then } |g(n)| \leqslant c|f(n)|, g = O(f)$$

因此,二者同阶,都可以用 $f = \Theta(g)$ 表示。

4.5.2 大 Θ 的规则

大 Θ 中几个常用的阶也符合函数增长的特性，由高到低是：$\Theta(1) < \Theta(\lg N) < \Theta(\sqrt{N}) < \Theta(N) < N\Theta(\lg N) < \Theta(N^2) < \Theta(N^3) < \Theta(2^N)$。

大 Θ 有几个常用的规则，它们对于大 O 同样适用。

(1) $\Theta(1)$ 是增长最低的，具有 0 增长的特性。

(2) 对于任意函数 f，如果存在常数 $a \neq 0$，则 $\Theta(af) = \Theta(f)$。

(3) 如果 h 是一个非零函数，并且 $\Theta(f)$ 低阶于 $\Theta(g)$，则 $\Theta(hf)$ 低阶于 $\Theta(hg)$。

(4) 如果 $\Theta(f)$ 低阶于 $\Theta(g)$，则 $\Theta(f+g) = \Theta(g)$。

(5) 对于任意 n^k 和 $a > 1$，$\Theta(n^k)$ 的增长速度要慢于 $\Theta(a^n)$，这意味着底数大于 1 的指数函数要比所有的幂函数都增长得快。

示例 4-4 计算下面 3 个函数的大 Θ（$a \geqslant 0, b \geqslant 0, c \geqslant 0$）

(1) $an^2 + bn + c = \Theta(?)$

(2) $\lg n + an = \Theta(?)$

(3) $1.1^n + n^{10} = \Theta(?)$

$$an^2 + bn + c = \Theta(an^2) = \Theta(n^2) \quad \text{规则(4)，规则(2)，规则(1)}$$

$$\lg n + an = \Theta(an) = \Theta(n) \quad \text{规则(4)，规则(2)}$$

$$1.1^n + n^{10} = \Theta(1.1^n) \quad \text{规则(5)}$$

对于某些问题，我们能够证明任何算法都必须使用特定数量的基本操作，而对于另一些问题，渐进下界的证明并不容易，正因为如此，大 O 表示法的应用更为普遍。

4.6 二分查找有多快？

对于一个有序的大型集合，如何找出其中某一个元素是集合中的第几项？人们不假思索就能给出的一个方案是顺序查找。

代码 4-6 顺序查找

```
01   def search_bf(data_list, val):
02       '''
03       查找 val 是 data_list 中的第几项
04       :param data_list: 有序数据列表
```

```
05        :param val: 待查找的值
06        :return: val 是 data_list 中的第几项,如果其不在 data_list 中,则返回-1
07        '''
08        for i, x in enumerate(data_list): # 顺序查找
09            if x ==val:
10                return i
11        return -1
```

对于一个有 N 个元素的列表,search_bf()在最坏情况下要执行 N 次循环,在平均情况下执行 $\dfrac{N}{2}$ 次循环,因此算法的时间复杂度是 $O(N)$。它的改进版就是著名的二分查找。

代码 4-7　二分查找 C4_7.py

```
01   def search_bin(data_list, val):
02       '''
03       二分查找 val 是 data_list 中的第几项
04       :param data_list: 有序数据列表
05       :param val: 待查找的值
06       :return: val 是 data_list 中的第几项,如果其不在 data_list 中,则返回-1
07       '''
08       left, right = 0, len(data_list) - 1 # 列表左右两侧的下标
09       while left <= right:
10           mid = (left + right) // 2 # 从 data_list[mid]处折半
11           if data_list[mid] == val:
12               return mid
13           elif data_list[mid] > val:
14               right = mid - 1 # 保留 data_list 的右半部分
15           else:
16               left = mid + 1 # 保留 data_list 的左半部分
17       return -1
```

我们都知道二分查找的性能远高于顺序查找,每一次折半,问题规模都会缩小到原来的1/2,这等同于下面的表达式:

$$C_N = C_{N/2} + 1, N \geqslant 2, C_1 = 1$$

可以将常数 1 理解为迭代一次的计算度量,N 是问题的复杂度,当然,只有 N 能被 2 整除时上式才有意义。假设问题的复杂度是 $N = 2^n$,每一次折半后,问题规模都缩小到原来的1/2,只要计算出 $O(n)$ 就可以得到问题的复杂度,这实际上可以使用 N 表示 n:

$$N = 2^n \Rightarrow n = \lg N \Rightarrow O(n) = O(\lg N)$$

$\lg N$ 的增长远慢于 N,这正是折半查找的效率远高于顺序查找的原因。

4.7　跨床大桥能完成吗？

女儿喜欢搭积木。有一天她问我，能不能用长方形的积木在两张床之间搭一个"跨床大桥"？我随口告诉她不能，但她仍然不断尝试，使用的是自下而上的搭建法，如图 4-9 所示。

每块积木都相同，编号是积木摆放的顺序，1 号是第一个摆放的，4 号是最后一个摆放的。小丫头在失败了多次后向我求助，要我和她一起完成这个超级工程。

暂且不考虑能否搭成大桥，女儿的方法并不能发挥每一块积木的最大价值。我当然比幼儿园的小朋友聪明一点，使用了另一种方法，即从终点开始，自上而下搭建，如图 4-10 所示。

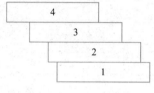

图 4-9　自下而上搭建

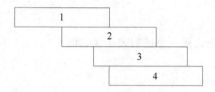

图 4-10　自上而下搭建

忽略积木的宽度，假设每块积木的长度是 2，那么它的重心是在长度为 1 的位置，如果第二块积木的边缘正好能够支撑住第一块积木的重心，则两块积木都能发挥最大价值。现在，1 号和 2 号形成了一个新的整体，它的重心将发生偏移，再用 3 号的边缘支撑住新的重心……以此类推，每一块积木都能够被充分利用，这就是"贪心策略"。

注：第 5 章将详细介绍贪心策略。

这虽然是最优方案，但是积木的利用率显然越来越低。随着积木的增多，累加的长度到底是趋近于某个极限，还是能达到无限远端？在回答这个问题前，先来复习一下物理学中关于重心的公式。仍然忽略积木的宽度，设 C_i 和 m_i 分别表示第 i 块积木的重心位置和质量，则 n 块积木搭在一起的重心位置为：

$$\overline{C_n} = \frac{\sum\limits_{i}^{n} m_i C_i}{\sum\limits_{i}^{n} m_i}$$

已经假设每块积木的长度都是 2，因此第 $N+1$ 块积木的重心位置是它上面 N 块积木的重心位置加 1，如图 4-11 所示。

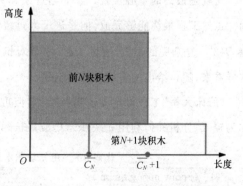

图 4-11　第 $N+1$ 块积木的重心位置

设每块积木的质量是 1,把上面的 N 块积木看成一个整体,它的总质量是 N。图 4-11 中只有两块积木,把上面的大块积木编号为 1,质量和重心分别为 p_1、q_1,下面的小块积木编号为 2,质量和重心分别为 p_2、q_2,根据重心公式,它们叠加在一起的新重心为:

$$C = \frac{\sum\limits_{i}^{2} p_i q_i}{\sum\limits_{i}^{2} p_i} = \frac{p_1 q_1 + p_2 q_2}{p_1 + p_2}$$

其中 $p_1 = N$,$q_1 = \overline{C_N}$,$p_2 = 1$,$q_2 = \overline{C_N} + 1$,因此:

$$C = \frac{p_1 q_1 + p_2 q_2}{p_1 + p_2} = \frac{N\overline{C_N} + (\overline{C_N}+1)}{N+1} = \frac{(N+1)\overline{C_N}+1}{N+1} = \overline{C_N} + \frac{1}{N+1}$$

这也正是所有 $N+1$ 块积木的总体重心:

$$\overline{C_{N+1}} = \overline{C_N} + \frac{1}{N+1}$$

上式是一个递归表达式,即:

$$\overline{C_1} = 1$$

$$\overline{C_2} = \overline{C_1} + \frac{1}{2} = 1 + \frac{1}{2}$$

$$\overline{C_3} = \overline{C_2} + \frac{1}{3} = 1 + \frac{1}{2} + \frac{1}{3}$$

$$\overline{C_4} = \overline{C_3} + \frac{1}{4} = 1 + \frac{1}{2} + \frac{1}{3} + \frac{1}{4}$$

$$\vdots$$

$$\overline{C_N} = 1 + \frac{1}{2} + \frac{1}{3} + \frac{1}{4} + \cdots + \frac{1}{N} = \int_1^N \frac{1}{x}\mathrm{d}x = \ln N$$

这就是最终的重心位置,当 N 趋近于无穷时,$\ln N$ 也趋近于无穷,看来随口给出的答案并不正确。虽然工程最终能够完成,但是进度太过缓慢,想要达到 $\ln N$ 的长度,需要用 2^N 块积木,这是一个有 $O(2^N)$ 复杂度的工程,通过 4.4.5 小节对棋盘上的米粒的计算可知,该工程根本不具备可操作性,这样看来,随口给出的答案也没什么错。

"跨床大桥"工程肯定无法实际操作,但可以用程序模拟一下小规模工程。代码 4-8 将积木数量作为输入,分析如何利用 n 块积木搭成最长的大桥。

代码 4-8　用 n 块积木搭成的最长大桥 block_building.py

```
01  import numpy as np
02  import matplotlib.pyplot as plt
03  import matplotlib.patches as mpathes
04
```

```
05    C = [0, 1] #  积木重心缓存
06    def c_n(n):
07        ''' 搭到第 n 层时,整体重心在 x 轴的坐标 '''
08        if n <= 1:
09            return C[n]
10        cn = c_n(n - 1) + 1/n
11        C.append(cn)
12        return cn
13
14    def show(n):
15        ''' 积木搭建的可视化 '''
16        fig, ax = plt.subplots()
17        u_lehgth, u_high = 2, 0.2 #  每块积木的长度和高度
18        for i in range(n): #  设置每个积木的位置
19            xy = np.array([c_n(i), u_high * (n - i - 1)])
20            rect = mpathes.Rectangle(xy, u_lehgth, u_high, fill=False)
21            ax.add_patch(rect)
22        plt.title('{}块积木的最远位置:{}'.format(n, c_n(n) + 1))
23        plt.axis('equal')
24        plt.rcParams['font.sans-serif'] = ['SimHei']  #  用来正常显示中文标签
25        plt.rcParams['axes.unicode_minus'] = False  #  解决中文下的坐标轴负号显示问题
26        plt.show()
27
28    show(20)
```

c_n()使用动态编程技术完成递归调用,show()完成了积木搭建的可视化。代码 4-8 的运行结果
如图 4-12 所示。

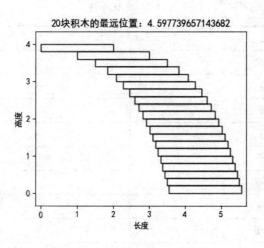

图 4-12　自上而下搭 20 块积木

由此看来,付出了很多努力,却只能取得一点点的前进量,有些得不偿失。

MySQLdb

4.8　冒泡排序真的慢吗？

总有人说，日本人说英语口音太重，让人听不懂，其实即便没有口音也未必能听得懂。同理，人们也经常说冒泡排序效率低下，事实真的如此吗？

4.8.1　排序的关注点

冒泡排序几乎是所有排序算法中最容易实现的，实际上大多数人接触的第一个排序算法就是冒泡排序。在分析冒泡排序之前有必要介绍一下排序算法的几个关注点。

首先，应关注的是排序的种类。根据待排序文件涉及的存储器，可以将排序方法分为两大类，即内部排序和外部排序。内部排序是指待排序的文件可以全部放在内存中。内存的访问速度大约是磁盘的 25 万倍，如果可以，我们当然希望所有排序都能在内存中完成。但对于大文件或大数据集来说，内存并不能容纳全部记录，在排序过程中还需要借助外存，这就是外部排序。我们一般提到的排序算法，例如，冒泡排序、插入排序、希尔排序、快速排序等都是内部排序。

其次，应关注的是稳定性。很多待排序的记录依赖于关键字，而这些关键字可能相同。例如，对一个班级的考试成绩进行排序，学生的分数就是关键字，学生的姓名是关键字对应的信息，如表 4-1 所示。

表 4-1　考试成绩

姓名	分数
葛小伦	65
赵信	54
刘闯	54
琪琳	95
蕾娜	98
杜蔷薇	95
程耀文	87.5
瑞萌萌	88.5
何蔚蓝	90
炙心	100
灵溪	95.5

其中赵信与刘闯的分数相同,杜蔷薇与琪琳的分数也相同,如果某一种排序算法的结果不会改变关键字相同的记录的顺序,那么这个排序是稳定的,如表 4-2 所示;否则就是不稳定的,如表 4-3 所示。

表 4-2 稳定排序	
姓名	分数
炙心	100
蕾娜	98
灵溪	95.5
琪琳	95
杜蔷薇	95
何蔚蓝	90
瑞萌萌	88.5
程耀文	87.5
葛小伦	65
赵信	54
刘闯	54

表 4-3 不稳定排序	
姓名	分数
炙心	100
蕾娜	98
灵溪	95.5
杜蔷薇	95
琪琳	95
何蔚蓝	90
瑞萌萌	88.5
程耀文	87.5
葛小伦	65
刘闯	54
赵信	54

在稳定排序中,琪琳仍排在杜蔷薇之前,赵信也仍排在刘闯之前;而不稳定排序只关注关键字的排序,至于相同关键字对应的记录是否还会保持原来的顺序则并不在考虑范围内。复杂的算法很少先天带有稳定性(如快速排序),需要付出额外的时间或空间才能达到稳定的目的。

最后,应关注的是数据结构。大体上有数组和链表两种数据结构可供选择。有时候,排序对于数据结构相当敏感,一些对链表有优越表现的算法未必对数组适用。在后面的分析中,我们把重点放在内部排序上,仅对排序的性能进行分析,而不考虑算法的稳定性和数据结构。

4.8.2 抽象表达

抽象表达可以使算法的内部操作不依赖于具体的数据类型,因此我们基于抽象表达,从更高的层面分析算法。代码 4-9 定义了排序项的抽象结构。

代码 4-9 排序项的抽象结构 **sort.py**

```
01  class Item:
02      k = None    # 关键字
03      v = None    # 关键字对应的值
04      def less(self, item):
05          '''
06          根据 item 的关键字比较大小
```

```
07          :param item: 排序项
08          :return: k是否小于item的关键字
09          '''
10          pass
```

less()方法用于比较两个元素关键字的大小,如果当前元素小于参数中的元素,则返回True。这种抽象是有意义的,Item并没有限制关键字的类型和比较方法,对字符串关键字的比较肯定比数字关键字更耗时,对复合类型关键字的比较也与数字关键字全然不同。如果关键字的比较还需要依赖网络等不确定因素,程序的总体运行时间就更难以把握了。抽象表达便于我们排除干扰,聚焦于算法本身。代码4-10是学生分数的Item实现,将代码4-10添加到sort.py中。

代码 4-10　学生分数的 Item 实现

```
01  class Score(Item):
02      ''' 学生成绩 '''
03      def __init__(self, score:float, name:str):
04          '''
05          :param score: 分数
06          :param name: 姓名
07          '''
08          self.k = score
09          self.v = name
10
11      def less(self, other:Item):
12          '''
13          与另一个同学的成绩进行比较
14          :param other: 另一个同学
15          :return: 成绩是否低于另一个同学
16          '''
17          return self.k < item.k
```

Score()用学生的分数作为关键字,用姓名作为关键字对应的值。less()方法用于比较两个同学的分数。

4.8.3　冒泡排序

完成上述准备工作就可以开始进行冒泡排序了。将代码4-11添加到sort.py中。

代码 4-11　冒泡排序

```
01  def bubble_sort(item_list):
02      ''' 冒泡排序 '''
03      n = len(item_list)
04      for i in range(n):
```

```
05              for j in range(i + 1, n):
06                  if item_list[i].less(item_list[j]):
07                      exchange(item_list, i, j)
08
09  def exchange(item_list, i, j):
10      ''' 交换 item_list 中的第 i 个和第 j 个数据 '''
11      item_list[i], item_list[j] = item_list[j], item_list[i]
12
13  if __name__ == '__main__':
14      students = [
15          Score(65, '葛小伦'), Score(54, '赵信'), Score(54, '刘闯'),
16          Score(95, '琪琳'), Score(98, '蕾娜'), Score(95, '杜蔷薇'),
17          Score(87.5, '程耀文'), Score(88.5, '瑞萌萌'), Score(90, '何蔚蓝'),
18          Score(100, '炙心'), Score(95.5, '灵溪')]
19      bubble_sort(students)
20      print('%-15s%s' % ('分数', '姓名'))
21      print('-' * 20)
22      for s in students:
23          print('%-16d%s' % (s.k, s.v))
```

把交换方法单独抽取出来是有意义的，如果数据较多，可以在 exchange()中添加一个计数器，这样就可以了解总共的交换次数，从而知道数据是否大致有序，同时 exchange()还对算法屏蔽了交换细节。代码 4-11 的运行结果如图 4-13 所示。

观察冒泡排序的两层循环，外层循环需要 n 轮迭代，内层循环的迭代次数呈递减趋势。可以看出，当 $i=0$ 时，内层循环迭代 $n-1$ 次；当 $i=1$ 时，内层循环迭代 $n-2$ 次……当 $i=n-1$ 时，内层循环迭代 0 次。因此，内层循环的总迭代次数为：

分数	姓名
100	炙心
98	蕾娜
95	灵溪
95	琪琳
95	杜蔷薇
90	何蔚蓝
88	瑞萌萌
87	程耀文
65	葛小伦
54	赵信
54	刘闯

图 4-13　代码 4-11 的运行结果

$$(n-1)+(n-2)+(n-3)+\cdots+1+0=\frac{n(n-1)}{2}$$

每次内层迭代都会把一个数据放置到位。这里涉及比较和数据交换，对于一个复杂度是 N 的问题，如果数据已经是有序的，那么冒泡排序的比较次数是内层迭代的总次数，而交换次数是 0。这里用 C 和 M 分别表示比较次数和交换次数：

$$C_1=\frac{n(n-1)}{2},M_1=0$$

如果数据是完全逆序的，那么每次比较都伴随着数据交换，在这种情况下：

$$C_2 = \frac{n(n-1)}{2}, M_2 = \frac{n(n-1)}{2}$$

可以看出,冒泡排序的比较次数不受数据好坏的影响,受到影响的是交换次数。综合来看,冒泡排序的时间复杂度为:

$$\frac{C_1 + C_2}{2} + \frac{M_1 + M_2}{2} = \frac{n(n-1)}{2} + \frac{n(n-1)}{4} = \frac{3(n^2 - n)}{4} < n^2$$

$$\text{let } c = 1, k = 1$$

$$\text{if } n \geq k, \text{then } \frac{3(n^2 - n)}{4} \leq cn^2 = n^2, f = O(n^2)$$

因此,在使用大 O 表示法时,无论文件是否有序,都可以认为冒泡排序的时间复杂度为 $O(n^2)$。

4.8.4 最后的结论

对于一个排序算法来说,时间复杂度为 $O(n^2)$ 是个不太好的评价,更何况算法的时间复杂度在任何时候都为 $O(n^2)$,这足以让人觉得冒泡排序效率低下。事实真的如此吗?从算法分析的结果来看,确实如此;但是从实际应用来看就未必了。作为一种基本排序,冒泡排序总是适合较小的数据集,而一个复杂的算法在处理小数据集的排序时可能会更慢。可见,我们确实并非每次都要选择"更快"的排序算法,当排序时间不比程序的其他部分(如输入数据)更慢时,就没有必要为选择"更快"的排序算法而纠结,此时使用简单的算法或许更有效。此外,如果待排序的是基本有序的数据,那么冒泡排序只要付出很少的代价就能把文件放置到位,对于大文件来说,我们几乎总是认为比较操作比移动操作耗费的资源更少。由此看来,冒泡排序并没有那么糟糕。

 小结

1.最好数据、随机数据、最坏数据都会对算法造成影响。

2.函数的增长:$\lg N \leqslant \sqrt{N} \leqslant N \leqslant N \lg N \leqslant N^2 \leqslant N^3 \leqslant 2^N$。

3.大 O 表示法能够直观地给出算法的效率。

4.避免使用非多项式复杂度的算法。

5.大 Θ 表示法除强调渐进上界外,还强调渐进下界。

6.并非任何时候都要去寻找最快的算法。

第 5 章

搜索的策略（搜索算法）

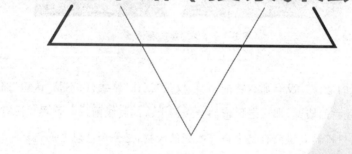

本章通过八皇后问题、骑士旅行问题、拼图问题介绍了不同搜索策略的应用。

早在 1952 年,克劳德·香农(Claude Shannon)就已经是电子信息界的传奇人物,但是他对于当时的普通大众来说仍然是个陌生人。不过在一次会展后,香农的名字就人尽皆知了。

在会展上,香农展示了一只木制的、带有铜须的玩具老鼠,这只老鼠能够在迷宫中穿梭,最终找到出口处的金属硬币(图 5-1)。老鼠是通过试错的方式探索迷宫的。通过胡须,它可以感知是否碰到了走不通的迷宫墙。如果老鼠发现正对的墙走不通,就会退回格子中间,旋转 90°再继续探测下一个方向。如果老鼠走通了迷宫,就会记住这条路线,在下一次直接完成任务。

图 5-1　香农、老鼠和迷宫

其实香农所展示的老鼠并没有那么智能,它仅仅是"记住"路线,而不是"认识"路线——在老鼠走通迷宫后,如果撤掉迷宫的墙壁,那么老鼠依然会按照上次的路线前进。香农并没有把这一点告诉观众,对于观众来说,这只机器老鼠简直是来自异次元的天物,是一个会思考的机器!

这只其貌不扬的小老鼠在当年登上了《时代》和《生活》杂志的封面,有一期文章甚至用"这只老鼠比你聪明"为标题。贝尔实验室的老板们对这只老鼠印象深刻,甚至冲动地想要把香农拉进贝尔电话公司的董事会。

从老鼠探索迷宫的行为可以看出,它使用了深度优先搜索,这是一种简单的穷举搜索,几乎没有任何神秘性可言——找到一条路就一直走下去,直到撞墙为止,然后回溯,继续探索……我们将这种搜索策略称为"盲目搜索"。

5.1　盲目搜索

盲目搜索就是我们常说的"蛮力法",又称为非启发式搜索。之所以说它"盲目",是因为这种搜索策略只是按照预定的策略搜索解空间的所有状态，而不会考虑到问题本身的特性，是一种无信息搜索。深度优先搜索和广度优先搜索就是两种典型的盲目搜索。

盲目搜索的名字听上去容易令人产生"性能低下"的印象，因此人们通常在找不到解决问题的规律时才使用它，但凡能找到某些规律就不会选择蛮力法。可以说，盲目搜索策略是解决问题的最后"大招"。遗憾的是，很多问题都没有明显的规律可循，为此我们不得不选择蛮力法。同时，由于思路简单，盲目搜索策略通常是第一个被人们想到的，而且它在一些解空间较小的问题上确实能发挥奇效。盲目搜索虽然"性能低下"，但是却能简单地把一切托付给计算机。

5.2 八皇后问题

在国际象棋中，皇后（queen）是攻击力最强的棋子，皇后可横走、直走、斜走，且格数不限，吃子与走法相同，是棋局中制胜的决定性力量，每一方只有一个皇后，丢掉皇后往往意味着棋局告负。皇后模拟的是欧洲中世纪时，王室自皇后娘家借来的援军。作为棋盘上最具威力的棋子，皇后代表着强大的外援。

国际象棋棋手马克斯·贝瑟尔（Max Bezzel）于 1848 年提出了一个问题：在 8×8 格的国际象棋棋盘上摆放 8 个皇后，使它们不能互相攻击，即任意 2 个皇后都不能处于同一行、同一列或同一斜线上，一共有多少种摆法？

5.2.1 解空间

8 个皇后的摆放存在一定的难度，除挨个尝试外没有太好的办法。如果不考虑皇后的互相攻击，那么将 8 个皇后每行摆放一个，一共会有多少种摆法呢？

这个问题实际是在求解要搜索的解空间，这也是问题的关键——盲目搜索并不是漫无目的地搜索，而是在一个固定的范围内寻找答案。有时候解空间的范围不太容易直接回答，此时的一种思路是将问题简化，由简单的问题入手，逐步归纳总结出最后的答案。我们不妨把问题规模缩小，把 2 个皇后摆放在 2×2 的棋盘上，看看一共有多少种摆法。

为了叙述方便，我们把每一行的皇后都编上序号，摆放在第 1 行的皇后是 1 号，摆放在第 2 行的皇后是 2 号，这 2 个皇后一共有 $2^2 = 4$ 种摆法，如图 5-2 所示。

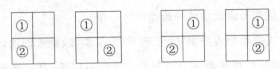

图 5-2　2×2棋盘上的解空间

类似地,当把 3 个皇后摆放在 3×3 的棋盘上时,先固定前两行的皇后,再摆放 3 号,此时有 3 种摆法,如图 5-3 所示。

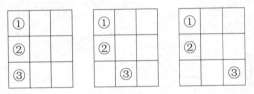

图 5-3　固定前两行的皇后,只移动 3 号

当保持 1 号不动,移动 2 号时,会产生另外 6 种摆法,如图 5-4 所示。

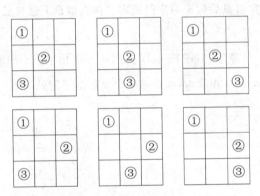

图 5-4　另外 6 种摆法

图 5-3 和图 5-4 共形成了 9 种摆法。最后再移动 1 号,会产生另外 18 种摆法。把 3 个皇后摆放在 3×3 的棋盘上一共有 $3^3=27$ 种摆法。以此类推,八皇后问题的解空间是 $8^8=16777216$。仅仅是 8 个棋子就产生了如此多的解空间,如果没有计算机而只依靠人工,那么其计算量是相当巨大的。

5.2.2　搜索策略

上千万的解空间要全部搜索吗?当然不用。每个皇后都有自己的攻击范围,在摆放完第 1 个皇后时,其他皇后的摆放位置也被某种程度地限定了,如图 5-5 所示。

为了避开 1 号皇后的攻击范围,第 2 个皇后只能在第 2 行的 6 个浅色格子中选择位置;而 2 号皇后落子后，又将对其他皇后的摆放位置做出进一步限制；到了第 3 行，摆放位置可能只剩下 4 个，如图 5-6 所示。

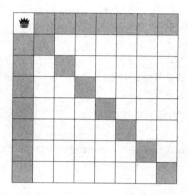

图 5-5　第 1 个皇后的攻击范围

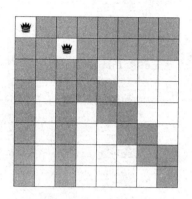

图 5-6　2 个皇后的攻击范围

　　我们并不会盲目地对所有解空间进行搜索，而是会随着步骤的进行，避开绝对不可能的解，从而有效地缩小解空间的范围。可见，"盲目"不是一味地蛮干，在加以改进后，盲目搜索也并非我们想象的那样"性能低下"。

　　之后的皇后也采用这样的办法来摆放。这是一种试探法——先把皇后摆放在"安全"位置，然后设置它的攻击范围，再在下一个安全位置摆放下一个皇后；如果下一个皇后没有"安全"位置了，那么就"悔棋"，重新摆放上一个皇后甚至上上一个皇后，如图 5-7 所示。

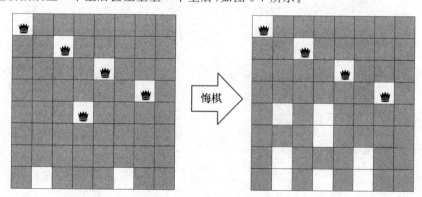

图 5-7　没有安全位置时可以"悔棋"，拿走第 5 个皇后

　　这种带回溯的方法就是深度优先搜索——只管埋头前进，撞到墙才后退。

5.2.3　寻找答案

　　虽然我们知道怎样摆放棋子，但是计算机并不知道，在编写代码之前必须先完成从现实世界到软件世界的映射。对于棋盘问题,一个有效的数据结构是 8×8 的二维列表,列表中的每个元素都代表棋盘上的一个方格。方格有 3 种状态,即闲置、被皇后占据、是否处于被攻击状态,分别用 0、1、2 表示,代码 5-1 是八皇后问题的数据模型。

代码 5-1　棋盘的数据模型 eight_queen.py

```
01  class EightQueen:
02      def __init__(self):
03          #  棋盘单元格的初始状态,被皇后占据状态,被皇后攻击状态
04          self.s_init, self.s_queen, self.s_attack = 0, 1, 2
05          self.row_num, self.col_num = 8, 8    #  棋盘的行数和列数
06          #  棋盘
07          self.chess_board = [[self.s_init] * self.row_num for i in range(self.row_num)]
08          self.answer_list = []  #  答案列表
```

然后设置皇后的攻击范围。自上而下逐行落子,每行摆放一个皇后,每次落子后都将把棋盘的部分方格设置为"被攻击"状态。由于是逐行落子,所以只需处理位于皇后下方的方格即可。将代码 5-2 添加到 eight_queen.py 中。

代码 5-2　设置皇后的攻击范围

```
01  class EightQueen:
02      ……
03      def set_attack(self, curr_board, row, col):
04          '''
05          设置第 row 行第 cell 列的皇后的攻击范围
06          :param curr_board: 当前棋盘
07          :param row: 行号
08          :param col: 列号
09          '''
10          #  最后一行没有必要设置攻击范围
11          if row == self.row_num - 1:
12              return
13          #  正下方的攻击范围
14          for next_row in range(row + 1, self.row_num):
15              curr_board[next_row][col] = self.s_attack
16          #  左斜下的攻击范围
17          left_col = col - 1
18          for next_row in range(row + 1, self.row_num):
19              if left_col >= 0:
20                  curr_board[next_row][left_col] = self.s_attack
21                  left_col -= 1
22              else:
23                  break
24          #  右斜下的攻击范围
25          right_col = col + 1
```

```
26              for next_row in range(row + 1, self.row_num):
27                  if right_col < self.col_num:
28                      curr_board[next_row][right_col] = self.s_attack
29                      right_col += 1
30                  else:
31                      break
32
33      def enable(self, curr_board, row, col):
34          ''' 是否可以在棋盘的第 row 行第 col 列落子 '''
35          return curr_board[row][col] == self.s_init
```

每次落子都执行 set_attack() 方法，棋盘上的安全位置也因此又少了一些，下次落子只能落在下一行的"安全"位置上。判断是否安全的方法很简单，只需检查方格的状态是否是初始状态。

我们以顺序的方式逐行落子，如果正好摆满 8 个皇后，则该种摆法是八皇后问题的一个解；如果没有任何"安全"位置能够摆放下一个皇后，则进行"悔棋"操作。将代码 5-3 添加到 eight_queen.py 中。

代码 5-3　落子操作

```
01  import copy
02
03  class EightQueen:
04      ......
05      def start(self):
06          self.put_down(self.chess_board, 0)
07
08      def put_down(self, curr_board, row):
09          '''
10          在棋盘的第 row 行落子
11          :param curr_board: 当前棋盘
12          :param row: 准备落子的行号
13          '''
14          if row == self.row_num:  # 正好摆满的 8 个皇后
15              self.answer_list.append(curr_board)
16              return
17          for col in range(self.col_num):
18              if self.enable(curr_board, row, col):
19                  bord = copy.deepcopy(curr_board)  # 复制棋盘上的状态，以便回溯
20                  bord[row][col] = self.s_queen  # 摆放皇后
21                  self.set_attack(bord, row, col)  # 设置皇后的攻击范围
22                  self.put_down(bord, row + 1)  # 继续在下一行落子
```

每落一子都要记住棋盘的状态，以便"悔棋"。每次落子都相当于在解空间内进行了一次搜索，如果加入计数器，则会发现最终只进行了 15720 次搜索，比蛮力法少了几个数量级。

最后为所有答案添加打印代码。将代码 5-4 添加到 eight_queen.py 中。

代码 5-4　通过 show( ) 展示所有方案

```
01   class EightQueen:
02       ……
03       def show(self):
04           ''' 展示所有答案 '''
05           length = len(self.answer_list)
06           if length == 0:
07               print('无解!')
08               return
09           print('共有%d 种解!' % length)
10           for i in range(length):
11               print(('answer' + str(i + 1)).center(40, '-'))
12               bord = self.answer_list[i]
13               for row in bord:
14                   for c in row:
15                       if c == self.s_queen:
16                           print('%4d' % 1, end='')
17                       else:
18                           print('%4d' % 0, end='')
19                   print()
20
21   if __name__ == '__main__':
22       eq = EightQueen()
23       eq.start()
24       eq.show()
```

上述方法一共有 92 种解,其中一种如图 5-8 所示。

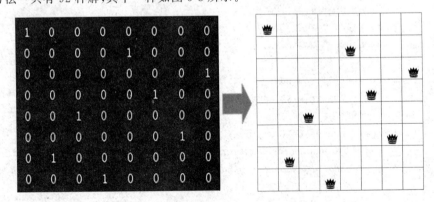

图 5-8　八皇后问题的一种解

　　而高斯认为八皇后问题有 76 种解。1854 年,在柏林的象棋杂志上,不同的作者发表了 40 种不同的解,直到计算机出现之前,再没有人能够找出更多的解。可见,没有计算机的帮助,盲目搜索确实是一种不可尝试的方法。

5.2.4　同根同源的另一种方法

在 eight_queen.py 中，我们的方案是在每次落子后设置方格的"被攻击"状态，与之对应的另一种思路是"先检查，再落子"，从而省去了设置方格的"被攻击"状态。

仍然是自上而下逐行落子，每行摆放一个皇后，摆放前需要先检查待摆放的棋子是否处于其他皇后的攻击范围内，只有不在攻击范围内时才允许摆放，否则"悔棋"，重新摆放上一个皇后。

代码 5-5　先检查，再落子 eight_queen_2.py

```
01  import copy
02  from eight_queen import EightQueen
03
04  class EightQueen_2(EightQueen):
05      def put_down(self, curr_board, row):
06          '''
07          在棋盘的第 row 行落子
08          :param curr_board: 当前棋盘
09          :param row: 准备落子的行号
10          '''
11          if row == self.row_num:
12              self.answer_list.append(curr_board)
13              return
14          for col in range(self.col_num):
15              # 是否会和已经在棋盘上的皇后互相攻击
16              if not self.enable(curr_board, row, col):
17                  bord = copy.deepcopy(curr_board)  # 复制棋盘上的状态，以便回溯
18                  bord[row][col] = self.s_queen    # 摆放皇后
19                  self.put_down(bord, row + 1)   # 继续在下一行落子
20
21      def enable(self, curr_board, row, col):
22          ''' 第 row 行第 col 列的皇后是否会和已经在棋盘上的皇后互相攻击 '''
23          # 是否会和第 col 列的皇后互相攻击
24          for last_row in range(row - 1, -1, -1):
25              if curr_board[last_row][col] == self.s_queen:
26                  return True
27          # 是否会和左斜上的皇后互相攻击
28          left_col = col - 1
29          for last_row in range(row - 1, -1, -1):
30              if left_col >= 0 and curr_board[last_row][left_col] == self.s_queen:
31                  return True
32              left_col -= 1
33          # 是否会和右斜上的皇后互相攻击
```

```
34              right_col = col + 1
35              for last_row in range(row - 1, -1, -1):
36                  if right_col < self.col_num and curr_board[last_row][right_col] == self.s_queen:
37                      return True
38                  right_col += 1
39          return False
40
41  if __name__ == '__main__':
42      eq = EightQueen_2()
43      eq.start()
44      eq.show()
```

　　EightQueen_2 继承了 EightQueen，并复写了落子和检测方法。EightQueen_2 的 enable() 用于判断待摆放的棋子是否处于其他皇后的攻击范围内，因为是逐行落子，下方没有皇后，所以只需考虑上方的皇后即可。EightQueen_2 与 EightQueen 并没有本质的区别，只是因为 EightQueen_2 更符合人类的思考方式，所以更容易让人接受。

5.3 贪心策略

　　很多时候，我们只需要找到问题的最优解，而不需要关注问题的其他解。但是如果使用盲目搜索策略，就必须先找出所有解，再进一步比较哪个解是最优的，当解空间十分庞大时，这难免太过耗时，此时不妨试试更高效的贪心策略。

　　贪心策略也叫作贪心算法（greedy algorithm）或贪婪算法，是一种强有力的搜索策略，它通过一系列选择来找到问题的最优解。在每个决策点，贪心策略都会做出在当时看来是最优的选择，一旦选择，就无须回溯。简单来说，贪心策略是一种"稳扎稳打，步步为营"的策略——只要做好眼前的每一步，自然就会在未来得到最好的结果，并且已经做出的决策就是最好的决策，无须再次回溯。不过在很多时候，贪心策略并不能保证得到最优解，它能得到的是较为接近最优解的较好解，因此贪心策略经常被用来解决一些对结果精度要求不高的问题。

5.4 小偷的背包

　　小偷撬开了一个保险箱，发现里面有 N 个体积和价值都不同的物品，但自己只有一个容量是 M

的背包，小偷怎样选择才能使偷走的物品总价值最大？

假设有 5 种物品 A、B、C、D、E，它们的体积分别是 3、4、7、8、9，价值分别是 4、5、10、11、13，可以用矩形表示体积，将矩形旋转 90°后表示价值，如图 5-9 所示。

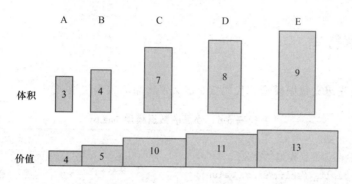

图 5-9　物品的体积和价值

图 5-10 展示了一个容量为 17 的背包的 4 种填充方式，其中前两种填充方式的总价值都是 24。

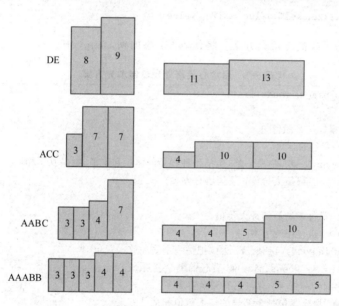

图 5-10　容量为 17 的背包的 4 种填充方式

5.4.1　搜索策略

背包问题有很多重要的实际应用。例如，在长途运输时，可用于计算卡车装载物品的最佳方式。下面基于贪心策略来解决背包问题：在取完一个物品后，找到填充背包剩余部分的最佳方法。对于一个容量为 M 的背包，需要对每一种类型的物品都进行推测，试看把它装入背包的总价值是多少，并依次递归下去就能找到最佳方案。这个方案的原理是，一旦做出了最佳选择就无须更改，也就是说，一旦知道了如何填充较小容量的背包，则无论下一个物品是什么，都无须再次检验已经放入背包中的物品（认为已经放入背包中的物品一定是最佳方案）。

5.4.2 寻找解答案

在解决问题前先定义数据模型。代码 5-6 定义了物品的数据模型。

代码 5-6 物品的数据模型 bag.py

```
01  class Goods:
02      ''' 物品的数据模型 '''
03      def __init__(self, size, value):
04          '''
05          :param size: 物品的体积
06          :param value: 物品的价值
07          '''
08          self.size, self.value = size, value
```

然后使用贪心策略寻找最佳填充方案。将代码 5-7 添加到 bag.py 中。

代码 5-7 用贪心策略寻找最佳填充方案

```
01  def fill_into_bag(M, goods_list):
02      '''
03      填充一个容量是 M 的背包
04      :param M: 背包的容量
05      :param goods_list: 物品清单,包括每种物品的体积和价值,物品互不相同
06      :return: 二元组(最大价值, 最佳填充方案)
07      '''
08      max = 0 #  背包中物品的最大价值
09      plan = [] #  最佳填充方案
10      for goods in goods_list: # 尝试把每一个物品放入背包
11          space = M - goods.size #  背包的剩余容量
12          if space >= 0: #  背包仍有剩余容量
13              #  填充背包剩余部分的最大价值和最佳方案
14              s_value, s_plan = fill_into_bag(space, goods_list)
15              if s_value + goods.value > max:
16                  max = s_value + goods.value
17                  plan = [goods] + s_plan
18      return max, plan
19
20  def show(plan):
21      ''' 展示方案详情 '''
22      print('最大价值:', str(plan[0]))
```

```
23          print('最佳方案:')
24          for goods in plan[1]:
25              print('\t 大小:{0}\t 价值:{1}'.format(goods.size, goods.value))
26
27  if __name__ == '__main__':
28      goods_list = [Goods(3, 4), Goods(4, 5), Goods(7, 10), Goods(8, 11), Goods(9, 13)]
29      plan = fill_into_bag(17, goods_list)
30      show(plan)
```

fill_into_bag()方法接收背包容量和物品清单两个参数,利用贪心策略找到背包的最大价值和最佳填充方案。代码 5-7 的运行结果如图 5-11 所示。

遗憾的是,fill_into_bag()方法只能作为一个简单的试验样品,因为它犯了一个严重的错误——第二次递归会忽略上一次的所有计算! 这将导致要花费指数级的时间才能计算出结果。为了把时间降为线性,可以使用 3.5.2 小节中介绍的动态编程技术对其进行改进,把计算过的值缓存起来,由此得到背包问题的 2.0 版。将代码 5-8 添加到 bag.py 中。

图 5-11 代码 5-7 的运行结果

代码 5-8 背包问题的 2.0 版

```
01  sd = {} # 字典缓存,space:(max,plan)
02  def fill_into_bag_2(M, goods_list):
03      '''
04      填充一个容量是 M 的背包(V2.0版)
05      :param M: 背包的容量
06      :param goods_list: 物品清单,包括每种物品的体积和价值,物品互不相同
07      :return: 二元组(最大价值, 最佳填充方案)
08      '''
09      max = 0   # 背包中物品的最大价值
10      plan = []   # 最佳填充方案
11      if M in sd: #  如果 M 容量的背包已经计算过,则直接返回结果
12          return sd[M]
13      for goods in goods_list: #  尝试把每一个物品放入背包
14          space = M - goods.size   # 背包的剩余容量
15          if space >= 0:
16              # 填充背包剩余部分的最大价值和最佳方案
17              space_plan = fill_into_bag_2(space, goods_list)
18              if space_plan[0] + goods.value > max:
19                  max = space_plan[0] + goods.value
20                  plan = [goods] + space_plan[1]
21      sd[M] = max, plan # 设置缓存,M空间的最佳方案
22      return max, plan
```

改进之后的代码可以快速运行,当然了,我们并不会把这个算法告诉小偷。

5.5 骑士旅行

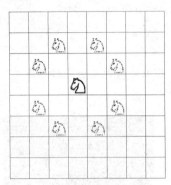

图 5-12 骑士下一步可以
到达的 8 个位置

骑士旅行（knight tour）问题是另一个关于国际象棋的话题：骑士可以由棋盘上的任意一个方格出发，如果每个方格只能到达一次，那么它要如何走完所有的位置？骑士旅行问题曾在 18 世纪初备受数学家与拼图迷的关注，其被提出的具体时间已不可考。

"骑士"的走法和吃子都与中国象棋的"马"类似，遵循"马走日"的原则，只不过没有"蹩腿"的约束，如图 5-12 所示。

在国际象棋中，骑士的价值为 3，虽然不算高，却灵活、易调动、易双袖，在某种程度上，它的价值不亚于皇后。

5.5.1 构建数据模型

这里依然使用 $8×8$ 的二维列表存储棋盘信息，并用 0 表示方格的初始状态，再用一个从 1 开始的计数器记录骑士旅行的轨迹，每走一步，计数器加 1，同时把骑士到达的方格状态设置为计数器的值，将这些数值从小到大串联起来就是骑士旅行的轨迹，如图 5-13 所示。

骑士从一个方格出发，最多可以向 8 个方向行进，怎样方便地表示这 8 个方向呢？我们都见过棋谱，在棋谱上，把骑士可以到达的 8 个方格依次编号，如图 5-14 所示。

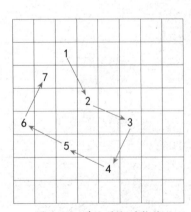

图 5-13 骑士旅行的轨迹

图 5-14 把骑士可以到达的 8 个方格依次编号

这像极了平面直角坐标系，可以把棋盘外围的列序号看作 y 轴的坐标，行序号看作 x 轴的坐标，这样棋盘上的每一个方格就可以用一个二维向量表示，向量的第一个分量是行号，第二个分量是列号。这相当于将直角坐标系顺时针旋转了 90°。

在图 5-14 中,骑士的初始位置是(3,3),从这里出发可以到达的另外 8 个位置依次是:(2,1)、(1,2)、(1,4)、(2,5)、(4,5)、(5,4)、(5,2)、(4,1)。它们与初始位置的差值是:(−1,−2)、(−2,−1)、(−2,1)、(−1,2)、(1,2)、(2,1)、(2,−1)、(1,−2)。由于向量是表示大小和方向的量,与具体位置无关,所以在不考虑棋盘边界的情况下,骑士从任意位置出发,加上差值向量后都可以到达另外 8 个位置。以图 5-14 为例:

$$start = (3,3)$$

$$① = start + (−1,−2) = (2,1), ② = start + (−2,−1) = (1,2)$$

$$\vdots$$

$$⑦ = start + (2,−1) = (5,2), ⑧ = start + (1,−2) = (4,1)$$

代码 5-9 用一个列表存储这些差值向量,构造骑士旅行的数据模型。

代码 5-9　骑士旅行的数据模型 knight_tour.py

```
01  class KnightTour:
02      def __init__(self, row_num=8, col_num=8):
03          self.row_num, self.col_num = row_num, col_num  # 棋盘的行数和列数
04          self.s_init = 0  # 方格的初始状态
05          # 棋盘
06          self.chess_board = [[self.s_init] * self.row_num for i in range(self.row_num)]
07          # 差值向量,表示骑士移动的 8 个方向
08          self.v_move = [(-1, -2), (-2, -1), (-2, 1), (-1, 2), (1, 2), (2, 1), (2, -1), (1, -2)]
09          self.max = self.row_num * self.col_num  # 计数器终点
10          self.answer = None  # 解决方案
```

5.5.2　深度优先搜索

人们最容易想到的旅行方法就是深度优先搜索,其基本思路与八皇后类似:骑士先从一个位置开始向一个方向探索,无法继续前进时就"悔棋",再尝试下一个方向,直到计数器累加到 64 为止。代码 5-10 是深度优先搜索的实现。将代码 5-10 添加到 knight_tour.py 中。

代码 5-10　骑士旅行的深度优先搜索实现

```
01  import copy
02
03  class KnightTour:
04      ……
05      def enable(self, curr_board, x, y):
06          '''
```

```
07              判断 curr_board[x][y]位置是否可走
08              :param curr_board: 当前棋盘
09              :param x: 骑士所在的行号
10              :param y: 骑士所在的列号
11              '''
12              # 边界条件判断 and (x, y)位置未曾到达过
13              return (0 <= x < self.col_num and 0 <= y < self.row_num) \
14                      and curr_board[x][y] == self.s_init
15
16      def start(self, x, y, model_move):
17              '''
18              旅行开始
19              :param x: 起始位置行号
20              :param y: 起始位置列号
21              :param model_move: 旅行策略
22              '''
23              model_move(self, x, y, 1)
24
25  def move(kt:KnightTour, x, y, count):
26          '''
27          骑士从(x, y)位置开始旅行
28          :param kt: 骑士旅行主类
29          :param x: 骑士所在的行号
30          :param y: 骑士所在的列号
31          :param count: 当前计数
32          '''
33          def _move(curr_board, x, y, count):
34              if kt.answer is not None:  # 找到一种方法就退出
35                  return
36              if count > kt.max:  # 如果已经走遍了所有方格,则旅行完成
37                  kt.answer = curr_board
38                  return
39              if kt.enable(curr_board, x, y):
40                  curr_board[x][y] = count
41                  for v_x, v_y in kt.v_move:  # 继续旅行,分别探测 8 个方向
42                      bord = copy.deepcopy(curr_board)  # 复制棋盘上的状态,以便回溯
43                      _move(bord, x + v_x, y + v_y, count + 1)
44          _move(kt.chess_board, x, y, count)
```

enable()用于判断(x, y)是否超出了棋盘边界,同时也检查了骑士是否已经到访过(x, y)。move()函数以递归的方式向下一步探索。悔棋的回溯操作使用了复制棋盘状态的方式,这需要大量的内存,代码 5-11 是一个通过更改方格状态节省内存的代替版本。

代码 5-11　move( )方法的代替版本

```
01  def move2(kt:KnightTour, x, y, count):
02      '''
03      骑士从(x, y)位置开始旅行
04      :param kt: 骑士旅行主类
05      :param x: 骑士所在的行号
06      :param y: 骑士所在的列号
07      :param count: 当前计数
08      '''
09      if kt.answer is not None:  # 找到一种方法就退出
10          return
11      if count > kt.max:  # 如果已经走遍了所有方格，则旅行完成
12          kt.answer = copy.deepcopy(kt.chess_board)
13          return
14      if kt.enable(kt.chess_board, x, y):
15          kt.chess_board[x][y] = count
16          for v_x, v_y in kt.v_move:  # 继续旅行，分别探测 8 个方向
17              move2(kt, x + v_x, y + v_y, count + 1)
18          kt.chess_board[x][y] = kt.s_init  # 将该位置设为初始值，以便悔棋
```

move2( )只使用了一个棋盘，为了回到上一个方格，当骑士探索完 8 个方向后，需要将当前所在方格重置为初始状态。move2( )的改进仅仅是节省了一点内存，与 move( )并没有本质的区别，它们在运行时都非常缓慢。骑士每到达一个位置后，都将向 8 个方向探索，随着探索的深入，计算量也会产生爆炸式增长。为了避免更多的探索，我们在找到一种方案后就会马上退出。

最后为解决方案添加可视化代码。将代码 5-12 添加到 knight_tour.py 中。

代码 5-12　骑士旅行的可视化

```
01  class KnightTour:
02      ......
03      def show(self):
04          ''' 解决方案可视化 '''
05          if self.answer is None:
06              print('无解！')
07              return
08          for row in self.answer:
09              for c in row:
10                  print('%4d' % c, end='')
11              print()
12
13  if __name__ == '__main__':
14      kt = KnightTour()
15      kt.start(7, 7, move2)
16      kt.show()
```

如果骑士从棋盘右下角出发,那么是能够完成旅行的,如图 5-15 所示。

骑士的初始位置和探索方向的顺序都会对运算时间产生极大的影响,代码 5-12 会运行很长时间。

骑士受移动特性所限,并不是在所有棋盘上都能完成旅行,在 3×3 的棋盘上,骑士永远都无法到达中心位置,因此也永远无法完成旅行,如图 5-16 所示。

图 5-15　骑士的旅行轨迹

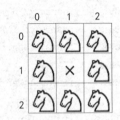

图 5-16　在 3×3 棋盘上,骑士永远无法到达中心位置

5.5.3　贪心策略

探索的随机性使得基于盲目搜索策略的深度优先搜索效率低下,如果能够找到一种克服这种随机性和盲目性的方法,并按照一定规律选择前进的方向,则成功的可能性将大大增加。沃斯多夫(J.C. Warnsdorff)在 1823 年提出一个聪明的解法:有选择地走下一步,先将最难的位置走完——既然每一格迟早都要走到,与其把困难留在后面,不如先走困难的路,这样后面的路才会宽阔,成功的机会也会增大。

为了便于分析,我们让骑士先在 5×5 的棋盘上旅行。他的初始位置是(0,0),这也是旅途的第 1 站,用"①"表示,如图 5-17 所示。

骑士的下一站只可能有 2 个,即(1,2)和(2,1),用深色方格表示,如图 5-18 所示。

如果骑士的下一站是(1,2),那么从(1,2)出发,再下一站能够到达(0,4)、(2,4)、(3,3)、(3,1)、(2,0)这 5 个位置,将数字 5 标记在(1,2)中,用于表示路的宽窄,数字越小,路越窄,表示这条路线越困难;如果从(2,1)出发,再下一站能够到达另外 5 个位置,因此将 5 标记在(2,1)中,如图 5-19 所示。

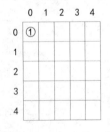

图 5-17　旅途的第 1 站

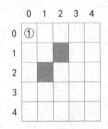

图 5-18　第 2 站的候选位置

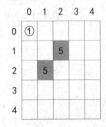

图 5-19　在深色方格中标记出路的宽窄

图 5-19 表明,第 2 站的"宽度"都是 5。我们已经在图 5-14 中为 8 个方向编好了序号,从位于十点钟方向的①号开始,按照顺时针顺序逐一探索,选择最窄目的地当中的第 1 个作为下一站。按照这种

方式,这里选择(1,2)作为下一站,并为该方格标记序号,如图 5-20 所示。

接下来从位置②继续探测,寻找最窄的第 3 站,如图 5-21 所示。

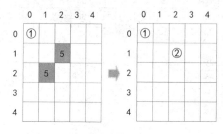

图 5-20　为旅程的下一站标记序号

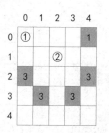

图 5-21　第 3 站的宽度

因为每个方格只能到达一次,所以不能再从②回到①,这也是贪心策略与深度优先搜索的重要区别之一——在贪心策略中,每一步决策都是当下最好的,一旦做出选择,就不再回溯。从位置②出发,到达最窄的第 3 站是(0,4),如图 5-22 所示。

按照这种方式继续探测,骑士最终能够顺利完成旅程,如图 5-23～图 5-24 所示。

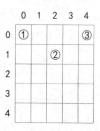

图 5-22　选择"最窄"的路作为第 3 站

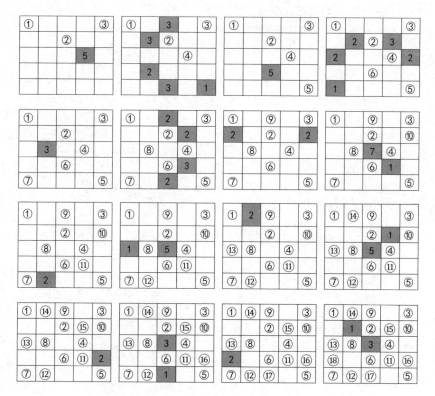

图 5-23　骑士的旅程(1)

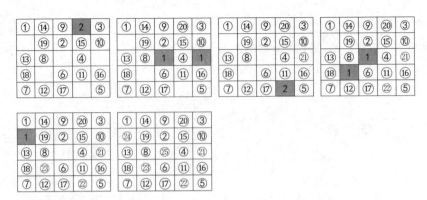

图 5-24　骑士的旅程(2)

代码 5-13 是基于这种思路的贪心策略实现。

代码 5-13　基于贪心策略的骑士旅行 **knight_tour_greedy.py**

```
01   from knight_tour import KnightTour
02   from os import system
03   import time
04
05   def get_width(kt:KnightTour, x, y):
06       ''' 计算(x, y)位置的"宽度",数值越小,后面的路越窄 '''
07       #  如果(x, y)位置曾经到达过,则返回 9
08       if not kt.enable(kt.chess_board, x, y):
09           return 9
10       n = 0
11       for v_x, v_y in kt.v_move:
12           if kt.enable(kt.chess_board, x + v_x, y + v_y):
13               n += 1
14       return n
15
16   def find_min(kt:KnightTour, x, y):
17       ''' 找到从(x, y)出发,路"最窄"的下一个位置 '''
18       min_x, min_y, min_n = -1, -1, 100
19       for v_x, v_y in kt.v_move:
20           n = get_width(kt, x + v_x, y + v_y)
21           if n < min_n:
22               min_x, min_y, min_n = x + v_x, y + v_y, n
23       return min_x, min_y
24
25   def move_greddy(kt:KnightTour, x, y, count):
26       ''' 骑士从(x, y)位置开始旅行 '''
27       if kt.answer is not None: #  找到一种方法就退出
28           return
```

```
29        if count > kt.max: #  如果已经走遍了所有方格,则旅行结束
30            kt.answer = kt.chess_board
31            return
32        if kt.enable(kt.chess_board, x, y):
33            kt.chess_board[x][y] = count
34            next_x, next_y = find_min(kt, x, y) #  找出 8 个方向中,路"最窄"的一个
35            movie(kt) #  添加动画效果
36            move_greddy(kt, next_x, next_y, count + 1) #  向路"最窄"的方向继续前进
37
38   def movie(kt:KnightTour):
39       ''' 动画效果 '''
40       system('cls')
41       for row in kt.chess_board:
42           print(('%4s' * kt.col_num) % tuple(row))
43       time.sleep(1)
44
45   if __name__ == '__main__':
46       kt = KnightTour(8, 8)
47       kt.start(0, 0, move_greddy)
48       kt.show()
```

get_width()用于计算从(x, y)位置的宽度,数值越小,该位置后面的路越"窄",越难以到达。对于路的宽窄来说,最窄是 0,表示无路可走;最大是 8,表示可以向 8 个方向前进(不能回到出发的位置)。为了更便于让 find_min()方法选择"最窄"的路,如果(x, y)曾经到访过,则(x, y)的宽度是 9(9 不是必须的,可以选择大于 8 的任何数),以保证曾经到访过的方格一定"宽于"未曾到访的方格,从而使find_min()不会选中曾经到访过的方格。move_greddy()没有任何回溯,只是简单地向最窄的方向一步步走下去。movie()实现了骑士旅行的动画效果。代码 5-13 的运行结果如图 5-25 所示。

图 5-25　8×8 棋盘上的旅行轨迹

在改成 16×16 的大棋盘后,move_greddy()也可以快速得出结果,如图 5-26 所示。

可以看出,贪心策略是一种启发式策略,在每次搜索一个状态时,都会考虑这个状态是否有利于趋向目标。

1	32	71	66	3	34	75	86	5	36	93	100	7	38	41	98
72	65	2	33	74	85	4	35	92	109	6	37	96	99	8	39
31	70	73	84	67	76	149	110	87	94	113	108	101	40	97	42
64	79	68	77	178	83	88	91	148	111	136	95	114	107	102	9
69	30	177	82	89	184	179	150	137	152	145	112	135	104	43	106
80	63	78	183	180	193	90	185	200	147	138	153	144	115	10	103
29	176	81	206	195	182	199	192	151	186	201	146	139	134	105	44
62	209	196	181	198	205	194	231	214	203	154	187	156	143	116	11
175	28	207	210	223	230	213	204	191	234	215	202	133	140	45	142
208	61	222	197	212	219	232	243	238	217	190	155	188	157	12	117
27	174	211	220	229	224	251	218	233	242	235	216	161	132	141	46
60	221	168	225	250	227	244	237	246	239	162	189	158	127	126	13
169	26	173	228	167	252	247	254	163	236	241	126	131	160	47	120
56	59	170	249	226	255	166	245	240	125	130	159	128	119	14	17
25	172	57	54	23	248	253	52	21	164	123	50	19	16	121	48
58	55	24	171	256	53	22	165	124	51	20	129	122	49	18	15

图 5-26 16×16 棋盘上的旅行轨迹

注：对于一些更大的棋盘，knight_tour_greedy.py 运行时可能会出现"RecursionError：maximum recursion depth exceeded in comparison"，这是由于递归深度超过了 Python 的默认限制。解决这一问题有两种方法，一种是通过 sys.setrecursionlimit() 修改递归的默认深度，另一种是将递归改成循环。

5.6 觑天宝匣上的拼图

图 5-27 觑天宝匣

景旭枫的小说《溥仪藏宝录》讲述了一个曲折离奇的故事。溥仪试图利用藏有大清皇家宝藏秘密的宝盒——"觑天宝匣（图 5-27）"复辟清朝。这个宝匣是他从宫中带走的唯一宝物，里面的藏宝图指向一个富可敌国的巨额宝藏，足以发动第三次世界大战。由于种种原因，溥仪将宝匣藏于太极皇陵。抗战期间，爱国人士崔二侉子带领众人深入太极皇陵，盗走了觑天宝匣。在此后的几年时间里，参与盗宝的人陆续神秘死亡，崔二侉子将宝匣交给侦探出身的萧剑南。在此后的六十多年时间里，萧剑南一直寻找众人死亡的真相，直到临终，才将这件事告知自己的孙子萧伟。萧伟与好友高阳、赵颖试图打开觑天宝匣……

宝匣共有三层，每层都有一锁，第一层锁是"子午鸳鸯芯"，第二层锁是"对顶梅花芯"，而第三层锁是"天地乾坤芯"，三层锁都是由高丽制锁名匠设计，如果没有钥匙，不是受过专门训练，根本就无法将该宝匣开启。借用任何外力企图强行将其打开，都会触发机关，启动自毁装置，将其中所藏之物绞得粉碎。

　　觑天宝匣的正上方刻有高丽名匠李舜臣在朝鲜海峡击败进犯日军的场景，被切分成九九八十一个小块，组成了拼图游戏中最复杂的"九九拼图"。九九拼图是觑天宝匣的护盾，只有将拼图复原才能看到"子午鸳鸯芯"。在这里，我们所要讨论的不是觑天宝匣的三重锁，而是拼图护盾，看看如何借助计算机的帮助来破解护盾。

5.6.1　构建数据模型

　　第一步仍然是构建数据模型，建立从实际问题到软件结构的映射。在小说中，高阳想到了一个聪明的做法——把整个图案用相机拍照，再把照片切分成小块并一一编号，只要把编号移动至顺序排列，问题就解决了。

　　下面使用高阳的做法，用一个二维列表存储拼图，列表中的每个元素都是拼图的一个小块。对于一个被复原的三三拼图来说，二维列表的数据如图 5-28 所示。

　　拼图游戏需要有一个"图眼"，否则碎片无法移动。这里选择右下角的碎片作为图眼，如图 5-29 所示。

图 5-28　复原的三三拼图

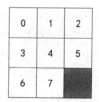

图 5-29　选择右下角的碎片作为图眼

　　可移动的碎片共有 8 个，编写移动这 8 个碎片的代码并不容易。不妨换一种思路，在游戏中只有图眼可以移动，只需要将图眼和目标位置的数据互相交换就可以完成移动操作，如图 5-30 所示。

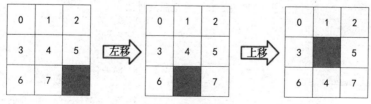

图 5-30　移动图眼

　　依然使用差向量表示上、左、下、右 4 个方向：$(0,1)$、$(-1,0)$、$(0,-1)$、$(1,0)$。当图眼向某个方向移动时，目标位置只需用图眼的位置加上该方向的差向量即可。代码 5-14 是拼图游戏的数据模型。

代码 5-14　拼图游戏的数据模型 jigsaw_puzzle.py

```
01  class JigsawPuzzle:
02      def __init__(self, n=3):
03          self.n = n # 拼图的维度，默认 3*3 拼图
04          self.succ_img = []  # 复原状态，列表元素按照从左到右，从上到下的顺序依次排列
05          for i in range(n):
06              self.succ_img.append(list(range(n * i, n * i + n)))
07          self.eye_val = ' '  # 用空白符号作为图眼的值
08          self.succ_img[n - 1][n - 1] = self.eye_val # 将右下角的碎片作为图眼
09          self.v_move = [(0, 1), (-1, 0), (0, -1), (1, 0)] # "图眼"移动方向的差向量
10          self.answer = None # 拼图步骤
11          self.confuse_img = self._confuse() # 被打乱顺序的拼图
12
13      def enable(self, to_x, to_y):
14          '''
15          图眼是否能够移动到 to 位置
16          :param to_x: 图眼的行索引
17          :param to_y: 图眼的列索引
18          :return: 图眼能够移动到 to 位置，返回 True
19          '''
20          return 0 <= to_x < self.n and 0 <= to_y < self.n
21
22      def move(self, curr_img, from_x, from_y, to_x, to_y):
23          ''' 将图眼从(from_x, from_y)移动到(to_x, to_y) '''
24          curr_img[from_x][from_y], curr_img[to_x][to_y] = \
25              curr_img[to_x][to_y], curr_img[from_x][from_y]
```

enable()用于边界校验，判断图眼是否能够移动到(to_x, to_y)位置。move()用于移动图眼，它的作用仅仅是将列表中的两个元素互换位置。_confuse()作为私有方法，用于打乱拼图的顺序。

值得注意的是，随机摆放列表中的元素并不能保证拼图一定能够还原，因此稳妥的方法是随机移动图眼若干次。代码 5-15 是_confuse()的实现。将代码 5-15 添加到 jigsaw_puzzle.py 中。

代码 5-15　打乱原始拼图

```
01  import random
02  import copy
03
04  class JigsawPuzzle:
05      ......
06      def _confuse(self):
07          ''' 将拼图打乱顺序 '''
08          from_x, from_y = self.n - 1, self.n - 1  # 选择右下角作为图眼位置
09          tar_img = copy.deepcopy(self.succ_img)
```

```
10              for i in range(self.n ** 2 * 10):   # 将图眼随机移动 n * n * 10 次
11                  v_x, v_y = random.choice(self.v_move) # 选择一个随机方向
12                  to_x, to_y = from_x + v_x, from_y + v_y
13                  if self.enable(to_x, to_y):
14                      self.move(tar_img, from_x, from_y, to_x, to_y)   # 向选择的随机方向移动
15                      from_x, from_y = to_x, to_y
16          return tar_img
```

5.6.2　广度优先搜索

解决这一问题时，我们首先想到的仍然是盲目搜索策略，即穷举所有的移动，直到拼图复原为止。这里我们选择广度优先搜索作为搜索策略。

广度优先搜索是另一种盲目搜索算法。如果把所有要搜索的状态组成一棵树，那么广度优先搜索就是逐层搜索所有节点，直到搜完整棵树为止，如图 5-31 所示。

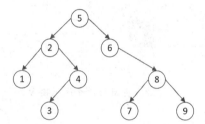

图 5-31　广度优先搜索的顺序：5→2→6→1→4→8→3→7→9

在拼图中，图眼每次至多可以向 4 个方向移动，这 4 个方向构成了搜索的"一层"，每一层的节点又可以继续展开，如图 5-32 所示。

图 5-32 中第 3 层的第 4 个状态又回到了原点，继续遍历这个状态是没有意义的，为解决此类问题，在编写代码时可以使用 visited 存储所有被访问过的拼图状态，如果碰到某一个状态被访问过，则直接略过。将代码 5-16 添加到 jigsaw_puzzle.py 中。

代码 5-16　用 visited 存储所有被访问过的拼图状态

```
01  class JigsawPuzzle:
02      def __init__(self, n=3):
03          ......
04          self.visited = set() # 已经被访问过的拼图状态
05
06      def has(self, curr_img):
07          ''' curr_img 是否已经被访问过 '''
08          return str(curr_img) in self.visited
```

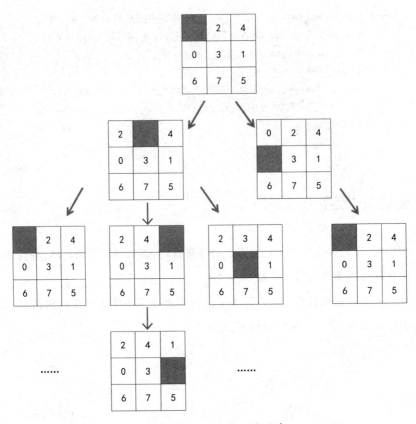

图 5-32　拼图的广度优先搜索

由于 set 不能存储 list 这种可变类型,因此需要先把 curr_img 转换成字符串。

广度优先搜索通常使用队列的结构,代码 5-17 是广度优先搜索的样本代码。

代码 5-17　广度优先搜索的样本代码

```
01   from queue import Queue
02
03   def bfs(node):
04       ''' 图的广度优先搜索 '''
05       if node is None:
06           return
07       queue = Queue()
08       nodeSet = set()
09       queue.put(node)
10       nodeSet.add(node)
11       while not queue.empty():
12           cur = queue.get()  # 弹出元素
13           for next in cur.nexts:  # 遍历元素的相邻节点
14               if next not in nodeSet:  # 如果相邻节点没有入过队列,则加入队列
```

```
15              nodeSet.add(next)
16              queue.put(next)
```

样本代码仅仅是遍历了所有节点，而拼图游戏除回答"经过多少次遍历才能复原拼图"外，还要给出复原的具体步骤，所以我们需要构造一个结构将复原步骤存储起来。代码 5-18 是拼图状态的数据模型。将代码 5-18 添加到 jigsaw_puzzle.py 中。

代码 5-18　拼图状态的数据模型

```
01  class Node:
02      ''' 拼图状态，每一个状态指向上一个拼图状态 '''
03      def __init__(self, img, parent_node):
04          self.img = img
05          self.parent = parent_node
```

在 Node 中存储某一个拼图的状态，并用 parent 指向它的上一个状态，一连串状态构成了一个链表，如图 5-33 所示。

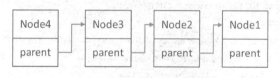

图 5-33　Node 构成的链表

现在可以使用广度优先搜索的模板编写代码。将代码 5-19 添加到 jigsaw_puzzle.py 中。

代码 5-19　拼图的深度优先搜索

```
01  from queue import Queue
02
03  class JigsawPuzzle:
04      ......
05
06      def is_succ(self, curr_img):
07          '''
08          是否完成拼图
09          :param curr_img: 当前拼图
10          :return:
11          '''
12          return curr_img == self.succ_img
13
14      def search_eye(self, img):
15          '''
16          找到拼图中图眼的位置
17          :param img: 拼图
18          :return: 图眼位置二元组(x, y)
```

```
19              '''
20          for x in range(self.n):
21              for y in range(self.n):
22                  if self.eye_val == img[x][y]:
23                      return x, y
24
25  def bfs(jigsawPuzzle):
26      ''' 广度优先搜索 '''
27      queue = Queue()
28      queue.put(Node(jigsawPuzzle.confuse_img, None))
29
30      while not queue.empty():
31          curr_node = queue.get()
32          curr_img = curr_node.img
33          jigsawPuzzle.visited.add(str(curr_img))
34          if jigsawPuzzle.is_succ(curr_img): # 检测拼图是否复原
35              jigsawPuzzle.answer = curr_node
36              break
37          x, y = jigsawPuzzle.search_eye(curr_img) # curr_img 中图眼的位置
38          for v_x, v_y in jigsawPuzzle.v_move: # 向 4 个方向进行广度优先搜索
39              to_x, to_y = x + v_x, y + v_y
40              if not jigsawPuzzle.enable(to_x, to_y):
41                  continue
42              curr_copy = copy.deepcopy(curr_img)
43              jigsawPuzzle.move(curr_copy, x, y, to_x, to_y)
44              if not jigsawPuzzle.has(curr_copy): # 判断 curr_copy 的状态是否曾经搜索过
45                  next_node = Node(curr_copy, curr_node)
46                  queue.put(next_node)
```

搜索过程将产生很多由不同的 Node 组成的链表，只有最终"复原"状态的链表才是有用的。

代码 5-20 是拼图程序的执行代码，movie() 还为拼图的复原过程添加了动画。将代码 5-20 添加到 jigsaw_puzzle.py 中。

代码 5-20   拼图程序的动画

```
01  from os import system
02  import time
03
04  def movie(answer):
05      ''' 拼图的复原过程动画 '''
06      stack = []
07      node = answer
08      while node is not None: # 将链表转换成栈
09          stack.append(node.img)
10          node = node.parent
```

```
11        while stack != []:
12            system('cls')  # 清屏操作
13            status_list = [i for item in stack.pop() for i in item]
14            n = int(len(status_list) ** 0.5)
15            print(('%3s' * (n + 2)) % tuple('*' * (n + 2))) # 拼图的上边框
16            for i in range(n):
17                print(('%3s' * (n + 2)) % tuple(['*'] + status_list[i * n :(i + 1) * n] + ['*']))
18            print(('%3s' * (n + 2)) % tuple('*' * (n + 2))) # 拼图的下边框
19            time.sleep(1)
20
21 if __name__ == '__main__':
22     puzzle = JigsawPuzzle()
23     puzzle.start(bfs)
24     answer = puzzle.answer
25     while answer is not None: #  展示拼图的复原结果
26         print(answer.img)
27         answer = answer.parent
28     movie(puzzle.answer) #  展示拼图的复原动画
```

如果拼图的初始状态是[[3，0，2]，[1，7，' ']，[6，5，4]]，则程序显示的复原顺序为：

$$[[0，1，2]，[3，4，5]，[6，7，' ']]$$

$$[[0，1，2]，[3，4，' ']，[6，7，5]]$$

$$[[0，1，2]，[3，' '，4]，[6，7，5]]$$

$$[[0，' '，2]，[3，1，4]，[6，7，5]]$$

$$[[' '，0，2]，[3，1，4]，[6，7，5]]$$

$$[[3，0，2]，[' '，1，4]，[6，7，5]]$$

$$[[3，0，2]，[1，' '，4]，[6，7，5]]$$

$$[[3，0，2]，[1，7，4]，[6，' '，5]]$$

$$[[3，0，2]，[1，7，4]，[6，5，' ']]$$

$$[[3，0，2]，[1，7，' ']，[6，5，4]]$$

这个结果自下而上构成了复原的每一个步骤，如图 5-34 所示。

注：bfs()在每次搜索时都需要保存代表拼图状态的二维列表，这是一个非常耗费内存的操作。一个改进的方法是把二维列表转换成字符串，例如，拼图的复原状态可以用 str(succ_img) 转换成"[[0，1，2]，[3，4，5]，[6，7，' ']]"，再用解析的方式还原出一个 3×3 的拼图。

作为一种盲目搜索策略，广度优先搜索几乎遍历了拼图的全部状态。一个三三拼图包括图眼在内共有 9 个碎片，把它们放置在 9 个位置上，一共会产生(3×3)！＝362880 种状态，对于这种数量级来说，盲目搜索尚可应对。四四拼图一共会产生(4×4)！＝20922789888000(约 2 万亿)种状态，此时广度优先搜索就显得有些力不从心了。至于更高阶的九九拼图，能否找到解决方案有很大的偶然性，绝

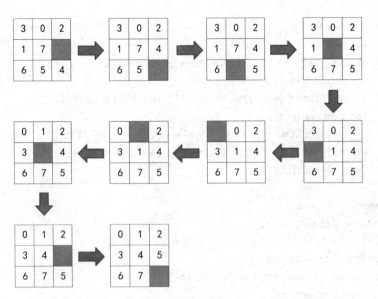

图 5-34　拼图的复原步骤

大多数情况下，在程序探索的过程中就会内存溢出。第 6 章将继续进行"搜索策略"的探讨，使用更智能、更高效的搜索算法复原觊天宝匣上的拼图。

5.7　小结

1.盲目搜索策略只是按照预定的策略搜索解空间的所有状态，而不会考虑到问题本身的特性。深度优先和广度优先都属于盲目搜索策略。

2.贪心策略是一种带启发性质的策略，在每个决策点，贪心策略都会做出在当时看来是最优的选择，一旦选择，就无须回溯。

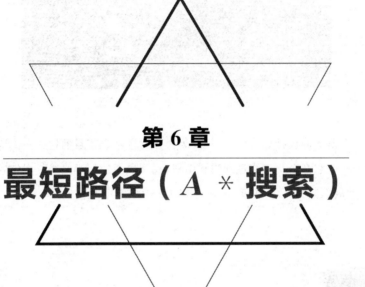

第 6 章

最短路径（$A * $ 搜索）

　　$A * $ 算法又称为 $A * $ 搜索算法，是一种带有启发策略的搜索算法，通过评估函数向周围探索，逐步找到最优解。本章通过坦克寻找基地的游戏详细地介绍了 $A * $ 算法的实现原理。

我是从玩游戏开始接触电脑的,曾经非常痴迷一款叫作《绝地风暴》的即时战略游戏,在游戏中可以在世界末日指挥"幸存者"的众多兵种与"变异者"和"序列9"展开一场生存之战,如图6-1所示。

图6-1 《绝地风暴》的交战场景

当时我觉得这个游戏的设计聪明极了,只要为操作对象指定了目的地——无论是一个战斗单位,还是一个战斗集群——它都会自动绕过湖泊和山地,找到最短的行进路线。多年后我才知道,这是算法中的"最短寻径问题",其中"$A *$ 搜索"又是这类算法中最常用的一个。

6.1 $A *$ 搜索

图6-2 坦克行进到军事基地

假设地图上有一片树林,坦克需要绕过树林,到达远处的军事基地,在无数条行进路线中,哪条才是最短的路径(图6-2)?

这是典型的最短寻径问题,可以使用 $A *$ 搜索算法求解。$A *$ 搜索算法俗称 A 星搜索,是一个被广泛应用于路径优化领域的算法,它的行为基于启发式代价函数,在游戏的寻路中非常有用。

6.1.1 将地图表格化

$A *$ 搜索的第一步是将地图表格化,可以用一个大型的二维列表存储地图数据,这有点类似于像素画,如图6-3所示。

画中的小狗是由一个个像素方格组成的,方格越小,图案越平滑。在坦克寻径问题中,坦克的个头远小于地图,因此可以把坦克作为一个像素,将地图切分为图 6-4 所示的方格,其中 S 代表坦克的起点,E 代表基地。

图 6-3　像素画

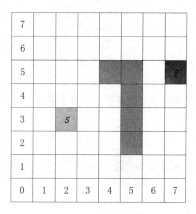

图 6-4　将地图表格化

将地图映射到二维列表上,每一个方格都可以用唯一的二元组表示,元组的第 1 个元素是行号,第 2 个元素是列号,起点和终点的坐标分别是$(3,2)$和$(5,7)$。"在无数条行进路线中,哪条才是最短的路径"实际是在回答最短路径由哪些方格组成。

6.1.2　评估函数

$A*$搜索的核心是一个评估函数:$F(n) = H(n) + G(n)$。其中 n 代表地图上的某一个方格,在 $A*$ 搜索中称为节点;$H(n)$ 是距离评估函数,它的值是 n 到终点的距离。距离的度量方式有很多,选择不同的方式,计算的结果也不同,图 6-5 展示了两种距离度量方式。

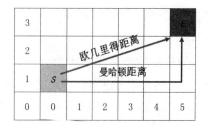

图 6-5　两种距离度量方式

假设每个方格的边长都是 1,如果用欧几里得距离计算 S 到 E 的距离,则:

$$H(S) = \sqrt{(3-1)^2 + (5-0)^2} = \sqrt{29} \approx 5.39$$

如果用曼哈顿距离计算,则:

$$H(S) = |3-1| + |5-0| = 7$$

$G(n)$ 是从起点移动到 n 的代价函数,n 离起点越远,付出的代价越高。从起点到达 n 的路线有多条,每条路线的 G 值都可能不同,如图 6-6 所示。

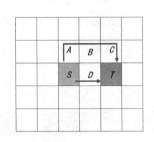

图 6-6　从 S 到 T 的两条路线

坦克从 S 到 T 的路线有两条，$S \rightarrow A \rightarrow B \rightarrow C \rightarrow T$ 和 $S \rightarrow D \rightarrow T$。假设从一个方格移动到相邻方格的代价是 1，则 $G(D) = G(A) = 1$。由于 B 的上一步是 A，因此 $G(B) = G(A) + 1 = 2$。同理，$G(C) = G(B) + 1 = 3$。对于 $G(T)$ 来说，它的值取决于 T 的上一步，如果路线是 $S \rightarrow A \rightarrow B \rightarrow C \rightarrow T$，则 $G(T) = G(C) + 1 = 4$；如果路线是 $S \rightarrow D \rightarrow T$，则 $G(T) = G(D) + 1 = 2$。第 2 条路线更短，付出的代价也更低。值得注意的是，代价函数并不是唯一的，具体如何定义，完全取决于你自己。

$F(n)$ 作为某个位置的评估函数，仅仅是把该点的距离值和代价值加起来，即 $F(n) = H(n) + G(n)$，$A*$ 搜索的每一次寻径都会寻找评估值最小的节点。

6.1.3　$A*$ 搜索的步骤

$A*$ 搜索涉及两个重要的列表，openList（开放列表，存储候选节点）和 closeList（关闭列表，存储已经走过的节点）。算法是先把起点放入 openList 中，然后重复下面的步骤。

（1）遍历 openList，找到 F 值最小的那个作为当前所在的节点（如果存在多个最小节点，则根据自定义的规则选取一个），用 P 表示。

（2）把 P 加入 closeList 中，作为已经走过的节点。

（3）探索与 P 相邻且不在 closeList 中的每一个节点，计算它们的 H 值、G 值和 F 值，并把 P 设置为这些节点的父节点，再将这些节点作为待探索的节点添加到 Q 中。当然，如何定义"相邻"也取决于你自己。

（4）如果 Q 中的节点不在 openList 中，则直接将其加入 openList 中；如果 Q 中的节点已经在 openList 中，则比较这些节点的 F 值和它们在 openList 中的 F 值哪个更小（F 值越小，说明这条路径越短），如果 openList 中的 F 值更小或二者相等，则不做任何改变，否则用 Q 中的节点替换 openList 中的相同节点。

（5）如果终点在 openList 中，则算法结束，最短路径就是从终点开始，沿着父节点移动直至起点的路线；如果 openList 是空的，则算法结束，此时意味着起点到终点没有任何路可走。

算法的步骤似乎不那么直观，6.2 节将继续用坦克移动的例子来对上述过程进行分析。

注：如果两个节点的关键字相同，则认为两个节点相同。本章中关于"相同节点"和"同一节点"的描述都指节点的关键字相同。

6.2 通往基地的捷径

以图 6-4 为例，尝试找出坦克的最短行进路线。在游戏开始之前，先要制定一些移动规则。

6.2.1 准备工作

坦克每一步都可以移动到与之相邻的 8 个方格中，这里指定每一个方格的边长是 10，从一个方格移动到相邻方格的代价（G 值）是这两个方格中心点间的距离。如此一来，坦克上、下、左、右平移一格所花费的代价是 10，向斜对角移动的代价是 $\sqrt{10^2 + 10^2} \approx 14$，如图 6-7 所示。

注：这里之所以将边长定义为 10 而不是 1，目的是避免向斜对角移动时产生的小数。

然后定义相邻的方格是否能够探索。如果坦克的相邻方格是障碍物，那么坦克无法移动到障碍物上，也无法贴着障碍物移动到斜对角的方格，如图 6-8 所示。

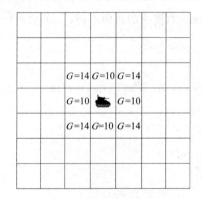

图 6-7 相邻方格的 G 值

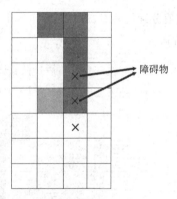

图 6-8 不能移动到"×"所在的方格

下面使用曼哈顿距离作为距离评估函数。起点方格是 $(3,2)$，对于起点到终点的距离，不考虑障碍物，仅仅是简单地根据曼哈顿距离公式计算：

$$H(n) = H(3,2) = (|3-5| + |2-7|) \times 10 = 70$$

注：乘系数 10 是由于在游戏规则中定义了方格的边长是 10。

这有点类似于导航系统的红色连线，这条连线仅仅表示车和终点的直线连接，并不考虑中间是否有阻碍物，如图 6-9 所示。

图 6-9　红色连线并不考虑障碍物

6.2.2　开始探索

起点的 G 值是 0，$F(3,2)=G(3,2)+H(3,2)=70$。在待探索的 8 个节点中，我们设置从上到下的 3 个数值分别代表 G、H、F，并用一个箭头指向节点的 parent，箭头的指向不同，G 值也可能不同，如图 6-10 所示。

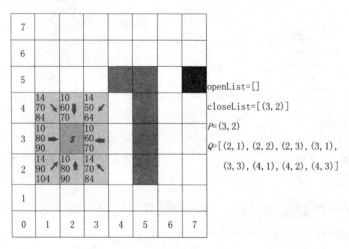

图 6-10　将 S 周围的节点设置为待探索节点

由于 openList 是空的，所以把 Q 中的 8 个待探索节点都放入 openList 中。此时在 openList 中，$F(4,3)$ 最小，因此选择 $(4,3)$ 作为下一个到达的位置，并把它从 openList 移至 closeList，如图 6-11 所示。

有 8 个方格与 $(4,3)$ 相邻，其中作为起点的 $(3,2)$ 已经在 closeList 中，将它排除，$(5,4)$ 是障碍物，也排除，把剩下的 6 个都放入 Q 中，作为待探索节点，如图 6-12 所示。

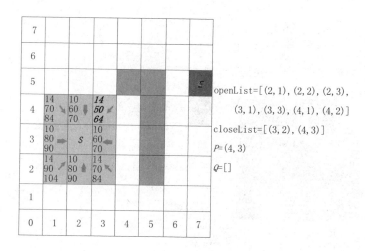

图 6-11　将(4,3)作为下一个到达的位置

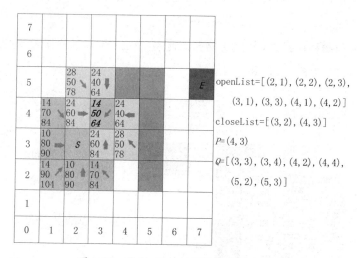

图 6-12　将(4,3)相邻的待探索节点放入 Q 中

在 Q 的 6 个点中,(4,4)、(3,4)、(5,2)、(5,3)是第一次探索,直接将它们加入 openList 中。(4,2)和(3,3)已经存在于 openList 中,表示二者曾经被探索过。由于是从(4,3)探索(4,2)和(3,3),因此二者的 G 值与从起点探索时的 G 值不同,并且它们的父节点也不同。很明显,对于从起点到(4,2)的两条路径来说,$S \rightarrow (4,3) \rightarrow (4,2)$ 要比 $S \rightarrow (4,2)$ 更长,移动的代价也更高,即 $G_Q(4,2) > G_{openList}(4,2)$;同理,$G_Q(3,3) > G_{openList}(3,3)$。对于评估值来说,$F_Q(4,2) > F_{openList}(4,2)$,$F_Q(3,3) > F_{openList}(3,3)$,因此保留(4,2)和(3,3)在 openList 中的数值和箭头指向,如图 6-13 所示。

现在,openList 中的最小评估值是 $F(5,3) = F(4,4) = 64$,选择任一个均可,这完全取决你自己制定的选取规则。这里随机选择了(4,4)作为下一个目的地,并将其放入 closeList 中。在与(4,4)相邻的 8 个节点中,有 4 个是障碍物,(4,3)在 closeList 中,其余 3 个为(5,3)、(3,3)、(3,4)。根据移动的

openList=[(2,1),(2,2),(2,3),
(3,1),(3,3),(3,4),(4,1),
(4,2),(4,4),(5,2),(5,3)]
closeList=[(3,2),(4,3)]
P=(4,3)
Q=[]

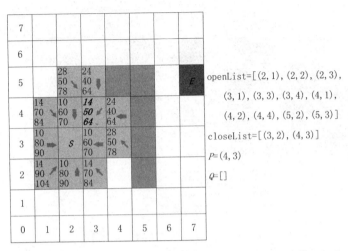

图 6-13　保留(4,2)和(3,3)在 openList 中的数值和箭头指向

规则，坦克“无法贴着障碍物移动到斜对角的方格”，因此(5,3)也不能作为待探索节点。最终，下一步可探索的节点只剩下(3,3)和(3,4)，如图 6-14 所示。

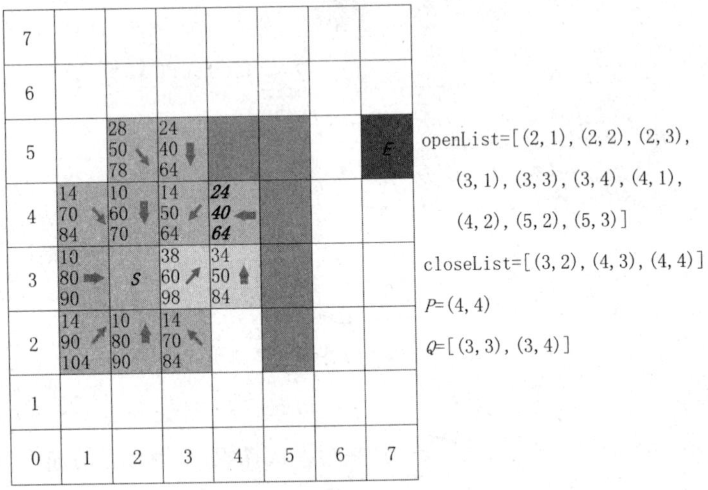

openList=[(2,1),(2,2),(2,3),
(3,1),(3,3),(3,4),(4,1),
(4,2),(5,2),(5,3)]
closeList=[(3,2),(4,3),(4,4)]
P=(4,4)
Q=[(3,3),(3,4)]

图 6-14　从(4,4)出发，可探索(3,3)和(3,4)

Q 中的 $F(3,3)$ 和 $F(3,4)$ 都大于 openList 中的 $F(3,3)$ 和 $F(3,4)$，因此保留 openList 的节点不变，如图 6-15 所示。

现在，openList 中的最小评估是 $F(5,3)=64$，但(5,3)并没有指向上一步到达的节点(4,4)，这就意味着对路径 $S \to (4,3) \to (4,4)$的探索失败了，继续沿这条路径进行探索是没有意义的。不过，这并不妨碍我们选择(5,3)作为下一个到达的节点。根据游戏规则，在(5,3)周围有 4 个可供探索的方格，如图 6-16 所示。

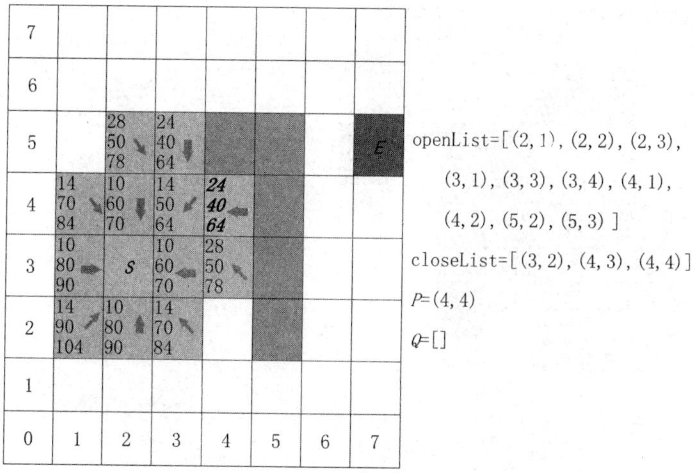

openList=[(2, 1), (2, 2), (2, 3), (3, 1), (3, 3), (3, 4), (4, 1), (4, 2), (5, 2), (5, 3)]

closeList=[(3, 2), (4, 3), (4, 4)]

P=(4, 4)

Q=[]

图 6-15　保留 openList 的(3,3)和(3,4)

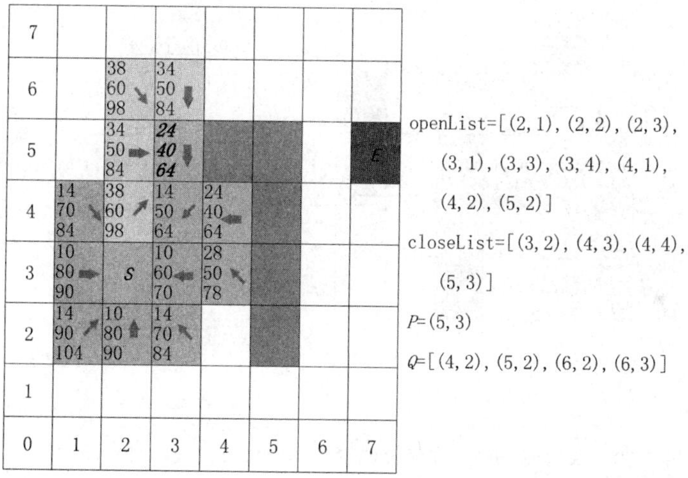

openList=[(2, 1), (2, 2), (2, 3), (3, 1), (3, 3), (3, 4), (4, 1), (4, 2), (5, 2)]

closeList=[(3, 2), (4, 3), (4, 4), (5, 3)]

P=(5, 3)

Q=[(4, 2), (5, 2), (6, 2), (6, 3)]

图 6-16　从(5,3)出发,可探索(4,2)、(5,2)、(6,2)、(6,3)

类似地,Q 中的 $F(4,2)$ 和 $F(5,2)$ 都小于 openList 中的 $F(4,2)$ 和 $F(5,2)$,因此保持 openList 中的节点不变,并将 Q 中的另外两个节点(6,2)和(6,3)移至 openList 中,如图 6-17 所示。

此时的 openList 中,(4,2)是最佳选择,而(4,2)并没有指向(5,3),说明 $S \to (4,3) \to (5,3)$ 也不是最佳路径的必经之路。这个结论不妨碍继续探索,从 openList 中选择评估值最小的节点(4,2)作为下一个到达的节点,它周围的 8 个节点中有 3 个在 closeList 中,可探索的是(3,1)、(3,3)、(4,1)、(5,1)、(5,2),如图 6-18 所示。

在这一次探索中,Q 中的最小评估值 $F(5,2)=70$ 已经小于 openList 中的 $F(5,2)=78$,因此用 Q 中的(5,2)替换 openList 中的(5,2),这将改变(5,2)在 openList 中的评估值和父节点。同时,Q 中(3,3)的评估值大于 openList 中的(3,3),因此保持 openList 的(3,3)不变,如图 6-19 所示。

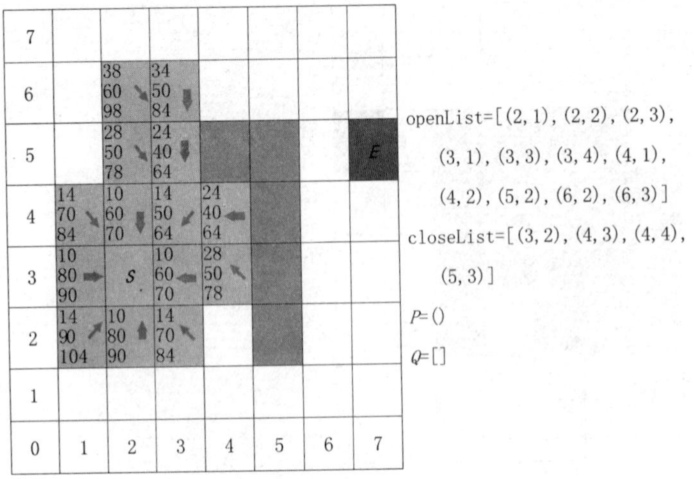

图 6-17　保持 openList 中的(4,2)和(5,2)不变,并添加(6,2)和(6,3)

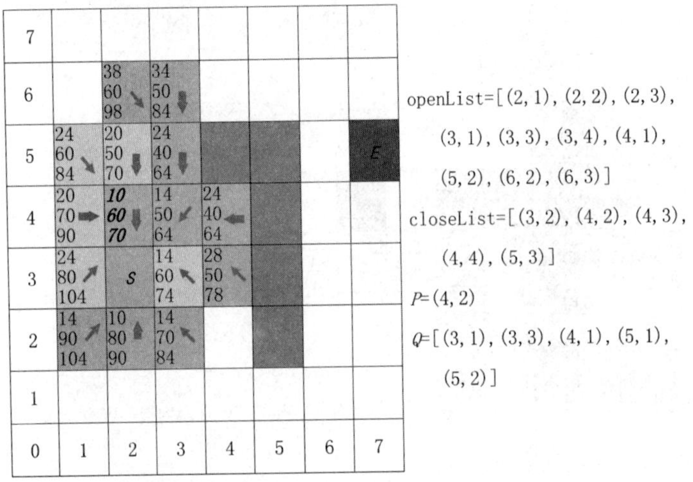

图 6-18　从(4,2)出发,可探索(3,1)、(3,3)、(4,1)、(5,1)、(5,2)

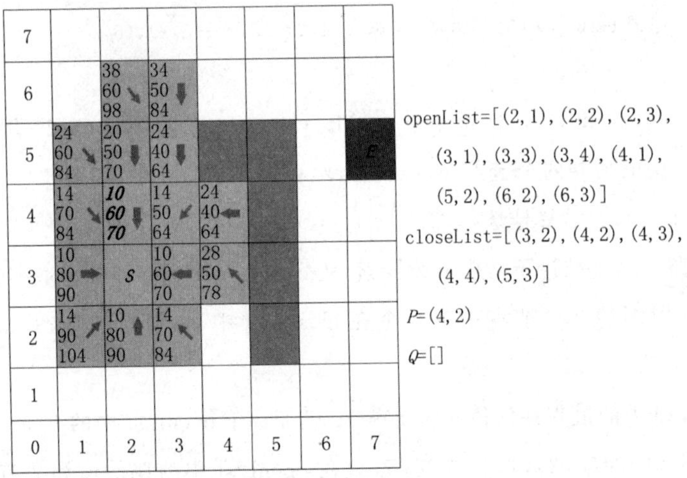

图 6-19　用 Q 中的(5,2)替换 openList 中的(5,2),并保持 openList 的(3,3)不变

此时 openList 中又出现了两个相同的最小评估值：$F(5,2)=F(3,3)=70$，这里选择$(5,2)$作为下一个到达的节点，并将其移至 closeList 中。在$(5,2)$周围可探索$(4,1)$、$(5,1)$、$(6,1)$、$(6,2)$、$(6,3)$这5个节点，如图 6-20 所示。

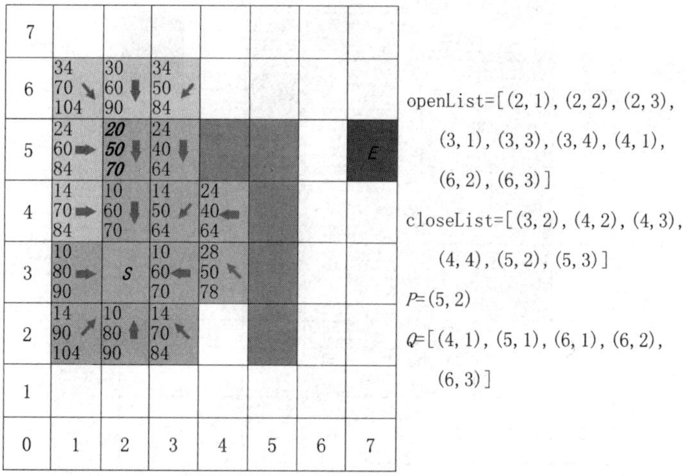

openList=[(2,1), (2,2), (2,3),
　　　　　(3,1), (3,3), (3,4), (4,1),
　　　　　(6,2), (6,3)]

closeList=[(3,2), (4,2), (4,3),
　　　　　(4,4), (5,2), (5,3)]

$P=(5,2)$

$Q=[(4,1), (5,1), (6,1), (6,2),$
　　　$(6,3)]$

图 6-20　从$(5,2)$出发，可探索$(4,1)$、$(5,1)$、$(6,1)$、$(6,2)$、$(6,3)$

这次 openList 中的最小评估值是 $F(3,3)=70$。选择$(3,3)$后将会继续向下探索$(3,4)$，此时我们将又一次面对 openList 中有多个最小评估值相等的情况，如图 6-21 所示。

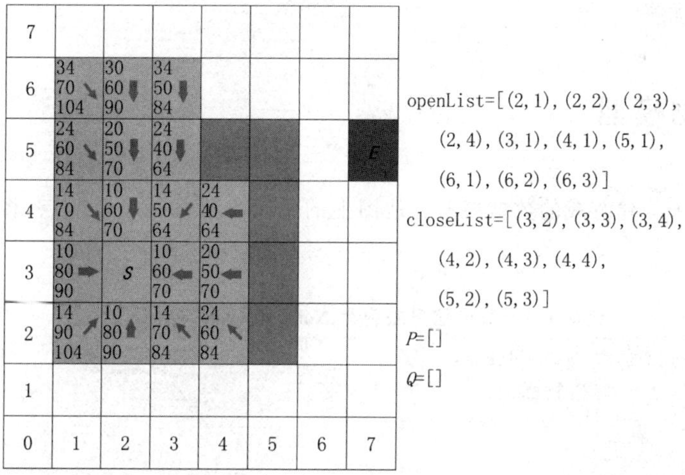

openList=[(2,1), (2,2), (2,3),
　　　　　(2,4), (3,1), (4,1), (5,1),
　　　　　(6,1), (6,2), (6,3)]

closeList=[(3,2), (3,3), (3,4),
　　　　　(4,2), (4,3), (4,4),
　　　　　(5,2), (5,3)]

$P=[]$

$Q=[]$

图 6-21　openList 中，$F(4,1)=F(5,1)=F(6,3)=F(2,4)=F(2,3)=84$

假设$(6,3)$是这几个节点中最后被选择的（无论选择哪一个，最终都将得到同样的最短路径，只是探索的过程不同），则最终的探索结果如图 6-22 所示。

按照终点的箭头指向回溯，$A*$搜索找到的最短路径是 $S \rightarrow (4,3) \rightarrow (5,3) \rightarrow (6,3) \rightarrow (6,4) \rightarrow (6,5) \rightarrow (6,6) \rightarrow E$。

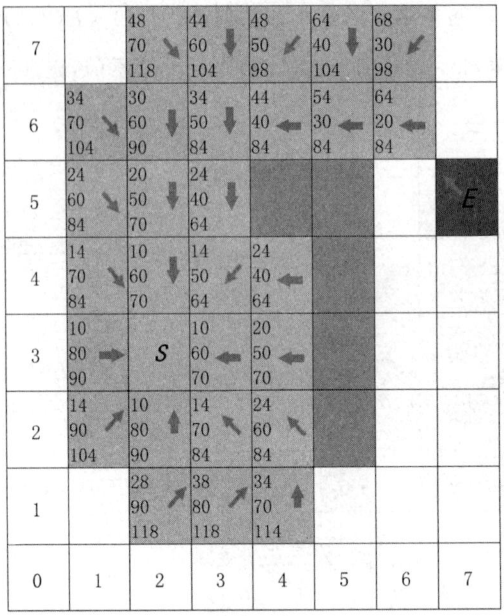

	1	2	3	4	5	6	7
7		48 70 118 ↘	44 60 104 ↓	48 50 98 ↙	64 40 104 ↓	68 30 98 ↙	
6	34 70 104 ↘	30 60 90 ↓	34 50 84 ↓	44 40 84 ←	54 30 84 ←	64 20 84 ←	
5	24 60 84 ↘	20 50 70 ↓	24 40 64 ↓				E
4	14 70 84 ↘	10 60 70 ↓	10 50 64 ↙	24 40 64			
3	10 80 90 →	S	10 60 70 ←	20 50 70 ←			
2	14 90 104 ↗	10 80 90 ↑	14 70 84 ↖	24 60 84 ↗			
1		28 90 118 ↗	38 80 118 ↖	34 70 114 ↑			
0	1	2	3	4	5	6	7

图 6-22　最终的探索结果

可以看出，$A*$搜索与广度优先搜索十分类似，二者的候选集相同，它们的主要区别在于，广度优先搜索的选择是盲目的，而 $A*$ 搜索是优先选择出评估值最小的那个，利用趋利避害的启发方式，使每一步都更接近于最优解。

6.2.3　构建数据模型

在实现算法前先来构建游戏的数据模型。地图上的每个方格都是一个节点，将节点信息映射为 Node 类。

代码 6-1　节点信息映射为 Node 类 tank_way.py

```
01   START, END = (), () #  起点和终点的位置
02   OBSTRUCTION = 1 #  障碍物标记
03
04   class Node:
05       def __init__(self, x, y, parent):
06           '''
07           :param x: 节点的行号
08           :param y: 节点的列号
09           :param parent: 父节点
10           '''
11           self.x, self.y, self.parent = x, y, parent
12           self.h, self.g, self.f = 0, 0, 0 # 距离值、代价值、评估值
```

```
13
14      def G(self):
15          ''' 代价评估函数 '''
16          if self.g != 0:
17              return self.g
18          elif self.parent is None:
19              self.g = 0
20          # 当前节点在 parent 的垂直或水平方向
21          elif self.parent.x == self.x or self.parent.y == self.y:
22              self.g = self.parent.G() + 10
23          # 当前节点在 parent 的斜对角
24          else:
25              self.g = self.parent.G() + 14
26          return self.g
27
28      def H(self):
29          ''' 距离评估函数 '''
30          if self.h == 0:
31              self.h = self.manhattan(self.x, self.y, END[0], END[1]) * 10
32          return self.h
33
34      def F(self):
35          ''' 评估函数，F = G + H '''
36          if self.f ==0:
37              self.f = self.G() + self.H()
38          return self.f
39
40      def manhattan(self, from_x, from_y, to_x, to_y):
41          '''
42          起点到终点的曼哈顿距离
43          :param from_x: 起点行号
44          :param from_y: 起点列号
45          :param to_x: 终点行号
46          :param to_y: 终点列号
47          :return: 曼哈顿距离
48          '''
49          return abs(to_x - from_x) + abs(to_y - from_y)
```

节点使用了一种"自治"的结构，每个节点的 G 值、H 值和 F 值都是自己计算得出的，这样可以集中精力处理主要的逻辑，避免在计算和赋值上浪费时间。在 $G()$ 中，计算 G 值需要使用 parent.G()，这是一种递归调用，为了避免递归的无用功，如果当前节点的 G 值已经计算过了，则 $G()$ 将直接返回结果。

然后可以编写坦克寻径的 $A＊$ 搜索实现的基础方法。将代码 6-2 添加到 tank_way.py 中。

代码 6-2　A ＊ 搜索实现的基础方法

```python
01  class TankWay:
02      ''' 使用 A* 搜索找到坦克的最短移动路径 '''
03      def __init__(self, map2d):
04          '''
05          :param map2d: 地图二维列表
06          '''
07          self.map2d = map2d
08          self.x_edge, self.y_edge = len(map2d), len(map2d[0])  #  地图边界
09          self.v_hv = [(-1, 0), (0, 1), (1, 0), (0, -1)]   #  垂直和水平方向的差向量
10          self.v_diagonal = [(-1, 1), (1, 1), (1, -1), (-1, -1)]   #  斜对角的差向量
11          self.openlist = {}   #  key: (x, y), value: Node
12          self.closelist = set()
13          self.answer = None  #  最终路径
14
15      def is_in_map(self, x, y):
16          ''' (x, y)是否在地图内 '''
17          return 0 <= x < self.x_edge and 0 <= y < self.y_edge
18
19      def in_closelist(self, x, y):
20          ''' (x, y) 是否在 closelist 中 '''
21          return (x, y) in self.closelist
22
23      def upd_openlist(self, node):
24          ''' 用 node 替换 openlist 中的对应数据 '''
25          self.openlist[(node.x, node.y)] = node
26
27      def add_in_openlist(self, node):
28          ''' 将 node 添加到 openlist '''
29          self.openlist[(node.x, node.y)] = node
30
31      def add_in_closelist(self, node):
32          ''' 将 node 添加到 closelist '''
33          self.closelist.add((node.x, node.y))
34
35      def pop_min_F(self):
36          ''' 弹出 openlist 中 F 值最小的节点 '''
37          node_min = None
38          if len(self.openlist) > 0:
39              # openlist 中值 F 值最小的节点
40              node_min = min(self.openlist.items(), key=lambda x: x[1].F())[1]
41              # 从 openlist 中弹出最小节点
42              self.openlist.pop((node_min.x, node_min.y))
43          return node_min
```

这里使用二维列表存储地图上的每一个节点,用 1 表示障碍物,用 0 表示 可走的道路。openlist 是一个字典,key 是节点的坐标,value 是节点本身,这将比列表更便于执行 $A*$ 搜索中的相关操作。 closelist 使用集合存储节点坐标,可以在常数时间内确定一个节点是否在 closelist 中。

注意到代码 6-2 并没有将 8 个方向的差向量存储在一个列表中,而是将斜对角的差向量拆分出来,这样做的目的是便于应对游戏中"无法贴着障碍物移动到斜对角的方格"这一规则。

假设某个方格的坐标是 (x,y),坦克想要从该方格移动到左上方的 (x',y'),能够移动的前提是坦克上方的方格 (x,y') 和左侧的方格 (x',y) 都不是障碍物,如图 6-23 所示。

图 6-23 当 (x,y') 和 (x',y) 都不是障碍物时,坦克可以从 (x,y) 移动到 (x',y')

将斜对角的差向量拆分出来的好处是,只要知道 (x,y) 和 (x',y') 的差向量 (v_x,v_y),就可以通过 $(x+v_x,y)$ 和 $(x,y+v_y)$ 计算坦克和目标之间的两个方格的坐标,从而在无须知道 (x',y') 具体方向的前提下判断是否存在阻挡移动的障碍物,如图 6-24 所示。

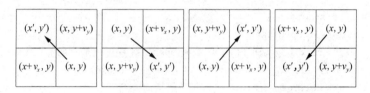

图 6-24 通过 $(x+v_x,y)$ 和 $(x,y+v_y)$ 判断是否存在阻挡移动的障碍物

根据上述思路编写用于寻找下一批待探索节点的方法。将代码 6-3 添加到 tank_way.py 中。

代码 6-3 寻找下一批待探索节点

```
01  class TankWay:
02      ......
03      def get_Q(self, P):
04          ''' 找到 P 周围可以探索的节点 '''
05          Q = {} # 待探索节点, key: 节点坐标, value: 节点
06          # 将水平或垂直方向的相应节点加入 Q 中
07          for dir in self.v_hv:
08              x, y = P.x + dir[0], P.y + dir[1] # 目标节点坐标
09              if self.is_in_map(x, y) \
10                      and self.map2d[x][y] != OBSTRUCTION \
11                      and not self.in_closelist(x, y):
12                  Q[(x, y)] = Node(x, y, P)
13          # 将斜对角的相应节点加入 Q 中
```

```
14              for dir in self.v_diagonal:
15                  x, y = P.x + dir[0], P.y + dir[1]  # 目标节点坐标
16                  if self.is_in_map(x, y) \
17                      and self.map2d[x][y] != OBSTRUCTION \
18                      and self.map2d[x][P.y] != OBSTRUCTION \
19                      and self.map2d[P.x][y] != OBSTRUCTION \
20                      and not self.in_closelist(x, y):
21                      Q[(x, y)] = Node(x, y, P)
22          return Q
```

6.2.4   实现 $A*$ 搜索

在准备工作完成以后,可以按照 6.1.3 小节介绍的 $A*$ 搜索的步骤编写主体代码。将代码 6-4 添加到 tank_way.py 中。

代码 6-4 $A*$ 搜索的主体代码

```
01  class TankWay:
02      ……
03      def a_search(self):
04          while self.openlist:
05              P = self.pop_min_F()  # 找到 openlist 中 F 值最小的节点作为探索节点
06              self.add_in_closelist(P)  # 将 P 加入 closelist
07              Q = self.get_Q(P)  # P 周围待探索的节点
08              # Q 中没有任何节点,表示该路径一定不是最短路径,重新从 openlist 中选择
09              if not Q:
10                  continue
11              # 找到了终点,退出循环
12              if Q.get(END) is not None:
13                  self.answer = Node(END[0], END[1], P)
14                  break
15              # Q 中的节点与 openlist 中的比较
16              for item in Q.items():
17                  (x, y), node_Q = item[0], item[1]
18                  node_openlist = self.openlist.get((x, y))
19                  # 如果 node_Q 不在 openlist 中,则直接将其加入 openlist 中
20                  if node_openlist is None:
21                      self.add_in_openlist(node_Q)
22                  # 如果 node_Q 的 F 值比 node_openlist 更小,则用 node_Q 替换 node_openlist
23                  elif node_Q.F() < node_openlist.F():
24                      self.upd_openlist(node_Q)
25      def start(self):
```

```
26          node_start = Node(START[0], START[1], None)
27          self.add_in_openlist(node_start)
28          self.a_search()
29      def show(self):
30          ''' 显示寻径结果 '''
31          node = self.answer
32          while node is not None:
33              print((node.x, node.y), 'G={0}, H={1}, F={2}'.format(node.g, node.h, node.F()))
34              node = node.parent
35          print('END.')
36  if __name__ == '__main__':
37      map2d = [[0] * 8 for i in range(8)]
38      map2d[5][4] = 1
39      map2d[5][5] = 1
40      map2d[4][5] = 1
41      map2d[3][5] = 1
42      map2d[2][5] = 1
43      START, END = (3, 2), (5, 7) # 起点和终点的位置
44      a_way = TankWay(map2d)
45      a_way.start()
46      a_way.show()
```

代码 6-4 的运行结果如图 6-25 所示。

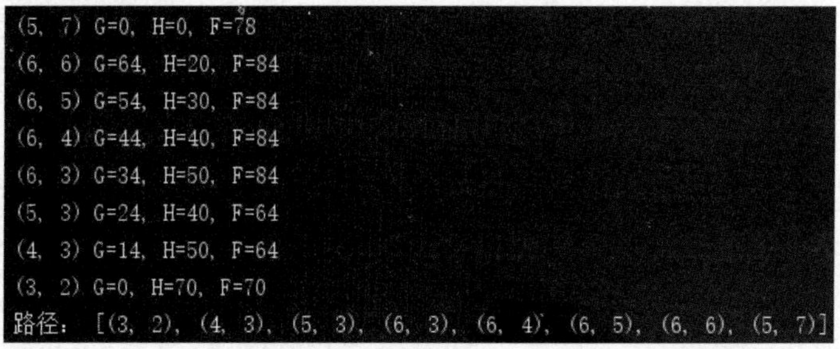

```
(5, 7) G=0,  H=0,  F=78
(6, 6) G=64, H=20, F=84
(6, 5) G=54, H=30, F=84
(6, 4) G=44, H=40, F=84
(6, 3) G=34, H=50, F=84
(5, 3) G=24, H=40, F=64
(4, 3) G=14, H=50, F=64
(3, 2) G=0,  H=70, F=70
路径：[(3, 2), (4, 3), (5, 3), (6, 3), (6, 4), (6, 5), (6, 6), (5, 7)]
```

图 6-25　坦克的寻径结果

6.2.5　A＊搜索的改进版

在 tank_way.py 中，A＊搜索的每一步都是选择评估值最小的节点，步步为营，从而使得寻径的结果逐步向最优解靠近。在这个过程中，查找最小评估值的 pop_min_F() 方法的算法复杂度是 $O(n)$，这对于小地图来说均可接受，但是对于大地图来说，openlist 保存的节点信息将大大增加，如果每次主循环仍然需要经历一次 $O(n)$ 复杂度的算法，那么将成为一个非常严重的问题，这将使游戏变得缓慢。

代码 6-5 使用优先队列针对这一点进行改进，在常数时间内查找到具有最小评估值的节点。Python的 heapq 模块已经实现了优先队列功能，它是基于堆的优先队列，每次弹出的都是值最小的节点，并且能在常数时间内完成操作。

这里用 heapq 存储 openlist 中的节点。为了让 heapq 能够返回 F 值最小的节点，需要在 Node 中添加 3 个额外的方法。将代码 6-5 添加到 tank_way.py 中。

代码 6-5　在 Node 中添加 3 个额外的方法

```
01  class Node:
02      ......
03      def __lt__(self, other):
04          ''' 用于堆比较，返回堆中 F 值最小的一个 '''
05          return self.F() < other.F()
06
07      def __eq__(self, other):
08          ''' 判断 Node 是否相等 '''
09          return self.x == other.x and self.y == other.y
10
11      def __ne__(self, other):
12          ''' 判断 Node 是否不等 '''
13          return not self.__eq__(other)
```

代码 6-6 构建了新的坦克寻径代码。

代码 6-6　新的坦克寻径 tank_way_quicker.py

```
01  import heapq
02  from tank_way import Node
03  import tank_way
04
05  class TankWayQuicker(tank_way.TankWay):
06      ''' 使用 A* 搜索找到坦克的最短移动路径 '''
07      def __init__(self, map2d):
08          super().__init__(map2d)
09          self.openlist = [] #  openlist 使用基于堆的优先队列
10
11      def add_in_openlist(self, node):
12          ''' 将 node 添加到 openlist '''
13          heapq.heappush(self.openlist, node)
14
15      def pop_min_F(self):
16          ''' 弹出 openlist 中 F 值最小的节点 '''
17          return heapq.heappop(self.openlist)
18
19      def a_search(self):
20          while self.openlist:
```

```
21          P = self.pop_min_F()  # 找到 openlist 中 F 值最小的节点作为探索节点
22          if self.in_closelist(P.x, P.y): #  如果 P 在 closelist 中，则执行下一次循环
23              continue
24          self.add_in_closelist(P)  # 将 P 加入 closelist
25          Q = self.get_Q(P)  #  P 周围待探索的节点
26          for key, node in Q.items():
27              heapq.heappush(self.openlist, node)  # 将 node 放入 openlist 中
28
29          # Q 中没有任何节点，表示该路径一定不是最短路径，重新从 openlist 中选择
30          if not Q:
31              continue
32          # 找到了终点，退出循环
33          if Q.get(tank_way.END) is not None:
34              self.answer = Node(tank_way.END[0], tank_way.END[1], P)
35              break
36
37  if __name__ == '__main__':
38      map2d = [[0] * 8 for i in range(8)]
39      map2d[5][4] = 1
40      map2d[5][5] = 1
41      map2d[4][5] = 1
42      map2d[3][5] = 1
43      map2d[2][5] = 1
44      tank_way.START, tank_way.END = (3, 2), (5, 7)
45      a_way = TankWayQuicker(map2d)
46      a_way.start()
47      a_way.show()
```

TankWayQuicker 继承了 TankWay，并复写了 add_in_openlist()、pop_min_F()和 a_search()。在 a_search()中，不再需要用 Q 中的节点与 openlist 中的节点相比较，仅仅是将 Q 中的节点添加到 openlist中。这样做虽然会使 openlist 中存在一些重复节点，但是对于有相同标记的节点，评估值小的那个总是最先弹出，一旦弹出就会被加入 closelist 中，这意味着当重复节点再次弹出时，将不会被使用。也就是说，如果同一个节点被计算了多次评估值，那么总是能够确保使用评估值最小的那个，并丢弃其他的。代码 6-6 的运行结果与图 6-25 所示一致。

6.2.6 代价因子

坦克寻径的故事并没有结束，下面再分析游戏中的两种典型的情况。

一种是我们之前定义的"无法贴着障碍物移动到斜对角的方格"并不十分准确，如果障碍物只是占据了方格的一部分位置，那么坦克也有可能挤过去，如图 6-26 所示。

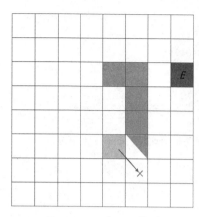

图 6-26　坦克可以挤到
"×"所在的方格

另一种情况在游戏中更为常见,坦克是可以穿过沼泽的,只不过在沼泽中行进的速度远远慢于在大路上行进。这类似于电视中的桥段:大路远但好走,小路近却难行。为了应对这种情况,可以为每个方格添加一个代价因子,代价因子越高,移动到该方格的代价越大。例如,某一节点 (x, y) 的 G 值是 $G(x, y) = 100$,向垂直和水平方向的相邻节点移动一步的代价是 10;左侧方格 (x_1, y_1) 是沼泽,代价因子是 2;右侧方格 (x_2, y_2) 是平地,代价因子是 1,此时:

$$G(x_1, y_1) = G(x, y) + 10 \times 2 = 120$$
$$G(x_2, y_2) = G(x, y) + 10 \times 1 = 110$$

上式的结论是,如果身边同时出现平地和沼泽,那么平地总是比沼泽好走,至于最后选择哪条路则另当别论。这里如何选择代价因子,以及如何处理代价因子与代价值的关系,全看你自己的定义。

6.3　再战觊天宝匣

在 5.6.2 小节中,基于盲目搜索策略的广度优先搜索无法快速复原 4 阶以上的拼图,在理解了 $A*$ 搜索后,可以用这种启发式策略再次挑战觊天宝匣的拼图。

6.3.1　创建拼图

依然使用二维列表创建一个拼图。

代码 6-7　拼图的节点 **jigsaw_puzzle_A.py**

```
01  import random
02  import copy
03  import heapq
04
05  EYE_VAL = ' ' #  图眼的值
06
07  def create_img_end(n):
08      ''' 创建一个 n 阶拼图,将右下角的碎片图指定为图眼 '''
09      img = []
10      for i in range(n):
```

```
11          img.append(list(range(n * i, n * i + n)))
12      img[n - 1][n - 1] = EYE_VAL
13      return img
14
15  def get_hash_value(img):
16      ''' 获取 img 的哈希值 '''
17      return hash(str(img))
18
19  class JigsawPuzzle_A:
20      ''' 用 A* 搜索复原拼图 '''
21      def __init__(self, img_end, img_start=None, level=1):
22          '''
23          :param img_end: 拼图的复原状态
24          :param img_start: 拼图的初始状态,如果 img_start=None,则根据 img_end 自动扰乱拼图
25          :param level: 拼图的难度等级（img_start=None 时有效）,level 越高,难度越大
26          '''
27          self.level, self.img_end = level, img_end
28          self.n = len(img_end)  #  拼图的维度
29          self.end_hash_value = get_hash_value(img_end) # 复原状态的哈希值
30          self.v_move = [(0, 1), (-1, 0), (0, -1), (1, 0)] # “图眼”移动方向的差向量
31          #  拼图的初始状态
32          self.img_start = img_start if img_start is not None else self.confuse()
33          self.eye_x, self.eye_y = self.search_eye(self.img_start) #  图眼位置
34          self.openlist = []
35          self.closelist = set()
36          self.answer = None #  拼图复原步骤
37
38      def confuse(self):
39          '''
40          打乱一个拼图
41          :return: 被打乱的拼图
42          '''
43          img = copy.deepcopy(self.img_end)
44          from_x, from_y = self.n - 1, self.n - 1 # 图眼的初始位置
45          for i in range(self.n * self.n * self.level):  # 将图眼随机移动 n * n * level 次
46              v_x, v_y = random.choice(self.v_move)  # 选择一个随机方向
47              to_x, to_y = from_x + v_x, from_y + v_y
48              if self.enable(to_x, to_y):
49                  self.move(img, from_x, from_y, to_x, to_y) # 向选择的方向移动图眼
50                  from_x, from_y = to_x, to_y
51          return img
52
53      def search_eye(self, img):
54          ''' 找到 img 中图眼的位置 '''
```

```
55          for x in range(self.n):
56              for y in range(self.n):
57                  if EYE_VAL == img[x][y]:
58                      return x, y
59
60  if __name__ == '__main__':
61      n = 3
62      img_end = create_img_end(n)
63      img_start = [[3, 0, 2], [1, 7, EYE_VAL], [6, 5, 4]]
```

create_img_end()将创建一个 n 阶拼图,并把右下角的碎片作为图眼。JigsawPuzzle_A 还额外设置了难度系数,level 值越大,拼图越乱序,复原起来越困难。代码 6-7 设置了一个三三拼图,它的初始状态和复原状态如图 6-27 所示。

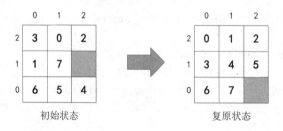

图 6-27　三三拼图的初始状态和复原状态

6.3.2　设计评估函数

如果将拼图的每一次移动看作"一步",只要能定义出距离评估函数和代价函数,就可以像坦克寻径一样使用 $A*$ 搜索寻找拼图的复原步骤。

这里将 $G(n)$ 定义为从拼图初始状态(最开始的乱序状态)移动到当前状态的步数。$H(n)$ 是当前状态到复原状态的距离估值,用所有碎片的曼哈顿距离之和表示。以图 6-27 为例,在初始状态中,3 号碎片的位置是 $(2,0)$,它在复原状态的位置是 $(1,0)$,3 号碎片的曼哈顿距离是 $D_3 = |\,2-1\,|+|\,0-0\,|=1$。同理,5 号碎片的曼哈顿距离是 $D_5 = |\,0-1\,|+|\,1-2\,|=2$。初始状态距复原状态的距离估值是所有碎片的曼哈顿距离之和:

$$H(n) = D_0 + D_1 + \cdots + D_7$$

代码 6-8 是根据这种思路编写的拼图节点代码。将代码 6-8 添加到 jigsaw_puzzle_A.py 中。

代码 6-8　拼图的 Node 节点

```
01  DIST = {} #  拼图到复原状态的距离缓存, key: 拼图状态的哈希值,value: 到复原状态的距离
02
03  class Node:
04      def __init__(self, img, x=0, y=0, parent=None):
```

```
05              '''
06              :param img: 当前拼图
07              :param x: 图眼的行号
08              :param y: 图眼的列号
09              :param parent: 父节点
10              '''
11              self.img = img
12              self.x, self.y, self.parent = x, y, parent
13              self.h, self.g, self.f = 0, 0, 0   # 距离值、代价值、评估值
14              self.hash_value = get_hash_value(img)   # Node 的哈希值
15
16          def G(self):
17              ''' 代价评估函数 '''
18              if self.g != 0:
19                  return self.g
20              elif self.parent is None:
21                  self.g = 0
22              else:
23                  self.g = self.parent.G() + 1
24              return self.g
25
26          def H(self):
27              ''' 距离评估函数 '''
28              if self.h == 0:
29                  self.h = self.manhattan()
30              return self.h
31
32          def F(self):
33              ''' 评估函数，F = G + H '''
34              if self.f ==0:
35                  self.f = self.G() + self.H()
36              return self.f
37
38      def manhattan(self):
39          ''' 当前拼图到复原状态的距离 '''
40          d = DIST.get(self.hash_value)
41          if d is not None: #  当前拼图到复原状态的距离曾经计算过
42              return d
43          dist = 0 #  当前拼图到复原状态的距离
44          n = len(self.img) #  拼图的维度
45          for x, row in enumerate(self.img):
46              for y, piece in enumerate(row): #  计算 piece 碎片在复原后的拼图中的位置
47                  if piece == EYE_VAL: #  如果 piece 是图眼,则 piece 的复原位置在拼图的右下角
48                      dist += abs(x - (n - 1)) + abs(y - (n - 1))
```

```
49                        #  否则 piece 是一个数字,通过该数字可求得 piece 的复原位置
50                    else:
51                        row_num = piece // n #  piece 在复原位置中的行号
52                        col_num = piece - n * row_num #  piece 在复原位置中的列号
53                        dist += abs(x - row_num) + abs(y - col_num)
54          DIST[self.hash_value] = dist
55          return dist
56
57      def __lt__(self, other):
58          ''' 用于堆比较,返回堆中 F 值最小的一个 '''
59          return self.F() < other.F()
60
61      def __eq__(self, other):
62          ''' 判断 Node 是否相等 '''
63          return self.img.hash_value == other.img.hash_value
64
65      def __ne__(self, other):
66          ''' 判断 Node 是否不等 '''
67          return not self.__eq__(other)
68
69      def __hash__(self):
70          return self.hash_value
```

6.3.3 复原拼图

有了 $G(n)$ 和 $H(n)$ 就可以开始复原拼图,其过程与坦克寻径类似,如图 6-28 所示。

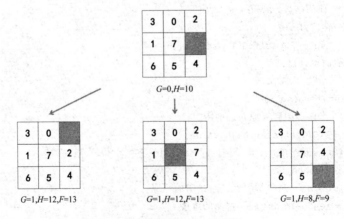

图 6-28 第一步移动可以产生 3 种状态

在图 6-28 中,从拼图的第一步可以向 3 个方向探测,从而产生 3 种状态,此后每一步都选择最小的评估值继续探索,如果评估值相同,则选择最后加入 openlist 中的一个,探索的过程如图 6-29 所示。

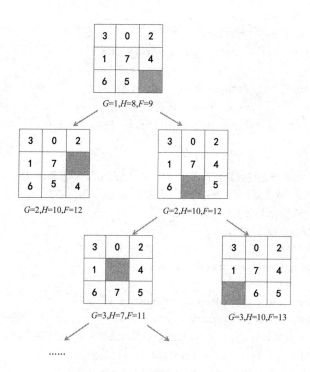

图 6-29　探索的过程

探索和复原拼图的代码也与坦克寻径类似。将代码 6-9 添加到 jigsaw_puzzle_A.py 中。

代码 6-9　拼图的 A * 搜索实现

```
01  class JigsawPuzzle_A:
02      ......
03      def in_closelist(self, node):
04          ''' node 是否在 closelist 中 '''
05          return node.hash_value in self.closelist
06
07      def add_in_openlist(self, node):
08          ''' node 节点加入 openlist '''
09          heapq.heappush(self.openlist, node)
10
11      def add_in_closelist(self, node):
12          ''' node 节点加入 closelist '''
13          self.closelist.add(node.hash_value)
14
15      def pop_min_F(self):
16          ''' 找到 openlist 中 F 值最小的节点 '''
17          return heapq.heappop(self.openlist)
18
19      def enable(self, to_x, to_y):
```

```
20              ''' 图眼是否能够移动到(x, y)的位置 '''
21              return 0 <= to_x < self.n and 0 <= to_y < self.n
22
23      def move(self, img, from_x, from_y, to_x, to_y):
24              ''' 将图眼从(from_x, from_y)移动到(to_x, to_y) '''
25              img[from_x][from_y], img[to_x][to_y] = img[to_x][to_y], img[from_x][from_y]
26
27      def get_Q(self, P):
28              ''' 找到 P 周围可以探索的节点,将其加入 openlist,并返回这些节点 '''
29              Q = {} #  待探索节点, key: 节点哈希值,value: 节点
30              for v_x, v_y in self.v_move:
31                  to_x, to_y = P.x + v_x, P.y + v_y
32                  #  检验节点是否可以向(to_x, to_y)方向移动
33                  if not self.enable(to_x, to_y):
34                      continue
35                  curr_img = copy.deepcopy(P.img)
36                  self.move(curr_img, P.x, P.y, to_x, to_y)
37                  #  如果 curr_img 不在 closelist 中,则把 curr_img 添加到 Q 中
38                  if not self.in_closelist(Node(curr_img)):
39                      node = Node(curr_img, to_x, to_y, P)
40                      Q[node.hash_value] = node
41          return Q
42
43      def a_search(self):
44              ''' A* 搜索拼图的解 '''
45              while self.openlist:
46                  P = self.pop_min_F()   #  找到 openlist 中 F 值最小的节点作为探索节点
47                  if self.in_closelist(P): #  如果 P 在 closelist 中,则执行下一次循环
48                      continue
49                  self.add_in_closelist(P) #  P 加入 closelist
50                  Q = self.get_Q(P)   #  P 周围待探索的节点
51                  for key, node in Q.items():
52                      heapq.heappush(self.openlist, node)   #  将 node 放入 openlist 中
53                  #  Q 中没有任何节点,表示该路径一定不是最短路径,重新从 openlist 中选择
54                  if not Q:
55                      continue
56                  #  找到了终点,退出循环
57                  if Q.get(self.end_hash_value) is not None:
58                      self.answer = Node(self.img_end, parent=P)
59                      break
60
61      def start(self):
62          if self.img_start == self.img_end:
63              print('start = end')
```

```
64              return
65          node_start = Node(self.img_start, self.eye_x, self.eye_y)
66          self.add_in_openlist(node_start)
67          self.a_search()
68
69      def show(self):
70          ''' 显示复原过程 '''
71          if self.answer is None:
72              print('No answer!')
73          steps = []
74          node = self.answer
75          while node is not None:
76              steps.append(node.img)
77              node = node.parent
78          print('复原过程:')
79          for i in range(len(steps) - 1, -1, -1):
80              print(steps[i])
81
82  if __name__ == '__main__':
83      n = 3
84      img_end = create_img_end(n)  # 拼图的复原状态
85      img_start = [[3, 0, 2], [1, 7, EYE_VAL], [6, 5, 4]] #  拼图的初始状态
86      jigsaw = JigsawPuzzle_A(img_end, img_start)
87      print('初始状态:', jigsaw.img_start, ', 图眼位置:', (jigsaw.eye_y, jigsaw.eye_x))
88      jigsaw.start()
89      jigsaw.show()
```

最终的复原步骤如图 6-30 所示。

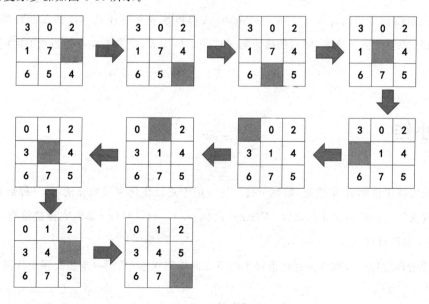

图 6-30 复原步骤

图 6-30 与基于广度优先搜索的结果(图 5-34)一致,这从某种程度上说明,对于小规模的问题,盲目搜索策略与启发式策略一样有效。

对于一个任意阶的拼图来说,level＝5 已经足以打乱顺序,如图 6-31 所示。

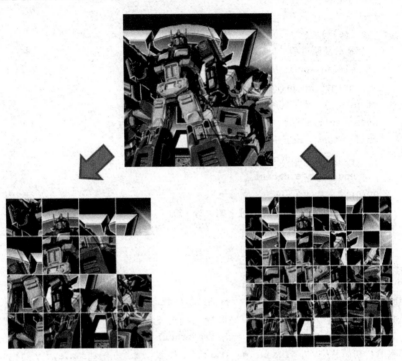

图 6-31　level＝5 的四四拼图和九九拼图

注:图片切割的代码可参考附录 B。

复原九九拼图已经非人力所及。JigsawPuzzle_A 可以快速复原任意难度的四四拼图,对于更高阶的拼图来说,即使是 A * 搜索,面对的搜索数量依然十分庞大,也需要耗费相当长的时间。

 **小结**

1.A * 搜索算法俗称 A 星搜索,是一个被广泛应用于路径优化领域的算法,是一种启发式搜索。

2.A * 搜索算法的核心是评估函数:$F(n) = H(n) + G(n)$,$H(n)$ 是距离评估函数,$G(n)$ 是从起点移动到 n 的代价函数。

3.A * 搜索算法每一步都选择评估值最小的节点向周围探索,从而一步步找到最优路径。

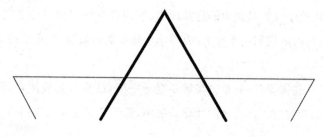

第 7 章
退而求其次（遗传算法）

　　遗传算法（Genetic Algorithms，GA）是受达尔文进化论启发的一种优化算法。达尔文（Darwin）在 1859 年出版的《物种起源》中系统地阐述了进化论，他认为生物是可变的、不断进化的，物竞天择，适者生存。本章介绍了如何通过遗传算法寻找问题的较好解。

生活不如意,十有八九。小区的停车位太少,无论怎么规划,都有人没地方停车,物业和业主为此头痛不已;公司需要制定一些规章制度,在民主集中制的大讨论中,迟迟不能达成一致意见;团队组织旅行,有人喜欢人文景观,有人喜欢自然风光,有人喜欢起早,有人喜欢贪黑,这让带队者无所适从……

我们在生活中经常遇到上述情况,它们有一个共同的特点——无论怎样制定决策,都会有人欢喜有人愁。

或许我们会想到求助于计算机强大的运算能力,利用穷举法找到最佳方案。然而在真正编写代码时就会发现,这些问题的解空间过于庞大,穷举法总是不能有效运行,更糟的是,问题本身可能根本不存在最优解!

生活还要继续,算法仍需设计,只是方案需要变通一下,放弃寻找最优解,退而求其次,利用优化的策略寻找可以接受的较好解。在众多的优化算法中,遗传算法是较为常用的一种。

7.1 小偷又来了

在 5.4 节中,小偷撬开了一个保险箱,利用贪心法偷走了里面的物品并卖了个好价钱。现在小偷又来了,他光顾了同一个保险箱。保险箱中的物品还和之前一样,有 5 种物品 A、B、C、D、E,它们的体积分别是 3、4、7、8、9,价值分别是 4、5、10、11、13,只不过每种物品仅有一个。这次小偷带了一个容量是 20 的背包,他又升级了一下自己的技术,打算用遗传算法来指导盗窃思路。

7.2 遗传算法

遗传算法是受达尔文进化论启发的一种优化算法。达尔文在 1859 年出版的《物种起源》中系统地阐述了进化论,他认为生物是可变的、不断进化的,物竞天择,适者生存。因此,进化论很快取代了神创论,成为生物学研究的基石。20 世纪 60 年代初,密歇根大学教授霍兰德(Holland)开始研究自然和人工系统的自适应行为,通过模拟生物进化过程设计了最初的遗传算法,也称为经典遗传算法。

7.2.1 原理和步骤

遗传算法与生物进化过程极为相似。遗传算法首先从问题的解空间中随机选择一部分解作为初始种群，将种群中的每一个解视为一个生物个体；然后让种群中的全部个体朝既定的目标（最优解）前进，在前进过程中各生物个体之间展开生存竞争，此时自然法则将产生作用，在竞争中胜出者会被保留下来，失败者则被淘汰，为胜出者的繁衍腾出空间；之后胜出者会通过交叉和变异的方式产生出许多新的个体代替失败者，以保持种群总量不变；最后新种群构成了"下一代"，下一代们将继续朝目标前进，并再次展开竞争……不断重复下去。因为每一代都是胜出者的子孙，所以我们有理由相信，新一代在整体上强于上一代，整个种群将朝着更高级的进化形态逐步演进。遗传算法的步骤如图 7-1 所示。

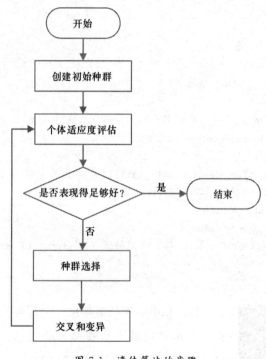

图 7-1　遗传算法的步骤

7.2.2　基因编码

生物遗传靠的是基因，解读基因编码对于绝大多数人来说是个神秘的工作。受生物学启发的遗传算法中也有基因编码的概念，它也是遗传算法的首要问题，如果没有基因编码，就谈不上遗传。

基因、染色体、嘧啶、嘌呤……这些概念看上去难以理解，但实际上遗传算法中的基因编码远没有生物科学中的那样神秘，可以将它简单地理解成：以计算机存储数据的形式来表达问题的解。

一种常用且自然的编码方式是二进制编码。对于保险柜中的每种物品来说只存在两种可能，要么被拿走，用 1 表示；要么不被拿，用 0 表示，因此可以用一个 5 位的二进制数来表示一种盗窃方案，如图 7-2 所示。

A	B	C	D	E
1	0	1	0	1

图 7-2　用 5 位二进制编码表示一种盗窃方案

字符串"10101"表示小偷偷走了 A、C、E。代码 7-1 是二进制编码的解码过程。

代码 7-1　基因解码 bag_ga.py

```
01  GOODS_LIST = [('A', 3, 4), ('B', 4, 5), ('C', 7, 10), ('D', 8, 11), ('E', 9, 13)] #  物品清单
02
03  def decode(code):
04      '''
05      解码
06      :param code: 二进制基因编码
07      '''
08      size_sum, value_sum, = 0, 0 #  背包内的物品总体积、总价值
09      for i, x in enumerate(code):
10          if x == '1':
11              gtype, size, value = GOODS_LIST[i] #  物品的类型、体积、价值
12              print('\t{0}\t 体积:{1},\t 价值:{2}'.format(gtype, size, value))
13              size_sum += size
14              value_sum += value
15      print('\t 背包内物品的总体积:{0},\t 总价值:{1}'.format(size_sum, value_sum))
16
17  decode('10101')
```

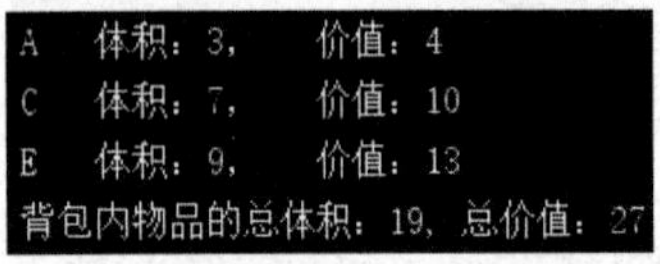

```
A   体积: 3,    价值: 4
C   体积: 7,    价值: 10
E   体积: 9,    价值: 13
背包内物品的总体积: 19, 总价值: 27
```

图 7-3　对"10101"解码的结果

保险柜中的物品清单用一个简单的三元组列表表示,元组中的 3 个元素分别表示物品的类型、体积、价值。代码 7-1 将对"10101"解码,运行结果如图 7-3 所示。

编码方式还有很多,例如,浮点数编码、整数编码、顺序编码、格雷编码、字符编码、矩阵编码等,不同的编码方式可能会对配对和变异的设计产生影响,但是无论使用哪种编码,都需要保证编码方案能够表示解空间中的所有解,并且编码能够和解一一对应。7.4.6 小节将介绍不同于二进制编码的其他编码方式。

7.2.3　种群和个体

生物进化是以群体的方式进行的,这个群体被称为种群。种群中的每个生物都是一个个体,有着自己独特的基因编码。

盗窃方案的基因编码共有 $2^5 = 32$ 种,每一种编码代表一个个体,种群的大小应当远远小于解空间中候选解的数量,否则就成了穷举法。一般来说,种群的大小一旦确定就无须改变。代码 7-2 令种

群的大小是 5，并使用随机挑选的方式产生初始种群。将代码 7-2 添加到 bag_ga.py 中。

代码 7-2　构造背包问题的初始种群

```
01  POPULATION_SIZE = 5 #  种群数量
02
03  def init_population():
04      '''
05      构造初始种群
06      :return: 初始种群
07      '''
08      population = []   #  种群
09      code_len = len(GOODS_LIST) #  编码长度
10      for i in range(POPULATION_SIZE):
11          population.append(random.choices(['0', '1'], k=code_len)) #  随机挑选个体加入种群
12      return population
```

对小偷来说，并不是所有的编码方式都是有效的解。例如，编码 11101，解码的结果是小偷偷走了 A、B、C、E，体积总量是 23，超过了背包的容量。一种应对策略是在初始化种群时加入判断，排除无效的解，在后续的配对和变异时也需要类似的判断；另一种简单的方法是让无效编码永远不会被选中，这需要考虑适应度的取值。

7.2.4　适应度评估

种群中的每个个体都可以通过适应度评估函数计算出适应度的值。适应度高的，将会有较大的概率生存下来，并将基因遗传给下一代；适应度低的，则有较大的概率被淘汰。适应度函数的另一个名称是成本函数，至于应该淘汰成本低的还是成本高的，完全取决于你自己。

偷窃方案的适应度评估很容易设计，只要计算背包中物品的总价值就可以了，如果物品撑爆了背包，则让总价值返回 0，表示这种方案不是一种合法的方案。代码 7-3 是适应度评估函数的实现。将代码 7-3 添加到 bag_ga.py 中。

代码 7-3　背包问题的适应度评估函数

```
01  V_BAG = 20 #  背包的容量
02
03  def fitness_fun(code):
04      '''
05      code 方案的适应度评估
06      :param code: 二进制基因编码
07      :return: 适应度评估值
08      '''
09      sum_size, sum_value = 0, 0 #  code 方案中物品总体积、总价值
10      for i, x in enumerate(code):
```

```
11              if x == '1':
12                  _, size, value = GOODS_LIST[i] #  x 编码对应的物品体积、价值
13                  sum_size += size
14                  sum_value += value
15          if sum_size > V_BAG: #  背包是否被撑爆
16              sum_value = 0 #  背包被撑爆时，适应度为 0
17              break
18      return sum_value
```

可以通过 print(fitness_fun('10101')) 来观察编码 11101 的适应度，其运行结果是 27，表示采用这种方案时背包中物品的总价值。

7.2.5 种群选择

有了适应度评估函数，就可以开始残酷的生存竞争。从种群中选择某些个体形成下一代的父群体，以便将较为优秀的基因遗传到下一代。选择策略有很多，常用的有轮盘赌法、精英保留法、锦标赛法等，不同的策略对遗传算法的交叉设计、变异设计和整体性能都将产生影响。

1.轮盘赌法

图 7-4 轮盘赌

轮盘赌是一种依靠运气的赌博方式。在赌博时，轮盘逆时针转动，掌盘人把一个小球在微凸的轮盘上按顺时针方向滚动。小球的速度逐渐下降，最后落入某个对应着号码和颜色的金属格中，如图 7-4 所示。

轮盘赌算法与赌场中的轮盘赌类似，基本思想是把每个个体的适应度按比例转换为被选中的概率。假设种群中有 n 个个体，即 $x_1, x_2, x_3, \cdots, x_n$，第 i 个个体的适应度是 $f(x_i)$，群体的总适应度是所有个体适应度之和，用 S 表示。一个显而易见的策略是用 $P(x_i) = \dfrac{f(x_i)}{S}$ 表示第 i 个个体被选中的概率。如果盗窃方案的初始种群是 ['10010', '00010', '10100', '01100', '11010']，那么每个个体被选中的概率如表 7-1 所示。

表 7-1 种群中每个个体被选中的概率

序号	个体	适应度	被选中的概率
1	10010	15	$15/75 = 0.2$
2	00010	11	$11/75 \approx 0.15$
3	10100	14	$14/75 \approx 0.19$
4	01100	15	$15/75 = 0.2$
5	11010	20	$20/75 \approx 0.27$

根据表 7-1 制作一个轮盘,每个概率都相当于轮盘中的一个扇区,概率值越大,扇区也越大,如图 7-5 所示。

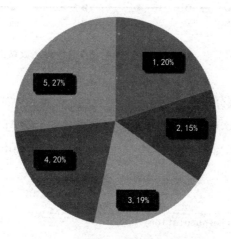

图 7-5　根据表 7-1 制作的概率轮盘

种群中适应度较高的个体是精英,精英们会获得较大的选中概率。轮盘赌策略可以让所有个体均有概率被选中,即在重视精英的同时,也给非精英们留下了生存的机会。

现在的问题是,如何在计算机上实现轮盘赌选择?

首先按照个体的序号顺序地计算每个个体的概率分布,用 q_i 表示:

$$q_i = \sum_{j=1}^{i} P(x_j) = \frac{f(x_1)}{S} + \frac{f(x_2)}{S} + \cdots + \frac{f(x_i)}{S} = \frac{\sum_{j=1}^{i} f(x_j)}{S}$$

这就进一步得到了表 7-2。

表 7-2　种群中每个个体被选中的概率和概率分布

序号	个体	适应度	被选中的概率	概率分布
1	10010	15	$15/75=0.2$	$q_1 = 0.2$
2	00010	11	$11/75 \approx 0.15$	$q_2 = 0.35$
3	10100	14	$14/75 \approx 0.19$	$q_3 = 0.54$
4	01100	15	$15/75=0.2$	$q_4 = 0.74$
5	11010	20	$20/75 \approx 0.27$	$q_5 = 1.01$

注:由于概率值采用了四舍五入,因此最后一个个体的概率分布值稍大于 1。

然后将所有 q_i 映射到一个数轴上,每一段都表示一个个体被选中的概率,如图 7-6 所示。

最后让小球在轮盘上转动,用一个在 $[0,1]$ 区间的随机数 r 模拟这个小球,r 将落在数轴的某一点上。如果 $r \leqslant q_1$,则第 1 个个体被选中;如果 $q_{k-1} < r \leqslant q_k (2 \leqslant k \leqslant n)$,则第 k 个个体被选中。很

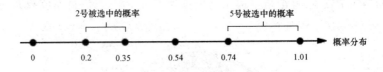

图 7-6　将所有个体的概率分布值映射到数轴上

明显，在两个相邻个体间，概率分布值相差越悬殊，后面的个体被选中的概率越大。在图 7-6 中，r 落在 0.74 和 1.01 之间的概率最大，因此 5 号个体最容易被选中；反之，2 号个体最容易落选。反复迭代 n 次后，便得到了下一代种群的父群体，其规模与上一代种群一致，它们中可能会存在某些重复的个体。

代码 7-4 是轮盘赌法的实现。将代码 7-4 添加到 bag_ga.py 中。

代码 7-4　轮盘赌法

```
01  def selection_roulette(population):
02      '''
03      轮盘赌法
04      :param population: 种群
05      :return: 下一代种群的父群体
06      '''
07      f_list = [fitness_fun(code) for code in population]  # 每个个体的适应度
08      f_sum = []  # 第 i 个元素表示前 i 个个体的适应度之和
09      for i in range(POPULATION_SIZE):
10          if i == 0:
11              f_sum.append(f_list[i])
12          else:
13              f_sum.append(f_sum[i - 1] + f_list[i])
14      S = sum(f_list)  # 种群的总适应度
15      q = [f / S for f in f_sum]  # 每个个体的概率分布
16      pop_parents = []  # 下一代种群的父群体
17      for i in range(POPULATION_SIZE):  # 选择下一代种群
18          r = random.random()  # 在[0, 1]区间内产生一个均匀分布的随机数 r
19          if r <= q[0]:  # 如果 r <= q[0]，则第 1 个个体被选中
20              pop_parents.append(population[0])
21          for k in range(1, POPULATION_SIZE):
22              if q[k - 1] < r <= q[k]:  # 如果 q[k - 1] < r <= q[k]，则第 k 个个体被选中
23                  pop_parents.append(population[k])
24                  break
25      return pop_parents
```

一种可能的新种群是['11010', '01100', '11010', '00010', '10010']，在该种群中，5 号被选中 2 次，1 号、2 号、4 号各被选中 1 次，3 号在生存竞争中惨遭淘汰。

2.精英保留法

轮盘赌法易于理解，但仍有一定概率漏掉精英，这就可能在后续的交叉配对中把较好的基因编码

破坏掉，从而无法达到累积优良基因的目的，增加了算法的迭代次数，延长了算法的收敛时间。精英保留法则避免了这个缺点，它会把种群在进化过程中出现的精英个体直接复制到下一代作为父群体，再通过交叉和变异保证下一代种群的规模，从而保证了优良的基因编码不会被破坏，如图 7-7 所示。

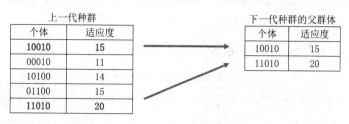

图 7-7　精英保留法

精英保留法的实现较为简单，代码 7-5 是精英保留法的实现。将代码 7-5 添加到 bag_ga.py 中。

代码 7-5　精英保留法

```
01    def selection_elitism(population):
02        '''
03        精英保留法
04        :param population: 种群
05        :return: 下一代种群的父群体
06        '''
07        # 按适应度从大到小排序
08        pop = sorted(population, key=lambda x: fitness_fun(x), reverse=True)
09        # 选择种群中适应度最高的 40% 作为下一代父群体
10        pop_parents = pop[0: int(POPULATION_SIZE * 0.4) ]
11        return pop_parents
```

精英保留法不给平庸的个体留一点机会，在极端情况下，某些精英会从初代一直存活到算法结束。由于精英群体未必在全局最优解附近，因此精英保留法更容易使算法陷入局部最优解，如图 7-8 所示。

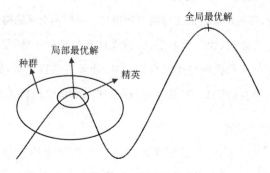

图 7-8　精英保留法容易使算法陷入局部最优解

3.锦标赛法

锦标赛法是指从种群中抽取一定数量的个体,让它们在锦标赛中进行竞争,其中胜出的个体将进入下一代种群。重复该操作,直到新的种群规模达到原来的种群规模。每次参加锦标赛的个体数量称为锦标赛的"元",通常使用二元锦标赛法。

代码 7-6 是二元锦标赛法的实现。将代码 7-6 添加到 bag_ga.py 中。

代码 7-6　二元锦标赛法

```
01   def selection_tournament(population):
02       '''
03       二元锦标赛法
04       :param population: 种群
05       :return: 下一代种群的父群体
06       '''
07       pop_ parents = []   #  下一代种群的父群体
08       for i in range(POPULATION_SIZE):
09           tour_list = random.choices(population, k=2) # 在种群中随机选择两个个体
10           winner = max(tour_list, key=lambda x: fitness_fun(x))   # 锦标赛的胜出者
11           pop_ parents.append(winner)
12       return pop_parents
```

在锦标赛法中,每个个体都有与自己实力相当的其他个体竞争的机会,即使最差的个体,也可能匹配到自己作为竞争对手(自己与自己竞争),因此锦标赛法保留了轮盘赌法的优点,不易陷入局部最优解。同时,由于锦标赛法还具有较低的复杂度、易并行化处理、不需要对所有的适应度值进行排序等优点,因此成为遗传算法中最流行的种群选择策略。

7.2.6　交叉

交叉又称为配对或重组,是指把两个父代个体的部分基因编码加以交换、重组而生成新个体的操作,其目的是确保种群的稳定性,使种群朝着最优解的方向进化。常用的交叉策略有单点交叉和两点交叉。

在遗传算法中,交叉是必需的,如果没有交叉,就无法产生新的个体,更谈不上进化。以锦标赛法为例,第二代种群的父群体是从初代种群中随机选取的,如果不进行交叉,那么第三代、第四代……直至最终一代,都将是第二代种群的子集,与其这样,还不如用简单的随机法来得容易。

1.单点交叉

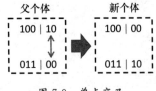

图 7-9　单点交叉

单点交叉又称为一点交叉,它在个体基因序列中随机设置一个交叉点,然后随机选择两个个体作为父代个体,相互交换它们交叉点后面的那部分基因块,从而产生两个新的个体,如图 7-9 所示。

代码 7-7 是单点交叉的实现。将代码 7-7 添加到 bag_ga.py 中。

代码 7-7   单点交叉

```
01  def crossover_onepoint(population):
02      '''
03      单点交叉
04      :param population: 种群
05      :return: 新种群
06      '''
07      pop_new = []   # 新种群
08      code_len = len(population[0])   # 基因编码的长度
09      for i in range(POPULATION_SIZE):
10          p = random.randint(1, code_len - 1)   # 随机选择一个交叉点
11          r_list = random.choices(population, k=2)   # 选择两个随机的个体
12          pop_new.append(r_list[0][0:p] + r_list[1][p:]) # 交换基因块
13      return pop_new
```

注：为了使整体上看起来更加简洁，代码 7-7 省略了关于种群数量的奇偶判断，在每次交换基因块后仅产生一个新个体。本章中的所有交叉代码都采用这种形式，不再赘述。

2.两点交叉

两点交叉又称为局部交叉，它在个体基因序列中随机设置两个交叉点，然后随机选择两个个体作为父代个体，相互交换它们交叉点之间的那部分基因块，从而产生两个新的个体，如图 7-10 所示。

代码 7-8 是两点交叉的实现。将代码 7-8 添加到 bag_ga.py 中。

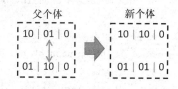

图 7-10   两点交叉

代码 7-8   两点交叉

```
01  def crossover_twopoint(population):
02      '''
03      两点交叉
04      :param population: 种群
05      :return: 新种群
06      '''
07      pop_new = []   # 新种群
08      code_len = len(population[0])   # 基因编码的长度
09      for i in range(POPULATION_SIZE):
10          # 选择两个随机的交叉点
11          p1, p2 = random.randint(0, code_len - 1), random.randint(0, code_len - 1)
12          if p1 > p2:
13              p1, p2 = p2, p1
14          r_list = random.choices(population, k=2)   # 选择两个随机的个体
15          pop_new.append(r_list[0][0:p1] + r_list[1][p1:p2] + r_list[0][p2:]) # 交换基因块
16      return pop_new
```

交叉算法需要与基因编码配合，7.4.8 小节将介绍一些配合方案及其他的交叉策略。

7.2.7　变异

变异在遗传算法中只是用来产生新个体的辅助手段,它会改变个体的某一部分基因编码。与生物中的基因突变一样,变异率应该控制在较低的频率。作为交叉运算的补充算法,变异对新种群的影响应该远小于交叉,有些实现中甚至直接省略了变异。常用的变异算法有单点变异和均匀变异。

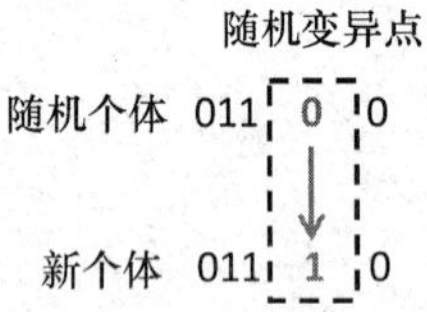

随机变异点

随机个体　011 0 0

新个体　011 1 0

图 7-11　单点变异

1.单点变异

单点变异较为简单,它在随机个体的基因编码中随机选取一个进行改变,如图 7-11 所示。

代码 7-9 是单点变异的实现。将代码 7-9 添加到 bag_ga.py 中。

代码 7-9　单点变异

```
01  def mutation_onepoint(population):
02      '''
03      单点变异
04      :param population: 种群
05      '''
06      code_len = len(population[0])  # 基因编码的长度
07      mp = 0.2 # 变异率
08      for i, r in enumerate(population):
09          if random.random() < mp: # 选取随机个体
10              p = random.randint(0, code_len - 1) # 随机变异点
11              r[p] = '1' if r[p] == '0' else '1' # 改变变异点的基因编码
12              population[i] = r # 改变个体
```

变异操作是通过修改的方式产生新个体,而不是像交叉那样新增一个个体。

2.均匀变异

均匀变异又称为一致性变异,它与单点变异类似,不同之处在于,均匀变异中随机个体的每一位基因编码都有机会随机发生变异。

代码 7-10 是均匀变异的实现。将代码 7-10 添加到 bag_ga.py 中。

代码 7-10　均匀变异

```
01  def mutation_uniform(population):
02      '''
03      均匀变异
04      :param population: 种群
05      '''
06      code_len = len(population[0])  # 基因编码的长度
```

```
07        mp = 0.2   # 变异率
08        for i, r in enumerate(population):
09            if random.random() < mp: # 选取随机个体
10                for p in range(code_len): # 遍历个体的每一位基因编码
11                    if random.random() < mp: # 选取随机基因编码
12                        r[p] = '1' if r[p] == '0' else '1'   # 改变变异点的基因编码
13                    population[i] = r # 改变个体
```

7.2.8　这就是遗传算法

现在已经完成了所有铺垫，可以编写遗传算法的主体代码。将代码 7-11 添加到 bag_ga.py 中。

代码 7-11　异常算法的主体代码

```
01  def max_fitness(population):
02      ''' 种群中的最优个体的适应度 '''
03      return max([fitness_fun(code) for code in population])
04
05  def ga(selection=selection_tournament, crossover=crossover_onepoint,
06         mutation=mutation_onepoint):
07      ''' 遗传算法
08      :param selection: 种群选择策略，默认锦标赛策略
09      :param crossover: 交叉策略，默认单点交叉
10      :param mutation: 变异策略，默认单点变异
11      :return: 最优个体
12      '''
13      population = init_population() # 构建初始化种群
14      max_fit = max_fitness(population)   # 种群最优个体的适应度
15      i = 0 # 种群进化次数
16      while i < 5: # 如果连续 5 代没有进化，则结束算法
17          pop_parent = selection(population) # 选择种群
18          pop_new = crossover(pop_parent) # 交叉
19          mutation(pop_new) # 变异
20          max_fit_new = max_fitness(pop_new) # 新种群中最优个体的适应度
21          if max_fit < max_fit_new:
22              max_fit = max_fit_new
23              i = 0
24          else:
25              i += 1
26          population = pop_new
27      # 按适应度值从大到小排序
28      population = sorted(population, key=lambda x: fitness_fun(x), reverse=True)
```

```
29        # 返回最优的个体
30        return population[0]
31
32   best = ga()
33   decode(best)
```

代码 7-11 用种群中最优个体的适应度作为评判标准,如果新一代最优个体的适应度比上一代最优个体的适应度更高,那么说明进化出了更优良的下一代,当连续 5 代没有产生更优良的后代时,结束算法。一种可能的运行结果如图 7-12 所示。

```
A   体积: 3 价值: 4
D   体积: 8 价值: 11
E   体积: 9 价值: 13
背包内的物品总体积: 20, 总价值: 28
```

图 7-12　代码 7-11 产生的一种可能的结果

注:交叉和变异并不一定都要执行,可以让种群中的大部分个体通过交叉产生,另一小部分通过变异产生。

遗传算法是否能够找到最优解,与初始种群、适应度评估函数、种群选择策略、交叉策略、变异策略、终止条件都有关系,每次运行的结果都可能不同,但总体上能够得到一个较为满意的解。在实际应用中,我们可以选择不同的参数多次运行,挑选最好的一个作为最终结果。

7.3　椭圆中的最大矩形

在椭圆 $x^2 + 4y^2 = 4$ 中有很多内接的矩形,这些矩形的边平行于 x 轴和 y 轴,找出它们中面积最大的一个。

先作图,椭圆的中心在原点,其内接矩形的中心也在原点。设矩形的其中一点内接椭圆于 $P(x, y)$,P 在第一象限,如图 7-13 所示。

矩形两条邻边的长度分别是 $2x$ 和 $2y$,面积是 $A = 4xy$。已知 x 和 y 都在椭圆上,因此问题可以转换为求约束条件下的极值:

$$\max_{x,y} A$$
$$s.t.\ g(x, y) = x^2 + 4y^2 = 4$$

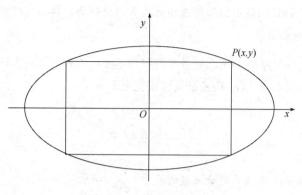

图 7-13　椭圆中的内接矩形

7.3.1　数学方案

最直接的方案是使用拉格朗日乘子法：

$$\nabla A = \left\langle \frac{\partial A}{\partial x}, \frac{\partial A}{\partial y} \right\rangle = \langle 4y, 4x \rangle, \nabla g = \left\langle \frac{\partial g}{\partial x}, \frac{\partial g}{\partial y} \right\rangle = \langle 2x, 8y \rangle$$

$$\nabla A = \lambda \nabla g \Rightarrow \begin{cases} 4y = 2\lambda x \\ 4x = 8\lambda y \end{cases} \Rightarrow x = 2y$$

$$g(x, y) = x^2 + 4y^2 = 2x^2 = 4$$

$$\Rightarrow x = \sqrt{2} \approx 1.414, y = \frac{\sqrt{2}}{2} \approx 0.707, A = 4xy \approx 4$$

由于拉格朗日乘子法无法确定最值的类型是最大值还是最小值，所以还要计算函数的边界值。当 P 在椭圆上移动时，如果正好落在 x 轴上，则长方形退化成直线，此时面积为 0；另一个边界值是 P 落在 y 轴上，面积也为 0。所以判定当 P 的坐标为(1.414, 0.707)时，内接矩形取得最大面积值，最大面积为 4。

注：拉格朗日乘子法可参见附录 C。

7.3.2　抛开数学的遗传算法

使用格朗日乘子法需要了解偏导、梯度等一系列前置知识，而遗传算法的优点是不需要复杂的数学知识，直接通过编程的方式对问题求解，这对数量庞大的数学小白来说无疑是个福音。

通过椭圆可以得到 x 和 y 的关系，进而在计算面积时去掉一个变量：

$$g(x, y) = x^2 + 4y^2 = 4 \Rightarrow x^2 = 4 - 4y^2 \Rightarrow x = \sqrt{4 - 4y^2}$$

$$\Rightarrow A = 4xy = 4y\sqrt{4 - 4y^2}$$

只需要对 x 进行基因编码,就可以利用遗传算法求得最优解。在编写代码前,先设法去除影响算法运行速度和计算精度的根号。

由于 x 和 y 都大于 0,所以当 $4xy$ 达到最大值时,$(4xy)^2$ 也将达到最大值。在面对最值问题时,常系数起不到任何作用,因此求 $(4xy)^2$ 的最大值相当于求 $x^2 y^2$ 的最大值。结合 x 和 y 的关系,将原问题转换为:

$$\max_y 16y^2(4-4y^2) \xrightarrow{\text{去掉常系数}} \max_y y^2 - y^4$$

注:上式可以通过临界点寻找单变量函数的最值,$\dfrac{\mathrm{d}}{\mathrm{d}y}y^2 - y^4 = 0 \Rightarrow y = \dfrac{\sqrt{2}}{2}$,这又是一种数学方案。

现在看起来,问题变得简单多了。y 的取值范围为 $0 < y < 1$,我们把问题精确到小数点后 3 位,从 0.001 到 0.999 之间有 999 个数,把每个数都放大 1000 倍,变成了从 1 到 999,其中最大数 999 转换成二进制是 1111100111,因此可以使用 10 位二进制基因编码表示 y 的 1000 倍。代码 7-12 是二进制编码的解码实现。

代码 7-12　对二进制基因编码进行解码 **max_rect.py**

```
01  import numpy as np
02
03  MAX, MIN = 0.999, 0.001 #  y 的最大值和最小值
04
05  def show(code:list):
06      '''
07      显示解决方案
08      :param code: 基因编码
09      '''
10      x, y, A = decode(code)
11      print('x = {0}, y = {1}, A = {2}'.format(x, y, A))
12
13  def decode(code:list):
14      '''
15      解码
16      :param code: 基因编码
17      :return: 三元组(x, y, 矩形面积)
18      '''
19      y = int(''.join(code), 2) * 0.001   # 将 code 转换成十进制数
20      if y > MAX:   #  y 超过了边界
21          return -1, -1, -1
22      x = np.sqrt(4 - 4 * (y ** 2)) #  x = sqrt(4 - 4(y^2))
23      x, y = float('%.3f' % x), float('%.3f' % y) #  使用退一法保留小数点后三位有效数字
24      A = x * y * 4 #  矩形面积
25      return x, y, A
```

decode()方法先将基因编码转换成对应的十进制数,之后缩小到原来的 1/1000 变成相应的小

数。运行 show('1111100111')，得到的结果是 x = 0.089, y = 0.999, A = 0.35564399999999996。

接下来使用矩形的面积作为适应度实现遗传算法的剩余部分。将代码 7-13 添加到 max_rect.py 中。

代码 7-13　用遗传算法求解椭圆中的最大内接矩形

```
01  import random
02  import numpy as np
03  import matplotlib.pyplot as plt
04  MAX, MIN = 0.999, 0.001 #  y 的最大值和最小值
05  CODE_SIZE = 10 #  基因编码长度
06  POPULATION_SIZE = 20 #  种群数量
07  def fitness_fun(code):
08      '''
09      code 方案的适应度评估
10      :param code: 基因编码
11      :return: 适应度评估值（矩形的面积）
12      '''
13      _, _, A = decode(code) #  对基因编码进行解码,取得面积值
14      return A
15  def max_fitness(population):
16      ''' 种群中的最优个体的适应度 '''
17      return max([fitness_fun(code) for code in population])
18  ……
19  def ga():
20      '''
21      遗传算法
22      :return: 二元组(最优的个体，每一代最优个体的适应度)
23      '''
24      population = init_population() #  构建初始化种群
25      max_fit = max_fitness(population) #  初始种群最优个体的适应度
26      max_fit_list = [max_fit]  #  每一代种群的最优适应度
27      i = 0
28      while i < 5: #  如果连续 5 代没有改进,则结束算法
29          pop_next = selection_elitism(population) #  选择种群
30          pop_new = crossover_onepoint(pop_next) #  交叉
31          mutation_onepoint(pop_new) #  变异
32          max_fit_new = max_fitness(pop_new) #  新种群中最优个体的适应度
33          if max_fit < max_fit_new:
34              max_fit = max_fit_new
35              i = 0
36          else:
37              i += 1
38          population = pop_new
39          max_fit_list.append(max_fit_new)
40      # 按适应度值从大到小排序
41      population = sorted(population, key=lambda x: fitness_fun(x), reverse=True)
42      return population[0], max_fit_list
43  def pop_curve(best, max_fit_list):
44      '''
45      显示种群进化曲线
```

```
46        :param best: 最优个体
47        :param max_fit_list: 每一代最优个体的适应度
48        '''
49        x = np.arange(1, len(max_fit_list) + 1, 1)
50        y = np.array(max_fit_list)
51        plt.plot(x, y, '-', label='种群进化曲线')
52        plt.rcParams['font.sans-serif'] = ['SimHei']  # 用来正常显示中文标签
53        x, y, A = decode(best)
54        plt.title('共进化了{}代, x={}, y={}, A={}'.format(len(max_fit_list), x, y, A))
55        plt.xlabel('种群代数')
56        plt.ylabel('最优个体适应度')
57        plt.legend(loc='upper left')
58        plt.show()
59  best, max_fit_list = ga()
60  pop_curve(best, max_fit_list)
```

适应度函数的值是矩形的面积,构建初始种群、种群选择策略、交叉策略、变异策略、遗传策略都与 7.2 节中 bag_ga.py 的相应代码一致。代码 7-13 的主体方法 ga()除得到最优个体外,还额外返回了每一代种群中最优个体的适应度,以便展示种群进化曲线。一种可能的种群的进化曲线如图 7-14 所示。

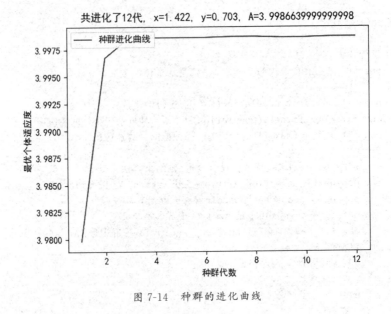

图 7-14　种群的进化曲线

从图 7-14 中可以看出,算法在最初的几代收敛得非常快,在进化了 12 代后得到了最优解。在实际应用中,可以通过观察进化曲线来判断算法在哪里收敛,从而调整算法的终止条件。

7.4 宿管员的烦恼

又是一年开学季,来自全国各地的新生聚集到校园里。

面对新生入学,宿管员要做的第一件事是分配宿舍。为了提升学生住宿的满意度,今年学校特意就学生的一些信息进行了问卷调查,并要求宿管员根据问卷对宿舍进行最合理的分配,力争全体新生都对分配结果满意,调查问卷如图 7-15 所示。

> 姓名:＿＿＿＿＿＿
>
> 性别:＿＿＿＿＿＿
>
> ① 籍贯:＿＿＿＿＿＿
>
> ② 专业:＿＿＿＿＿＿
>
> ③ 班级:＿＿＿＿＿＿
>
> ④ 起床时间:＿＿＿＿＿＿
>
> ⑤ 兴趣爱好:＿＿＿＿＿＿
>
> 在①～⑤中,你最在乎室友哪一点（填写一个）:＿＿＿＿＿＿

图 7-15　学校的调查问卷

收到的数百份问卷,在宿管员的桌子上堆了厚厚的一摞。为了叙述方便,这里把问题缩小,假设只收到了 16 份问卷,形成了如表 7-3 所示的统计数据。

表 7-3　调查表的统计数据

姓名	性别	①籍贯	②专业	③班级	④起床时间	⑤兴趣爱好	最在意
葛小伦	男	河南郑州	计算机	02	7:30	电子游戏	③
赵信	男	北京	计算机	02	7:40	篮球	⑤
程耀文	男	辽宁铁岭	计算机	02	7:10	篮球	①
刘闯	男	吉林长春	计算机	02	7:30	篮球、足球	①
蕾娜	女	江苏南京	计算机	02	6:30	读书、唱歌、逛街	⑤
琪琳	女	江苏苏州	计算机	02	6:10	读书	⑤
蔷薇	女	河南洛阳	计算机	02	7:30	跑步、游泳	④
炙心	女	湖南长沙	数学	03	7:00	读书、跑步	③

姓名	性别	①籍贯	②专业	③班级	④起床时间	⑤兴趣爱好	最在意
灵犀	女	江西南昌	数学	03	7:15	读书、唱歌	③
莫伊	女	广东广州	数学	03	7:20	看电影、逛街	②
怜风	女	湖北武汉	计算机	02	6:10	读书、书法	①
语琴	女	江苏苏州	计算机	01	6:40	电子琴、舞蹈	②
凉冰	女	陕西西安	计算机	01	6:50	天文	③
鹤熙	女	陕西咸阳	计算机	01	6:30	绘画	③
瑞萌萌	女	广东广州	英语	04	6:15	跑步、电子游戏	①
何蔚蓝	女	吉林长春	英语	04	7:10	游泳、电子游戏	②

这 16 个新生将被分到 4 个宿舍。宿管员在尝试分配时发现了一些问题,例如,瑞萌萌和何蔚蓝两人属于同一专业、同一班级,有相同的兴趣爱好,然而两人分别来自中国的南北两端,距离相差了 3000 多公里,这注定两人在生活习惯和语言上有诸多不同,虽然同样都会说普通话,但是吉林人有比较重的东北口音,广州人并不一定能听懂;何蔚蓝最在意的是专业相同,看起来瑞萌萌是个不错的室友;瑞萌萌最在意的却是籍贯,她的理想室友是和她几乎处处不同的莫伊;但莫伊并不在意籍贯问题,她更想和专业相同的同学共处一室……这给宿管员出了很大的难题。

宿管员拿着表格向计算机系的张老师求助,希望能借助计算机的力量处理这个棘手的分配问题。张老师很乐于帮助宿管员,爽快地接下了这个工作。

7.4.1　数据预处理

首要问题是如何比较不同方案之间的优劣。张老师的方法是通过两两打分来计算同寝同学间的差异度,分数越高,两个同学的差异越大,他们对分配结果的抱怨就越大;最好的结果是 0,表示他们的习惯、兴趣爱好等完全一致。对于同一宿舍的两种不同分配方案来说,将全体同学的分数累加,数值较低的那个总体差异较小,表示整体满意度较高。

计算差异度前需要先对数据进行预处理,将所有非数值数据量化,这样才能通过成本函数算出数值。在统计表中有 4 个男同学,他们肯定要住在一起,至于是否满意就无须考虑了,需要确保的是 12 个女同学的满意度。

在调查问卷中一共有 8 处需要填写,这意味着每个问卷都能得到一个八维向量。由于分配目标是女同学,因此可以先去掉性别这一维度;姓名维度充当了索引的作用,同样不参与运算。在剩下的 6 个维度中,"最在意"可以看作其他维度的权重,这样,需要进行数值转换的只剩下籍贯、专业、班级、起床时间、兴趣爱好 5 个维度。

注：在数据分析中，结构化数据可以分为两种类型和 4 个尺度，具体的划分准则可参考数据分析的相关资料。

这里使用一种简单的方式计算两个同学间的差异度：令每一个维度的最大差异是 5，最小差异是 0，权重是 1.5，这样两个同学间的最小差异是 0，最大差异是二者的所有数据都不同，并且将权重加在了不同的维度上，差异值是 $5+5+5+5 \times 1.5+5 \times 1.5=30$。按照这种方式看看如何对每个维度进行数值化。

对于籍贯来说，我们只比较省份，简单地认为同一个省份的差异较小。用中国省份代码表示省份，如果两个省份相同，则差异是 0，否则是 5。

专业维度与籍贯类似，计算机、数学、英语分别用 1、2、3 表示，相同专业的差异是 0，否则是 5。

在班级维度上，我们注意到 1 班和 2 班都是计算机专业，两个班的同学会在一起上很多课，彼此的熟识度也会更高一点，因此 1 班和 2 班的差异更小，令二者的差异是 1，与其他班的差异是 5。

起床最早的是琪琳和怜风，6:10 就起床了，最晚的是蔷薇，7:30 才起床。以 20 分钟为一个时间段，6:00～7:30 可以被划分为 5 个时段：6:01～6:20、6:21～6:40、6:41～7:00、7:01～7:20、7:21～7:40，分别数值化为 1～5。5 个时段之间有 4 个空隙，所以两个相邻时段间的差异是 $5 \div 4=1.25$（被除数的 5 是最大差异值）。6:01～6:20 属于同一时段，在此期间起床的同学差异度是 0；7:30 和 6:10 间相差了 4 个时段，在此期间起床的同学差异度是 $1.25 \times 4=5$。

12 个同学共有 12 种兴趣爱好，这种多才多艺也为计算带来了困难。一种简单的方式是，如果两个同学都有一个共同的兴趣爱好，则二者就是零距离。我们也注意到，一些兴趣爱好虽然不同，但是有很大程度的相似性，例如，书法和绘画，同属"四艺"，又都是和笔纸打交道，应该有更多的共性；同样，跑步和游泳都属于体育，也会有更多的共同语言。这里按照这个规则将女生的 12 种兴趣爱好分成 5 类（也许还有其他的划分标准，例如，"文体不分家"）。

(1)读写类：读书、书法、绘画。

(2)体育类：跑步、游泳。

(3)音乐类：电子琴、舞蹈、唱歌。

(4)娱乐类：看电影、逛街、电子游戏。

(5)科技类：天文。

具体的数值化如表 7-4 所示。

表 7-4　兴趣爱好的数值化处理

大类	小类
读写类(10)	读书(11)
	书法(12)
	绘画(13)

大类	小类
体育类(20)	跑步(21)
	游泳(22)
音乐类(30)	电子琴(31)
	舞蹈(32)
	唱歌(33)
娱乐类(40)	看电影(41)
	逛街(42)
	电子游戏(43)
科技类(50)	天文(51)

令大类之间的差异是 5,同一大类下的小类间的差异是 2。例如,蕾娜和琪琳都喜欢读书,她们的差异是 0;鹤熙喜欢绘画,怜风喜欢书法,虽然兴趣爱好不同,但是同属于读写类,她们的差异是 2;喜欢天文的只有凉冰,她的兴趣爱好不与任何人是同一类,因此她和所有人的差异都是 5。

注:在数据预处理的过程中可能有很多更复杂的情况值得考虑,例如,对于籍贯来说,辽宁和吉林的代码是 21 和 22,二者都属于东北,在生活习惯上接近一致;宁夏和新疆的代码是 64 和 65,虽然同属于西北,但是民风民俗却相去甚远。

现在可以把表 7-4 中的文字信息转换成数值数据,如表 7-5 所示。

表 7-5 调查问卷的数值化

序号	①籍贯	②专业	③班级	④起床时间	⑤兴趣爱好	加权的维度
0(蕾娜)	32	1	2	2	11、33、42	5
1(琪琳)	32	1	2	1	11	5
2(蔷薇)	41	1	2	5	21、22	4
3(炙心)	43	2	3	3	11、21	3
4(灵犀)	36	2	3	4	11、33	3
5(莫伊)	44	2	3	4	41、42	2
6(怜风)	42	1	2	3	11、12	1
7(语琴)	32	1	1	2	31、32	2
8(凉冰)	61	1	1	3	51	3
9(鹤熙)	61	1	1	2	13	3
10(瑞萌萌)	44	3	4	1	21、43	1
11(何蔚蓝)	22	3	4	4	22、43	2

代码 7-14 用列表存储表 7-5。

代码 7-14　用列表存储表 7-5 students.py

```
01  #  经过数据预处理后的调查问卷
02  QUESTIONS = [
03      [32, 1, 2, 2, [11, 33, 42], 5],
04      [32, 1, 2, 1, [11], 5],
05      [41, 1, 2, 5, [21, 22], 4],
06      [43, 2, 3, 3, [11, 21], 3],
07      [36, 2, 3, 4, [11, 33], 3],
08      [44, 2, 3, 4, [41, 42], 2],
09      [42, 1, 2, 1, [11, 12], 1],
10      [32, 1, 1, 2, [31, 32], 2],
11      [61, 1, 1, 3, [51], 3],
12      [61, 1, 1, 2, [13], 3],
13      [44, 3, 4, 1, [21, 43], 1],
14      [22, 3, 4, 4, [22, 43], 2]
15  ]
16  #  学生姓名
17  STUDENTS_NAME = ['蕾娜', '琪琳', '蔷薇', '炙心', '灵犀', '莫伊', '怜风', '语琴',
18                   '凉冰', '鹤熙', '瑞萌萌', '何蔚蓝']
```

7.4.2　同学间的成本

我们都希望用最小的投入获得最大的回报，两个同学间的差异度可以看作二者间的成本或矛盾，差异越小，成本越低，矛盾也越小。代码 7-15 计算了两个同学间的成本。将代码 7-15 添加到 students.py 中。

代码 7-15　计算两个同学间的成本

```
01  def cost_stu(que_1, que_2):
02      '''
03      以第一个同学为准，计算该同学与另一个同学的差异
04      :param que_1: 第一个同学的调查问卷
05      :param que_2: 另一个同学的调查问卷
06      :return: 所有维度的成本列表
07      '''
08      cost = []  #  问卷各维度的成本值（差异度）
09      cost.append(cost_category(que_1[0], que_2[0]))#  籍贯成本
10      cost.append(cost_category(que_1[1], que_2[1]))  #  专业成本
11      cost.append(cost_class(que_1[2], que_2[2], que_1[1], que_2[1]))  #  班级成本
12      cost.append(cost_get_up(que_1[3], que_2[3]))  #  起床时间成本
```

```
13        cost.append(cost_interest(que_1[4], que_2[4])) # 兴趣爱好成本
14        cost[que_1[5] - 1] *= 1.5 # 将同学 1 最在意的维度进行成本加权
15        return cost
16
17   def cost_category(d_1, d_2):
18        ''' 两个定类数据的成本'''
19        return MIN_COST if d_1 == d_2 else MAX_COST
20
21   def cost_class(class_1, class_2, spe_1, spe_2):
22        '''
23        班级成本
24        :param class_1: 问卷 1 的班级
25        :param class_2: 问卷 2 的班级
26        :param spe_1: 问卷 1 的专业
27        :param spe_2: 问卷 2 的专业
28        :return:
29        '''
30        if class_1 == class_2: #  班级相同
31            return MIN_COST
32        elif spe_1 == spe_2: # 不同班级,同一专业
33            return 1
34        else: # 不同班级,不同专业
35            return MAX_COST
36
37   def cost_get_up(d_1, d_2):
38        ''' 起床时间成本 '''
39        return 1.25 * math.fabs(d_1 - d_2)
40
41   def cost_interest(d_1, d_2):
42        ''' 兴趣爱好成本 '''
43        sd_1, sd_2 = set(d_1), set(d_2) # 将兴趣爱好转换成 set
44        # 如果两个同学都有一个共同的兴趣爱好,则二者的成本是 0,sd_1 & sd_2 表示二者的交集
45        if len(sd_1 & sd_2) >= 1:
46            return MIN_COST
47        # 取得兴趣爱好的"大类"
48        sd_1 = set([d // 10 for d in d_1])
49        sd_2 = set([d // 10 for d in d_2])
50        # 如果两个同学都有一个共同的大类,则二者的成本是 2
51        if len(sd_1 & sd_2) >= 1:
52            return 2
53        # 兴趣爱好完全不同
54        return MAX_COST
55
56   def show_difference(stu_idx_1, stu_idx_2):
```

```
    '''
    展示两个同学间的差异
    :param stu_idx_1: 同学 1 的序号
    :param stu_idx_2: 同学 2 的序号
    '''
    que_1 = QUESTIONS[stu_idx_1] # 问卷 1
    que_2 = QUESTIONS[stu_idx_2] # 问卷 2
    print(STUDENTS_NAME[stu_idx_1], que_1)
    print(STUDENTS_NAME[stu_idx_2], que_2)
    cost = cost_stu(que_1, que_2)
    print('成本：', cost, '\t 总成本：', sum(cost))
```

cost_stu()传递了两个问卷，并以第一个同学为准，计算该同学与另一个同学的差异。STUDENTS_NAME [11]是何蔚蓝，STUDENTS_NAME [10]是瑞萌萌，如果运行 show_difference(11, 10)，那么将得到如图 7-16 所示的结果。

```
何蔚蓝 [22, 3, 4, 4, [22, 43], 2]
瑞萌萌 [44, 3, 4, 1, [21, 43], 1]
成本： [5, 0.0, 0, 3.75, 0]      总成本： 8.75
```

图 7-16　show_difference(11, 10)的运行结果

show_difference(11, 10)从何蔚蓝的视角出发，比较她与瑞萌萌的差异，也可以将总成本理解为何蔚蓝对瑞萌萌的喜欢程度，总成本越低，何蔚蓝越喜欢瑞萌萌。如果从瑞萌萌的视角出发，那么将会得到另一个结果，如图 7-17 所示。

```
瑞萌萌 [44, 3, 4, 1, [21, 43], 1]
何蔚蓝 [22, 3, 4, 4, [22, 43], 2]
成本： [7.5, 0, 0, 3.75, 0]      总成本： 11.25
```

图 7-17　show_difference(10, 11)的运行结果

由以上两个结果可知，虽然何蔚蓝喜欢瑞萌萌，但是瑞萌萌并不是那么喜欢何蔚蓝。原因在于二者最在意的维度不同，何蔚蓝最在意的是和瑞萌萌同班，因为同班，她对瑞萌萌的好感度极高；而瑞萌萌最在意的是何蔚蓝的籍贯，籍贯不同使她对何蔚蓝产生了一些反感。在分宿舍时应当同时考虑每个人的感受，避免出现"我喜欢你，但你不喜欢我"的情况，我们期待的结果是 show_difference(11, 10)和 show_difference(10, 11)的结果相同。代码 7-16 是对代码 7-15 中 cost_stu()的改进版。用代码7-16替换 students.py 中的 cost_stu()。

代码 7-16　cost_stu()的改进版

```
def cost_stu(que_1, que_2):
    '''
    计算两个同学间的差异
    :param que_1: 第一个同学的调查问卷
```

```
05        :param que_2: 另一个同学的调查问卷
06        :return: 所有维度的成本列表
07        '''
08        cost = [] #  问卷各维度的成本值(差异度)
09        cost.append(cost_category(que_1[0], que_2[0])) #  籍贯成本
10        cost.append(cost_category(que_1[1], que_2[1])) #  专业成本
11        cost.append(cost_class(que_1[2], que_2[2], que_1[1], que_2[1])) #  班级成本
12        cost.append(cost_get_up(que_1[3], que_2[3])) #  起床时间成本
13        cost.append(cost_interest(que_1[4], que_2[4])) #  兴趣爱好成本
14        w_idx_1, w_idx_2 = que_1[5] - 1, que_2[5] - 1 #  权重序号
15        w_cost_1, w_cost_2 = cost[w_idx_1] * 0.5, cost[w_idx_2] * 0.5 #  额外增加的权值
16        cost[w_idx_1] += w_cost_1 #  对第一个同学的兴趣爱好进行加权处理
17        cost[w_idx_2] += w_cost_2 #  对另一个同学的兴趣爱好进行加权处理
18        return cost
```

代码 7-16 将两个同学最在意的维度加权后全部计入总成本。再次运行 show_difference(11，10)与 show_difference(10，11)会发现总成本相同,如图 7-18 所示。

图 7-18　show_difference(11，10)与 show_difference(10，11)的总成本相同

一个宿舍的总成本需要考虑每个同学的满意度,相当于该宿舍 4 个同学间两两比对后得出的所有成本之和。一个分配方案的总成本是将该方案中所有宿舍的成本累加。将代码 7-17 添加到 students.py 中。

代码 7-17　计算分配方案的总成本

```
01  DROM_SIZE, NUM_PER_DROM = 3, 4  #  宿舍数量,每个宿舍的最大人数
02
03  def cost_solution(solution):
04      '''
05      计算方案中每个宿舍的成本
06      :param solution: 宿舍分配方案
07      :return: 二元组(所有宿舍总成本, 每个宿舍的成本)
08      '''
09      droms_cost = [] #  宿舍成本列表
10      for drom in solution:
11          per_num = len(drom) #  该宿舍中的人数
12          d_cost = 0 #  一个宿舍的成本
```

```
13              #  同一宿舍中的同学两两比对
14              for i in range(per_num):
15                  for j in range(i, per_num):
16                      d_cost += sum(cost_stu(QUESTIONS[drom[i]], QUESTIONS[drom[j]]))
17              droms_cost.append(d_cost)
18          total_cost = sum(droms_cost) #  所有宿舍的总成本
19          return total_cost, droms_cost
20
21  def show_solution(solution, total_cost, dorms_cost):
22          '''
23          展示分配方案及方案的相关成本
24          :param solution: 分配方案
25          :param total_cost: 总成本
26          :param dorms_cost: 宿舍成本列表
27          '''
28          for i, drom in enumerate(solution):
29              print('宿舍%d:\t' % i, end='')
30              for j in drom:
31                  print(STUDENTS_NAME[j], end='\t') #  显示宿舍成员
32              print('\t宿舍成本:', dorms_cost[i]) #  显示每个宿舍的成本
33          print('总成本:', total_cost)
34
35  if __name__ == '__main__':
36      ss = [[[1, 5, 9, 8], [6, 0, 2, 3], [11, 4, 10, 7]],
37            [[1, 5, 9, 8], [6, 0, 2], [11, 4]],
38            [[1], [6], [11]]]                                # 3种不同的方案
39      for i, s in enumerate(ss):
40          print(('方案' + str(i + 1)).center(60, '-'))
41          total_cost, droms_cost = cost_solution(s)
42          show_solution(s, total_cost, droms_cost)
```

运行代码 7-17 将得到 3 种方案的成本，如图 7-19 所示。

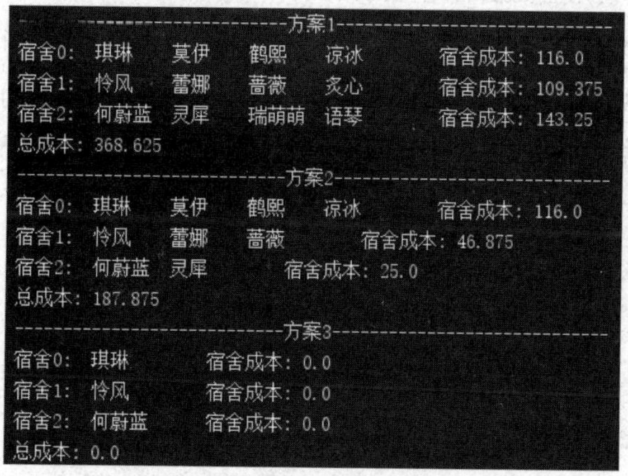

图 7-19 代码 7-17 的运行结果

这个运行结果符合常理,宿舍的人越少,矛盾也越少,如果人人住单间,那么每个宿舍的成本都是0,所有人都会非常舒服。

7.4.3　解空间的数量

在解决这一问题时,我们首先想到的方法是穷举法,只要把所有的宿舍分配方案都列出来,就可以根据方案计算出成本,进而对成本排序,选取值最低的一个作为最佳方案。

分配方案有多少种呢?首先从 12 个同学中任意挑选 4 个住在 0 号宿舍,共有 $C_{12}^4=495$ 种分配方案;然后从剩下的 8 个同学中任意挑选 4 个住在 1 号宿舍,共有 $C_8^4=70$ 种分配方案;最后的 4 个同学只能住进 2 号宿舍,共有 $C_4^4=1$ 种分配方案。总分配方案数量为:

$$C_{12}^4 \times C_8^4 \times C_4^4 = 34650$$

假设宿舍本身没有优劣之分,对于任意 4 个同学来说,住在宿舍 0、宿舍 1 和宿舍 2 并没有差别,在这个前提下,3 个宿舍可以产生 $P_3^3=6$ 种不同的排列方式。解空间中解的数量为:

$$solutions = \frac{C_{12}^4 \times C_8^4 \times C_4^4}{P_3^3} = 5775$$

12 个同学就有这么多的分配方案,20 个同学分配到 5 个宿舍,方案将增加到 525525 种,100 个同学分配到 25 个宿舍的方案就更多了:

$$solutions = \frac{C_{100}^4 \times C_{96}^4 \times C_{96}^4 \times \cdots \times C_4^4}{P_3^3} \approx 1.88 \times 10^{98}$$

如果还是用蛮力法穷举,那么直到毕业也不会算出结果。

7.4.4　不患寡而患不均

庞大的解空间意味着使用蛮力法将走向死路,或许可以考虑 5.3 节的贪心策略:先把任意一个同学分到 0 号宿舍,然后再选择与这个同学最相近的第 2 个同学,一共需要进行 11 次成本计算;第 3 个同学需要与前 2 个同学都进行比对,这样才能保证新入住的同学与原来的同学都能较为融洽地相处,需要进行 2×10 次运算;同理,第 4 个同学需要考虑前 3 个同学。每个宿舍的成本运算次数为:

$$drom_0 = 1 \times 11 + 2 \times 10 + 3 \times 9 = 58$$

$$drom_1 = 1 \times 7 + 2 \times 6 + 3 \times 5 = 34$$

$$drom_3 = 0$$

最后 4 个同学只剩下了一个宿舍,只能住在一起,因此最后一个宿舍不用计算成本。贪心策略总共进行了 92 次运算,这比蛮力法强多了。

虽然贪心策略能快速得到一个总成本较低的方案,但是会引起另一个问题——贫富分化严重,最先入住的对宿舍满意度最高，最后一个宿舍可能人人会有不满，这当然不是学校的初衷。由此看来，在计算宿舍成本时还需要额外考虑"不均"的问题，代码 7-18 在代码 7-17 的基础上额外加入了对"不均"问题的计算。

代码 7-18　在计算宿舍成本时加入对"不均"问题的计算

```
01  def cost_solution(solution):
02      '''
03      计算方案中每个宿舍的成本
04      :param solution: 宿舍分配方案
05      :return: 二元组(宿舍总成本和, 每个宿舍的成本)
06      '''
07      droms_cost = []  # 宿舍成本列表
08      for drom in solution:
09          per_num = len(drom)  # 该宿舍中的人数
10          d_cost = 0  # 一个宿舍的成本
11          # 同一宿舍中的同学两两比对
12          for i in range(per_num):
13              for j in range(i, per_num):
14                  d_cost += sum(cost_stu(QUESTIONS[drom[i]], QUESTIONS[drom[j]]))
15          droms_cost.append(d_cost)
16      diff_cost = max(droms_cost) - min(droms_cost)  # 宿舍之间的贫富差
17      total_cost = sum(droms_cost) + diff_cost * DROM_SIZE  # 该方案的总成本
18      return total_cost, droms_cost
```

用最满意宿舍的成本值减去最不满意宿舍的成本值再乘权重（这里的权重是宿舍总数），表示贫富差异的成本。由于必须先知道总体方案才能求得贫富差异，因此只能做好眼前而无法预知未来的贪心策略就无能为力了，此时可以尝试使用遗传算法。在此之前，先介绍另一种更为简单的优化策略。

7.4.5　随机法

一个简单的优化策略是"随机法"，用抽签的方式决定入住哪个宿舍，并把抽签的结果记录下来，反复抽签若干次，选择结果最好的那个作为最终方案。代码 7-19 是随机法的实现。

代码 7-19　随机法分宿舍 random_optimize.py

```
01  import random
02  import students
03
04  def random_optimize(count=1000):
05      '''
06      随机法分宿舍
07      :param count: 随机分配的次数
08      :return: 三元组(最佳方案, 方案的总成本, 方案中每个宿舍的成本)
```

```
09          '''
10          best = []  # 最佳方案
11          best_droms_cost = []   # 最佳方案中每个宿舍的成本
12          best_total_cost = 9999999   # 最佳方案的总成本
13          n = len(students.STUDENTS_NAME) # 学生总数
14          stu_idx_list = list(range(n)) # 学生序号
15          # 随机分配 count 次
16          for t in range(count):
17              random.shuffle(stu_idx_list) # 打乱学生序号
18              solution = [] # 一种随机方案
19              # 将学生分配到宿舍中
20              for i in range(students.DROM_SIZE - 1):
21                  solution.append(
22                      stu_idx_list[students.NUM_PER_DROM * i:students.NUM_PER_DROM * (i + 1)])
23              solution.append(stu_idx_list[students.NUM_PER_DROM * (students.DROM_SIZE - 1):])
24              # 计算该方案的总成本和方案中每个宿舍的成本
25              total_cost, droms_cost = students.cost_solution(solution)
26              if total_cost < best_total_cost:
27                  best, best_total_cost, best_droms_cost = solution, total_cost, droms_cost
28          return best, best_total_cost, best_droms_cost
29
30  best, best_total_cost, best_droms_cost = random_optimize()
31  students.show_solution(best, best_total_cost, best_droms_cost)
```

random_optimize()将学生随机分配了 1000 次,选择 1000 种方案中成本值最低的一个。一种可能的运行结果如图 7-20 所示。

图 7-20　一种可能的随机法优化结果

注:总成本是所有宿舍的成本之和加上宿舍之间的最大贫富差与宿舍数量的积。

随机法一个被诟病的原因是"缺少技术含量",以至于并不像一个正统的算法。这种观点也许可以用下面这个不太恰当的例子来反驳。大多数使用过 Windows 系统的人都经历过"蓝屏",其中 Windows 98 的蓝屏频率最高。到了 Windows 7 时代,虽然蓝屏问题已经得到了极大的改善,但仍有某些时候会出现蓝屏。在众多导致蓝屏的问题中,有一个错误码是"1131 0x046B",表示"发现了潜在的死锁条件"。死锁是多线程中的难题,它难以重现,调试起来极为困难,只能凭借开发人员的经验修改。微软对待这个问题的态度是"不做处理"。这令很多人感到气愤。其实"不做处理"正是解决死锁问题的方案之一,当解决问题的代价远远大于问题本身时,"不做处理"不失为一个明智的选择——与其耗费大量资源处理一个不见得能解决的问题,还不如就让它蓝屏,反正出现概率很低,只需重启一次即可。其实我们在生活中也经常使用"不做处理"的方案,当你碰到困难时,是选择迎难而上,还是选择退缩?想必大多数人都曾经退缩过,此时你正是使用了"缺少技术含量"的解决方案。

其实随机法很常见,它类似于统计学中的随机取样,例如,在调查城市的平均工资时,并不会把每个人都计算在内,而是随机选择一部分,认为这个结果接近真实值。这并非为随机法正名,这个不够好的方法经常作为评价其他算法的"标杆"。下面我们将使用遗传算法分配宿舍。

7.4.6　顺序编码和初始种群

遗传算法的首要问题是基因编码。对于分宿舍问题,每种分配方案是种群中的一个个体,其基因序列的每一个编码代表一个同学,要求处于同一基因序列中的所有基因编码均不能重复。在这种规则下,使用二进制编码就显得笨拙了,一种简单的编码方案是直接使用学生的序号作为基因编码,这种编码称为顺序编码。

顺序编码又称为自然数编码,使用从 1 到 n 的自然数进行编码,且不允许重复。例如,[1, 2, 3, 4, 5, 6, 7, 8, 9, 10, 11, 12]是一个合法的个体,表示按序号从左到右的顺序安排住宿,每 4 人 1 个宿舍;[1, 1, 3, 3, 6, 6, 8, 8, 9, 10, 11, 12]则不是一个合法的个体,1、3、6、8 号同学被安排了多次,而 2、4、5、7 号同学则没有被安排。

代码 7-20 随机选择 1000 个个体作为初始种群,约占解空间总量的 17%,每个个体都按顺序编码构造。

代码 7-20　构造初始种群 genetic_optimize.py

```
01   import students
02   import random
03   import copy
04
05   POPULATION_SIZE = 1000 #  种群数量
06
07   def init_population():
08       ''' 构造初始种群 '''
09       population = [] #  初始种群
10       code = list(range(len(students.STUDENTS_NAME)))  #  基因编码(顺序编码)
11       #  随机选择基因编码
12       for i in range(POPULATION_SIZE):
13           random.shuffle(code) #  打乱 code 中的编码
14           population.append(copy.copy(code))
15       return population
```

注:代码 7-20 的基因编码是从 0 开始的,虽然 0 不是自然数,但并不妨碍我们把它作为顺序编码中的一员。

7.4.7 适应度评估、解码和种群选择

可以利用代码 7-18 的成本函数 cost_solution() 来评估适应度。由于 cost_solution() 识别的是解而不是基因编码,因此在使用 cost_solution() 之前还需要进行解码操作,将基因编码翻译成 cost_solution() 能够识别的格式。代码 7-21 是解码和适应度评估函数的实现。将代码 7-21 添加到 genetic_optimize.py 中。

代码 7-21　解码和适应度评估函数

```
01    def decode(code):
02        '''
03        基因解码,将基因编码解码成宿舍分配方案
04        :param code: 基因编码
05        :return: 解码后的方案
06        '''
07        solution = []  # solution 中的每个元素代表一个宿舍
08        for i in range(0, students.DROM_SIZE - 1):  # 为每个宿舍填充学生
09            solution.append(
10                code[students.NUM_PER_DROM * i:students.NUM_PER_DROM * (i + 1)])
11        solution.append(code[students.NUM_PER_DROM * (students.DROM_SIZE - 1):])
12        return solution
13
14    FITNESS = {}  # key: 分配方案, value: 适应度评估值, 二元组(宿舍总成本, 每个宿舍的成本)
15    def fitness_fun(code):
16        '''
17        适应度评估
18        :param code: 基因编码
19        :return: 二元组(宿舍总成本, 每个宿舍的成本)
20        '''
21        solution = [sorted(s) for s in decode(code)]  # 对每个宿舍中的学生序号排序
22        solution.sort()
23        fitness = FITNESS.get(str(solution))
24        if fitness is None:  # 判断该方案是否是新方案
25            fitness = students.cost_solution(solution)
26            FITNESS[str(solution)] = fitness
27        return fitness
```

[0, 1, 2, 3, 4, 5, 6, 7, 8, 9, 10, 11] 经过解码后将变成 [[0, 1, 2, 3], [4, 5, 6, 7], [8, 9, 10, 11]]。即使学生不能住满全部宿舍,decode() 依然能够解码,[0, 1, 2, 3, 4, 5, 6, 7, 8, 9] 在解码后变成 [[0, 1, 2, 3], [4, 5, 6, 7], [8, 9]];[0, 1, 2] 在解码后变成 [[0, 1, 2], [], []]。

这里在适应度评估函数上颇费了一番功夫,不仅使用了缓存,还对方案进行了两次排序。考虑两种方案:[[0, 1, 2, 3], [4, 5, 6, 7], [8, 9, 10, 11]] 和 [6, 7, 5, 4], [1, 0, 2, 3], [8, 10, 9, 11]]。它们是由两组不同的基因编码解析而来的,但由于已经假定宿舍和床位并无优劣之分,所以这

两种方案并没有任何区别。在方案 1 中，0 号宿舍住的是[0，1，2，3]四个同学，她们在方案 2 中仍然住在一起，只不过集体搬迁到 1 号宿舍，并调换了一下床位，这并不影响她们之间的感情或矛盾。为了避免类似的情况，fitness_fun()通过排序来辨别某种方案是否已经被计算过。对于方案 2 来说，第一步对每个宿舍的学生按序号排序，变成了[[4，5，6，7]，[0，1，2，3]，[8，10，9，11]]；第二步对二维列表排序，变成了[[0，1，2，3]，[4，5，6，7]，[8，9，10，11]]，这就与方案 1 一致了。相较于昂贵的成本运算，简单的整数排序要容易得多。

这里选用二元锦标赛法进行种群选择。由于适应度表示的是成本，因此在锦标赛中适应度低的个体是胜出者。将代码 7-22 添加到 genetic_optimize.py 中。

代码 7-22　二元锦标赛法

```
01  def selection_tournament(population):
02      '''
03      二元锦标赛法
04      :param population: 种群
05      :return: 下一代种群的父群体
06      '''
07      pop_parents = [] #  下一代种群的父群体
08      for i in range(POPULATION_SIZE):
09          tour_list = random.choices(population, k=2) #  在种群中随机选择两个个体
10          winner = min(tour_list, key=lambda x: fitness_fun(x)) #  适应度低的胜出
11          pop_parents.append(winner)
12      return pop_parents
```

7.4.8　部分匹配交叉和循环交叉

对于分宿舍问题的基因编码来说，单点交叉和两点交叉都无法产生合法的新个体，图 7-21 展示了一个不合法的单点交叉。

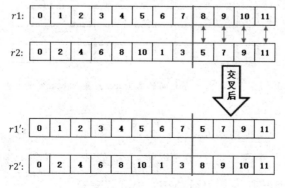

图 7-21　不合法的单点交叉

在交叉后的个体 $r1'$ 中,基因编码 5 和 7 都出现了 2 次,表示 5 号同学和 7 号同学同时住在两个宿舍,这显然不是一个合法的解。反过来,如果交叉后得到了合法的个体,那么这个合法的个体又算不上新个体,如图 7-22 所示。

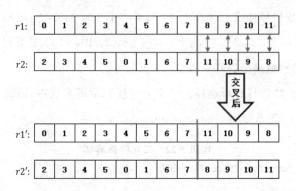

图 7-22　交叉后没有产生新个体

对于 $r1$ 和 $r1'$ 来说,最后一个宿舍的 4 个同学仅仅是交换了一下床位,适应度没有任何变化。看来必须另辟他径,寻找其他的交叉策略。

1.部分匹配交叉

部分匹配交叉(Partially Matched Crossover,PMC)是一种能够适应顺序编码的交叉策略,在 1985 年被提出,是由两点交叉改进而来的。部分匹配交叉的第一步与两点交叉一样,首先在个体基因序列中随机设置两个交叉点,然后随机选择两个个体作为父代个体,相互交换它们交叉点之间的那部分基因块,如图 7-23 所示。

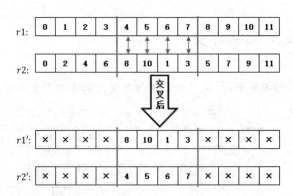

图 7-23　交换交叉点之间的基因块,×表示未确定的编码

在交叉时还需要记住交叉前的基因块:[4,5,6,7] 和 [8,10,1,3]。

之后让交叉后的新个体中的×部分,分别继承 $r1$ 和 $r2$ 中对应位置的编码,如果待继承的编码在交叉后的基因块中,则不做继承,如图 7-24 所示。

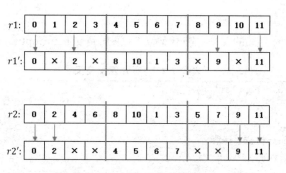

图 7-24　继承父代的编码

最后把交叉前记住的基因块按顺序依次填入×部分,得到最终的合法新个体,如图 7-25 所示。

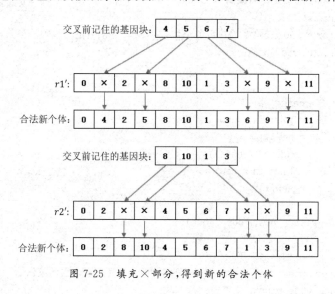

图 7-25　填充×部分,得到新的合法个体

如果交叉前的基因块中有某一编码仍然在交叉后的基因序列中,则略过该编码,如图 7-26 所示。

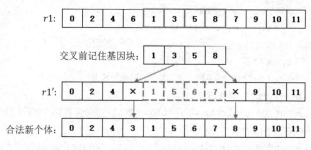

图 7-26　在填充×时需要略过 1 和 5

图 7-26 中的 $r1$ 是初始个体,它的基因块 $[1,3,5,8]$ 与另一个个体的对应基因块 $[1,5,6,7]$ 交叉,得到 $[\times,\times,\times,\times,1,5,6,7,\times,\times,\times,\times]$,继承 $r1$ 后得到 $r1'=[0,2,4,\times,1,5,6,7,\times,9,10,11]$。在交叉前记住的基因块 $[1,3,5,8]$ 中,编码 1 和 5 已经在 $r1'$ 中,因此只有 3 和 8 可

以替换对应的×。

代码 7-23 是部分匹配交叉的实现。将代码 7-23 添加到 genetic_optimize.py 中。

代码 7-23　部分匹配交叉

```
01  def crossover_pmc(population):
02      '''
03      部分匹配交叉
04      :param population: 种群
05      :return: 新种群
06      '''
07      def _code_extends(r, r_new, p1, p2):
08          '''
09          将 r_new 继承父代的编码
10          :param r: 父代个体
11          :param r_new: 交换基因块后的个体，r_new 中有未确定的编码
12          :param p1: 交叉起点
13          :param p2: 交叉终点
14          '''
15          for i in range(p1):
16              if r[i] not in r_new:
17                  r_new[i] = r[i]
18          for i in range(p2, len(r)):
19              if r[i] not in r_new:
20                  r_new[i] = r[i]
21
22      def _code_rest(r_new, code_block):
23          '''
24          填充 r_new 的其他未确定编码
25          :param r_new: 继承父代的编码后的个体，其中尚有未确定的编码
26          :param code_block: 交叉前的基因块
27          '''
28          for code in code_block:
29              if code not in r1_new:
30                  r_new[r_new.index(-1)] = code
31
32      pop_new = [] #  新种群
33      code_len = len(population[0])   #  基因编码的长度
34      for i in range(POPULATION_SIZE):
35          r1, r2 = random.choices(population, k=2)   #  选择两个随机的个体
36          #  选择两个随机的交叉点
37          p1, p2 = random.randint(0, code_len - 1), random.randint(1, code_len)
38          if p1 > p2:
39              p1, p2 = p2, p1 #  保证 p1 <= p2
40          elif p1 == p2:
41              p2 += 1  #  保证 p1 < p2
42          code_block_1, code_block_2 = r1[p1:p2], r2[p1:p2] #  r1 和 r2 交叉前的基因块
```

43	# 交叉基因块,-1表示基因编码尚未确定
44	r1_new = [-1] * p1 + code_block_2 + [-1] * (code_len - p2)
45	_code_extends(r1, r1_new, p1, p2) # 继承父代的编码
46	_code_rest(r1_new, code_block_1) # 通过交叉前的基因块确定剩余编码
47	pop_new.append(r1_new)
48	return pop_new

2.循环交叉

循环交叉(Cycle Crossover,CX)是另一种适合顺序编码的交叉策略。与其他交叉策略不同的是，循环交叉不需要事先选择交叉点。

假设有两个父代个体,如图 7-27 所示。

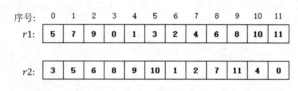

图 7-27　两个父代个体

先从 $r1$ 中选择 0 号编码,作为子代 $r1'$ 的第 1 个编码：

$$r1' = [5, \times, \times, \times, \times, \times, \times, \times, \times, \times, \times, \times]$$

$r2$ 的 0 号编码是 3,3 在 $r1$ 中的序号是 5,$r1'$ 中第 2 个确定的编码是 $r1'[5] = 3$：

$$r1' = [5, \times, \times, \times, \times, 3, \times, \times, \times, \times, \times, \times]$$

$r2$ 的 5 号编码是 10,10 在 $r1$ 中的序号是 10,$r1'$ 中第 3 个确定的编码是 $r1'[10] = 10$：

$$r1' = [5, \times, \times, \times, \times, 3, \times, \times, \times, \times, 10, \times]$$

$r2$ 的 10 号编码是 4,4 在 $r1$ 中的序号是 7,$r1'$ 中第 4 个确定的编码是 $r1'[7] = 4$：

$$r1' = [5, \times, \times, \times, \times, 3, \times, 4, \times, \times, 10, \times]$$

$r2$ 的 7 号编码是 2,2 在 $r1$ 中的序号是 6,$r1'$ 中第 5 个确定的编码是 $r1'[6] = 2$：

$$r1' = [5, \times, \times, \times, \times, 3, 2, 4, \times, \times, 10, \times]$$

$r2$ 的 6 号编码是 1,1 在 $r1$ 中的序号是 4,$r1'$ 中第 6 个确定的编码是 $r1'[4] = 1$：

$$r1' = [5, \times, \times, \times, 1, 3, 2, 4, \times, \times, 10, \times]$$

$r2$ 的 4 号编码是 9,9 在 $r1$ 中的序号是 2,$r1'$ 中第 7 个确定的编码是 $r1'[2] = 9$：

$$r1' = [5, \times, 9, \times, 1, 3, 2, 4, \times, \times, 10, \times]$$

$r2$ 的 2 号编码是 6,6 在 $r1$ 中的序号是 8,$r1'$ 中第 8 个确定的编码是 $r1'[8] = 6$：

$$r1' = [5, \times, 9, \times, 1, 3, 2, 4, 6, \times, 10, \times]$$

$r2$ 的 8 号编码是 7,7 在 $r1$ 中的序号是 1,$r1'$ 中第 9 个确定的编码是 $r1'[1] = 7$：

$$r1' = [5, 7, 9, \times, 1, 3, 2, 4, 6, \times, 10, \times]$$

$r2$ 的 1 号编码是 5,5 在 $r1$ 中的序号是 0,$r1'[0]$ 已经被确定过,至此称为一个循环。剩余未确定的编码从 $r2$ 的对应位置继承即可,如图 7-28 所示。

图 7-28　×从 $r2$ 的对应位置继承

代码 7-24 是循环交叉的实现。将代码 7-24 添加到 genetic_optimize.py 中。

代码 7-24　循环交叉

```
01   def crossover_cx(population):
02       '''
03       循环交叉
04       :param population: 种群
05       :return: 新种群
06       '''
07       pop_new = []  # 新种群
08       code_len = len(population[0])  # 基因编码的长度
09       for i in range(POPULATION_SIZE):
10           r1, r2 = random.choices(population, k=2)  # 选择两个随机的个体
11           r_new = [-1] * code_len  # 新个体
12           r_new[0] = r1[0]
13           i = 0
14           while True:  # 循环交叉
15               x = r2[i]
16               if r_new[0] == x:
17                   break
18               i = r1.index(x) #  x 在 r1 中对应的位置
19               r_new[i] = x
20           for i, x in enumerate(r_new): #  r_new 中剩余未确定的编码直接从 r2 中继承
21               if x == -1:
22                   r_new[i] = r2[i]
23           pop_new.append(r_new)
24       return pop_new
```

7.4.9　变异

顺序编码的变异策略很简单,仅仅是将同一个体的两个随机变异点的编码互相交换。将代

码 7-25 添加到 genetic_optimize.py 中。

代码 7-25　顺序编码的变异

```
01  def mutation(population):
02      '''
03      变异
04      :param population: 种群
05      '''
06      code_len = len(population[0])   #  基因编码的长度
07      mp = 0.2  #  变异率
08      for i, r in enumerate(population):
09          if random.random() < mp:
10              #  两个随机变异点
11              p1, p2 = random.randint(0, code_len - 1), random.randint(0, code_len - 1)
12              #  交换两个变异点的数据
13              r[p1], r[p2] = r[p2], r[p1]
```

对于分宿舍问题来说，变异操作很可能发生两种情况：第一种是对个体没有任何影响，例如，仅仅是同一宿舍的两人交换了床位；第二种是影响过大，例如，两个原本和谐的宿舍，因为换了个人导致矛盾重重。鉴于以上两种原因，我们在分宿舍问题上不使用变异。

7.4.10　分配宿舍

准备工作完成，可以开始使用遗传算法分配宿舍。将代码 7-26 添加到 genetic_optimize.py 中。

代码 7-26　使用遗传算法分配宿舍

```
01  def sum_fitness(population):
02      ''' 计算种群的总适应度 '''
03      return sum([fitness_fun(code)[0] for code in population])
04
05  def ga():
06      ''' 遗传算法分配宿舍 '''
07      population = init_population() # 构建初始化种群
08      s_fitness = sum_fitness(population) #  种群的总适应度
09      pop_cost = [s_fitness] #  每一代种群的成本
10      i = 0
11      while i < 10: #  如果连续 10 代没有改进,则结束算法
12          pop_next = selection(population) #  选择种群
13          pop_new = crossover_cx(pop_next) #  交叉
14          #  mutation(pop_new) #  变异(不使用)
15          s_fitness_new = sum_fitness(pop_new) #  新种群的总适应度
16          if s_fitness > s_fitness_new: #  成本越低,适应度越高
17              s_fitness = s_fitness_new
```

```
18              i = 0
19          else:
20              i += 1
21          population = pop_new
22          pop_cost.append(s_fitness_new)
23      best_per = min(population, key=lambda x: fitness_fun(x))  #  最优个体
24      #  返回最优的个体和每一代种群的成本
25      return best_per, pop_cost
```

在适应度比较上,由于使用的是成本函数,因此种群的成本值越低,适应度越高,成为最优结果的可能性越大。

分宿舍问题的适应度值没有明显的分布规律,如果仍然像寻找椭圆中的最大矩形那样,将最优个体的适应度作为循环的结束条件,那么将有可能陷入局部最优解,过早地结束进化,如图 7-29 所示。

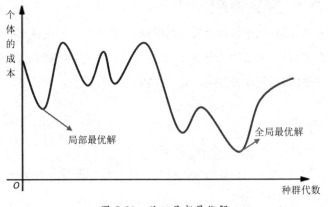

图 7-29 陷入局部最优解

为了避免这个问题,我们使用种群的总适应度作为最优解的判断依据,认为最优个体更可能出现在最优群体中。这有些类似学历与能力的关系,从总体上看,学历高的群体中更可能出现优秀的个体。

最后添加种群进化曲线的可视化代码和执行程序。将代码 7-27 添加到 genetic_optimize.py 中。

代码 7-27 使用遗传算法分配宿舍

```
01  def show_curve(pop_cost):
02      ''' 显示种群进化曲线 '''
03      x = np.arange(1, len(pop_cost) + 1, 1)
04      y = np.array(pop_cost)
05      plt.plot(x, y, '-')
06      plt.rcParams['font.sans-serif'] = ['SimHei']   #  用来正常显示中文标签
07      plt.title('种群进化曲线')
08      plt.xlabel('进化代数')
09      plt.ylabel('种群总成本')
10      plt.show()
```

```
11
12   if __name__ == '__main__':
13       best, pop_cost = ga()
14       solution = decode(best)   # 将方案解码
15       total_cost, dorms_cost = students.cost_solution(solution) # 计算总成本和每个宿舍的成本
16       students.show_solution(solution, total_cost, dorms_cost) # 展示最终方案
17       show_curve(pop_cost)   # 显示种群进化曲线
```

一种可能的运行结果如图 7-30 所示。

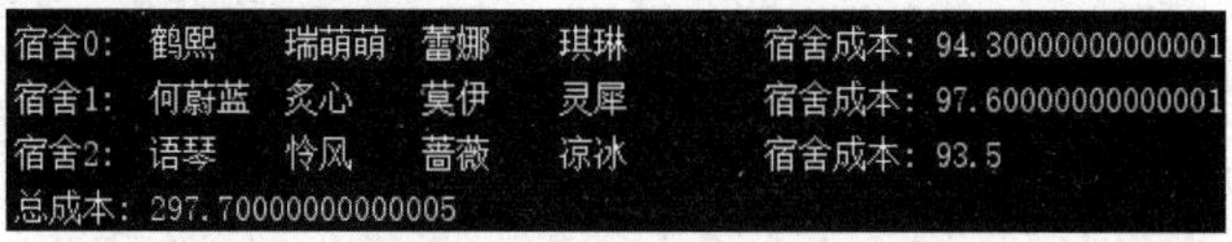

宿舍0:	鹤熙	瑞萌萌	蕾娜	琪琳	宿舍成本: 94.30000000000001
宿舍1:	何蔚蓝	炙心	莫伊	灵犀	宿舍成本: 97.60000000000001
宿舍2:	语琴	怜风	蔷薇	凉冰	宿舍成本: 93.5
总成本: 297.70000000000005

图 7-30　遗传算法得到的一种宿舍分配结果

从图 7-30 中可以看出，在保证总成本较低的同时，"不均"的问题也得到了解决。种群进化曲线如图 7-31 所示。

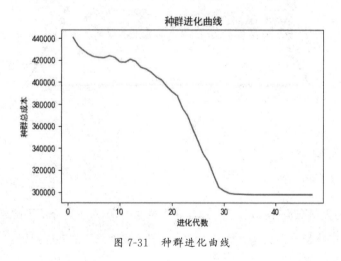

图 7-31　种群进化曲线

7.5 小结

1.遗传算法是一种常用的优化算法，使用它可以在不了解数学原理的前提下通过编程的方式找到问题的较好解。

2.遗传算法通过种群选择策略选出优良的个体，通过交叉和变异的方式产生新种群。

第 8 章
网络流（图论）

图是一种重要的数据结构,网络流是一种带有容量的图,本章主要介绍了网络流的概念和相关的基本术语,并通过增广路径最大流算法解决一些可以规约成网络流的实际问题。

提起"图论"，大多数程序员耳熟能详的概念是深度优先搜索和广度优先搜索，更高级一点的概念是"欧拉路"和"哈密顿回路"。图的相关算法可以解决包括连通问题和最短路径问题在内的许多实际问题。

"网络流"也是图论中的重要概念，在现实世界中，我们的生活受到大量网络流的影响。从字面上看，网络流可以表示管道中的水或石油；从更广泛的意义上看，高压线中的电流、计算机网络中的数据、公路上运行的汽车、物流通道上运输的货物，甚至食物链中流转的能量都可以看作网络流模型。时至今日，网络流的相关算法仍在发展中。

8.1 基本概念和术语

在深入讲解网络流之前，首先介绍一些关于网络流的基本概念和术语，它们大多都非常直白。

8.1.1 流网络

简单地说，流网络是一种带有加权边的有向图。数学中对流网络是这样定义的：网络（Networks）$G = (V, E, s, t, C)$ 是一个五元组，其中 (V, E) 是一个有向图，V 是顶点的集合，E 是边的集合，它们都是非负实数集；s 和 t 是 (V, E) 中的两个不同顶点，s 的入度为 0（没有指向 s 的边），是 G 的源点（source）；t 的出度为 0（没有边从 t 发出），是 G 的汇点（sink）；C 是容量函数，对于 (V, E) 中的任意边 $\bar{a} \in E$，称 $C(\bar{a})$ 是边 $\bar{a}$ 的容量（capacity）。仅有一个源点和一个汇点的网络，称为 st-网，通常 st-网所有边上的容量都是正数。

注：流网络是一种特殊的网络，在大多数应用中，流网络的概念都不言自明，所以很多时候也简单地将流网络称为网络。

下面以一个简单的物理模型直观地解释流网络。假设有一组连通的自来水管道，管道连接处的中转站设有控制开关。这组管道的源头是一个水源站，汇点是一个自来水厂，水从水源站流出，最终汇入自来水厂，图 8-1 所示是这组管道的模型。

图 8-1 是一个带有加权边的有向图，也是一个典型的 st-网。其中 v_1 代表水源站，是源点 s；v_6 代表自来水厂，是汇点 t；其他顶点代表中转站。图 8-1 中的每条边代表一条输水管道，边的权值是管道的容量，权值越大，管道越粗，单位时间能够流过管道的水量也越大。把这些信息映射到网络的定义，那么：

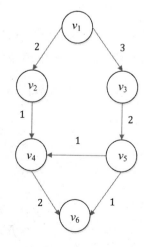

图 8-1　自来水管道的网络模型

$$V = \{v_1, v_2, v_3, v_4, v_4, v_6\}$$

$$E = \{v_1 \rightarrow v_2, v_1 \rightarrow v_3, v_2 \rightarrow v_4, v_3 \rightarrow v_5, v_4 \rightarrow v_6, v_5 \rightarrow v_4, v_5 \rightarrow v_6\}$$

$$s = v_1, t = v_6$$

$$C(v_1 \rightarrow v_2) = 2, C(v_1 \rightarrow v_3) = 3, C(v_2 \rightarrow v_4) = 1, C(v_3 \rightarrow v_5) = 2$$

$$C(v_4 \rightarrow v_6) = 2, C(v_5 \rightarrow v_4) = 1, C(v_5 \rightarrow v_6) = 1$$

输水管道会进行定期保养，不会产生漏水的情况，更不会平白无故生出水，因此所有边的容量都是正值。对于自来水管道的流网络来说，顶点没有容量，边才有容量——作为一个枢纽，中转站并不存储水，只负责通过开关控制水流动的方向；同样，水只是流过输水管道，并不会在管道中积累。

8.1.2 流、网络流和网络流的值

水将在流网络的管道中流动，这些流动的水就是流网络中的流。在流网络模型上，流可以看作边权值的"暗位面"——另一组隐藏的边权值，是边的流量，也称为边流。流网络有多条边，自然也有多个边流。很显然，管道中的水不能超过管道的容量，即边的流量不能大于边的容量，否则管道就会破裂或爆炸。对于输水网的各个中转站来说，由于其没有存储水的功能，所以流入中转站的水等于流出中转站的水。

根据这些特点可以归纳出流的定义：一个网络 $G = (V, E, s, t, C)$ 是流网络，它的一个流是一个函数 f，这个函数满足以下两个条件。

(1) 容量限制，对于任意的边 $\vec{a}$，$0 \leqslant f(\vec{a}) \leqslant C(\vec{a})$，即某一边的边流不会大于该边的容量。

(2) 守恒定律，对于任意内部顶点 $v \in V - \{s, t\}$，进入顶点的流量等于从该顶点发出的流量，简称"流入等于流出"。

作为流网络的源头，没有汇入源点的边，也没有从汇点流出的边。水从水源站到自来水厂的传输过程中没有任何损失，从源点流出的水量等于汇点流入的水量。

当水流过输水管道时，管道将被填充，这里用一个二元组表示边上的容量和流量，如图8-2所示。

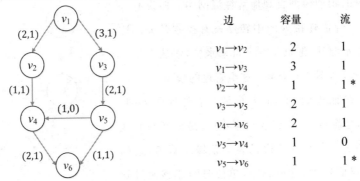

边	容量	流
$v_1 \rightarrow v_2$	2	1
$v_1 \rightarrow v_3$	3	1
$v_2 \rightarrow v_4$	1	1 *
$v_3 \rightarrow v_5$	2	1
$v_4 \rightarrow v_6$	2	1
$v_5 \rightarrow v_4$	1	0
$v_5 \rightarrow v_6$	1	1 *

图 8-2 用二元组表示边上的容量和流量

在图 8-2 中,边 $v_2 \to v_4$ 的容量是 1,流也是 1,此时可以说这条边是满边,并用星号加以注明。边 $v_1 \to v_3$ 的容量是 3,流是 1,说明这条管道并没有得到充分利用,还能流过更多的水。边 $v_5 \to v_4$ 的容量是 1,流是 0,相当于从 v_5 流向 v_4 处的开关是闭合的,这条管道处于闲置状态。

图 8-2 展示了从源点到汇点所有边的流值,因此我们也称图 8-2 是一个网络流(network-flows)。

源点的流出量或汇点的流入量称为网络流的值。在图 8-2 中,网络流的值为:

$$F_s = f(v_1 \to v_2) + f(v_1 \to v_3) = 1 + 1 = 2$$
$$\text{或 } F_t = f(v_4 \to v_6) + f(v_5 \to v_6) = 1 + 1 = 2$$
$$F_s = F_t$$

流网络、流、网络流,听起来极为相似,很多资料中也互相混用,但从严格意义上讲,三者还是有所区别的。通常流网络是指所有容量都是正数的 st-网;流代表个体,特指某一条边上的流量;网络流代表整体,表示流网络上所有流的集合。此外,网络流也指用流网络的模型找出解决问题的方法,有时也指网络流的值(源点的流出量或汇点的流入量)。网络流的含义究竟是集合、方法还是数值,需要根据具体的上下文而定。通常来说,这些概念在实际问题中非常直白,即使混用也可以,不必太过较真,理解它们的意思即可。

8.1.3 最大流

图 8-2 中网络流的值是 2,我们不禁会问,在这个网络中是否还存在另外一个值更大的网络流?

一种朴素的思路是:既然网络流的值取决于源点的流出量或汇点的流入量,那么只要使源点流出边的容量或汇点流入边的容量得到充分利用,就能够取得网络流的最大值。这似乎只是一个简单的加法和比较运算:

$$F_s = C(v_1 \to v_2) + C(v_1 \to v_3) = 2 + 3 = 5$$
$$F_t = C(v_4 \to v_6) + C(v_5 \to v_6) = 2 + 1 = 3$$
$$F_{\max} = \max(F_s, F_t) = 5$$

只要尽全力填满与水源站直连的输水管道即可,如图 8-3 所示。

遗憾的是,这种方案在大多数时候都行不通,原因是它忽略了其他边的容量,没有遵守"流入等于流出"的守恒定律。在图 8-3 中,$C(v_2 \to v_4)$ 和 $C(v_3 \to v_5)$ 的总容量是 3,不足以容纳 5 个单位的水量,换句话说,下游的容量制约了上游的运力。

水源站可以通过多条路径输出水源,其中的一条路径是 $v_1 \to v_2 \to v_4 \to v_6$,$C(v_2 \to v_4) = 1$ 是这条路径上的最窄通道,当 $f(v_2 \to v_4) = 1$ 时,$v_2 \to v_4$ 是满边,它的容量等于流量,即已经被

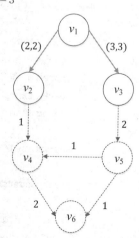

图 8-3 源点的输出流达到最大值

充分利用,根据守恒定律,$v_1 \rightarrow v_2 \rightarrow v_4 \rightarrow v_6$ 上的总流量是 1。类似地,另一条路径 $v_1 \rightarrow v_3 \rightarrow v_5 \rightarrow v_6$ 的总流量也是 1。

该网络的流值是否还可以继续扩大?可以。因为在 $v_5 \rightarrow v_4$ 处还有一个开关,打开这个开关会得到另一条路径 $v_1 \rightarrow v_3 \rightarrow v_5 \rightarrow v_4 \rightarrow v_6$,这将使更多的管道得到利用,也将得到该网络上的最大流,$F_{max} = 3$,如图 8-4 所示。

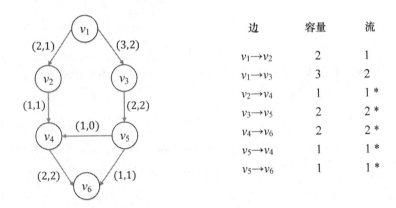

边	容量	流
$v_1 \rightarrow v_2$	2	1
$v_1 \rightarrow v_3$	3	2
$v_2 \rightarrow v_4$	1	1 *
$v_3 \rightarrow v_5$	2	2 *
$v_4 \rightarrow v_6$	2	2 *
$v_5 \rightarrow v_4$	1	1 *
$v_5 \rightarrow v_6$	1	1 *

图 8-4 最大流

8.1.4 基本数据模型

代码 8-1 是一个流网络的基本数据模型。

代码 8-1 流网络的基本数据模型 network_flow.py

```
01  class Edge():
02      ''' 流网络中的边 '''
03      def __init__(self, v, w, cap, flow=0):
04          '''
05          定义一条边 v→w
06          :param v: 起点
07          :param w: 终点
08          :param cap: 容量
09          :param flow: v→w上的流量
10          '''
11          self.v, self.w, self.cap, self.flow = v, w, cap, flow
12
13      def other_node(self, p):
14          '''
15          找到边中与顶点 p 相对应的另一个顶点
16          :param p: 该边上的某一个顶点
```

```
17            :return: 该边上与 p 相对应的另一个顶点
18            '''
19            return self.v if p == self.w else self.w
20
21        def __str__(self):
22            return str(self.v) + ' → ' + str(self.w)
23
24  class Network():
25      ''' 流网络 '''
26      def __init__(self, V:list, E:list, s, t):
27          '''
28          :param V: 顶点集
29          :param E: 边集
30          :param s: 源点
31          :param t: 汇点
32          '''
33          self.V, self.E, self.s, self.t = V, E, s, t
34
35      def edges_from(self, v):
36          ''' 从 v 顶点流出的边 '''
37          return [edge for edge in self.E if edge.v ==v]
38
39      def edges_to(self, v):
40          ''' 流入 v 顶点的边 '''
41          return [edge for edge in self.E if edge.w ==v]
42
43      def edges(self, v):
44          ''' 连接 v 顶点的所有边 '''
45          return self.edges_from(v) + self.edges_to(v)
46
47      def flows_from(self, v):
48          ''' v 顶点的流出量 '''
49          edges = self.edges_from(v)
50          return sum([e.flow for e in edges])
51
52      def flows_to(self, v):
53          ''' v 顶点的流入量 '''
54          edges = self.edges_to(v)
55          return sum([e.flow for e in edges])
56
57      def check(self):
58          ''' 源点的流出是否等于汇点的流入 '''
59          return self.flows_from(self.s) == self.flows_to(self.t)
60
```

```
61          def show(self):
62              ''' 展示网络流 '''
63              if self.check() is False:
64                  print('该网络不符合守恒定律')
65                  return
66          print('%-10s%-8s%-8s' % ('边', '容量', '流'))
67          for e in self.E:
68              print('%-10s%-10d%-8s' % (e, e.cap, e.flow if e.flow < e.cap else
69                      str(e.flow) + '*'))
```

Network 的 check() 方法用于校验流网络的守恒定律,以确保流网络的正确性。本章的后续内容将继续使用并扩充这个模型。

代码 8-2 将构建一个如图 8-4 所示的流网络。将代码 8-2 添加到 network_flow.py 中。

代码 8-2   构建一个如图 8-4 所示的流网络

```
01   if __name__ == '__main__':
02       V = [1, 2, 3, 4, 5, 6] # 顶点集
03       #  边集
04       E = [Edge(1, 2, 2, 1), Edge(1, 3, 3, 2), Edge(2, 4, 1, 1), Edge(3, 5, 2, 2),
05           Edge(4, 6, 2, 2), Edge(5, 4, 1, 1), Edge(5, 6, 1, 1)]
06       s, t = 1, 6 # 源点和汇点
07       G = Network(V, E, s, t) # 构建流网络
08       G.show()
```

代码 8-2 的运行结果如图 8-5 所示。

图 8-5　代码 8-2 的运行结果

寻找最大流

随着城市规模的扩大,城市居民的用水量也日益增多,为了能够确保高峰期的用水需求,水源站在开足马力的同时也要确保每条管道都得到充分利用,这个问题正好可以用最大流模型解决。那么如何寻找一个复杂网络上的最大流呢?

8.2.1 直觉上的方案

一种直觉上的方案是从一个流网络中找到一条从源点到汇点的未充分利用的有向路径，然后增加该路径的流量，反复迭代，直到没有这样的路径为止。广度优先搜索可以在一个流网络中找到这样的路径，这种路径一旦被充分利用，就会因为达到了最大流量而被"填满"，下次搜索时不必再考虑这条路径。

问题是，这样做就一定会得到最大流吗？考虑图 8-6 所示的情况。两条明显的路径是 $v_1 \rightarrow v_2 \rightarrow v_4 \rightarrow v_6$ 和 $v_1 \rightarrow v_3 \rightarrow v_5 \rightarrow v_6$，依次"填满"两条路径，如图 8-7 所示，此时从源点出发已经无法再找到新的路径，因此判断最大流是 3。但是很遗憾，3 并不是最大流，如图 8-8 所示。

看来寻找最大流并没有那么简单，需要借助一些算法。一种能够找到最大流的算法是增广路径最大流算法，在介绍此算法之前需要引入残存网的概念。

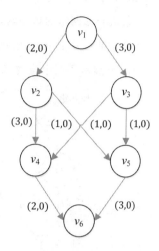

图 8-6　一个空的流网络

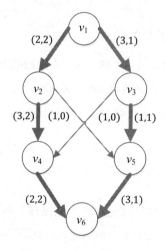

图 8-7　被填满的两条路径

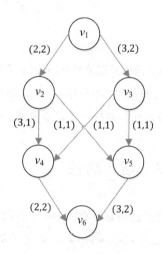

图 8-8　流值是 4

8.2.2 残存网

残存网也叫作余留网、剩余网，它记录了原网络中没有被充分利用的边。假设有一个流网络 G，G 的残存网用 G_f 表示。下面按照以下 4 点构造一个初始的 G_f。

（1）G_f 和 G 有同样的顶点，对于原网络中的各条边，G_f 将有 1 条或 2 条边与之对应，每条边只记录了容量。

（2）对于 G 的一条边 $v \rightarrow w$ 来说，$C(v \rightarrow w)$ 和 $f(v \rightarrow w)$ 代表了该边的容量和流量，如果 $f(v \rightarrow w)$ 的值大于 0，则在 G_f 中有 1 条容量为 $f(v \rightarrow w)$ 的边 $w \rightarrow v$，这条边是原网络中没有的逆向边。

（3）如果 G 中 $f(v \rightarrow w) < C(v \rightarrow w)$，则在 G_f 中会一条容量为 $C(v \rightarrow w) - f(v \rightarrow w)$ 的边 $v \rightarrow w$，这条边与原网络的边同向，它的容量是原网络中 $v \rightarrow w$ 上的剩余容量。

（4）如果 G 中 $v \rightarrow w$ 是满边，则在 G_f 中不存在 $v \rightarrow w$。

图 8-9 展示了一个流网络对应的残存网。

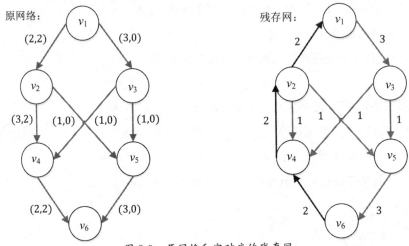

图 8-9　原网络和它对应的残存网

残存网中只记录容量，不记录流量，流量是通过逆向边的容量记录的。由于在原网络中 $v_4 \rightarrow v_6$ 是满边，所以残存网中不存在 $v_4 \rightarrow v_6$，相当于 $v_4 \rightarrow v_6$ 的容量用完了，不存在剩余容量，即 $C_f(v_4 \rightarrow v_6) = 0$。由于残存网和原网络存在对应关系，所以增加或减少原网络的流量都相当于调整残存网。

8.2.3　增广路径

增广路径是残存网中一条连接源点和汇点的简单有向路径，也称为扩充路径。在图 8-9 的残存网中，$v_1 \rightarrow v_3 \rightarrow v_5 \rightarrow v_6$ 就是一条增广路径，也是该残存网中唯一的一条增广路径。

注：在简单路径中，每个顶点只能出现一次。

一条增广路径代表着原网络中一条尚未充分利用的路径，如果想让这条路径得到充分利用，就势必会把增广路径上至少一条边的剩余容量用完，这样一来，残存网至少会有一条边消失或直接调转方向，如图 8-10 所示。

在图 8-10 中，G_{f1} 上 $v_3 \rightarrow v_5$ 的剩余容量被用完了，所以在 G_{f2} 上删除 $v_3 \rightarrow v_5$，并增加 1 条反向边 $v_5 \rightarrow v_3$，同时增加另外 2 条反向边 $v_3 \rightarrow v_1$ 和 $v_6 \rightarrow v_5$，并更新它们对应的正向边的剩余容量。只要 G_{f1} 上的增广路径 $v_1 \rightarrow v_3 \rightarrow v_5 \rightarrow v_6$ 得到充分利用，那么原网络上的相应路径也将得到充分利用，如图 8-11 所示。

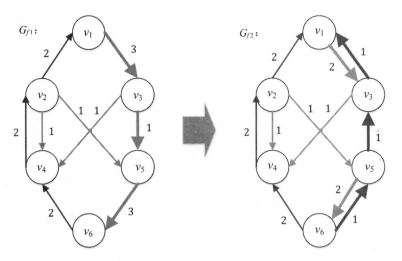

图 8-10　使增广路径 $v_1 \rightarrow v_3 \rightarrow v_5 \rightarrow v_6$ 得到充分利用

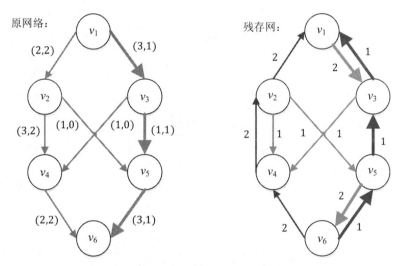

图 8-11　原网络上 $v_1 \rightarrow v_3 \rightarrow v_5 \rightarrow v_6$ 被充分利用

　　从图 8-11 中可以看出，原网络上 $v_3 \rightarrow v_5$ 已经变成了满边，根据守恒定律，此时 $v_1 \rightarrow v_3 \rightarrow v_5 \rightarrow v_6$ 不存在继续扩充的余地。由增广路径可以得到一个结论，只要把残存网上的增广路径用完，原网络就将无法继续扩充，此时将找到最大网络流。

　　现在，图 8-10 的残存网 G_{f2} 中似乎不存在一条连接源点和汇点的路径了，如果就这样结束，发现流值是 3，仍然不是最大流，那么怎么办呢？需要注意的是，残存网中有逆向边，因此还有一条增广路径，这就是 $v_1 \rightarrow v_3 \rightarrow v_4 \rightarrow v_2 \rightarrow v_5 \rightarrow v_6$，填满该路径，如图 8-12 所示。

　　在 G_{f2} 中，有 1 个单位的流量流过 $v_4 \rightarrow v_2$，这相当于把原来流经 $v_2 \rightarrow v_4$ 的流量退还回去，从而获得把退还的流量重新分配到其他路径的能力。当填满所有的增广路径时，残存网中将不存在从源点到汇点的简单有向路径，此时原网络中的流值也达到了最大，如图 8-13 所示。

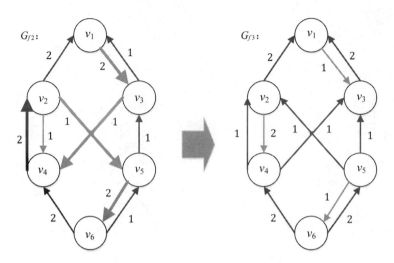

图 8-12　填满残存网的 $v_1 \rightarrow v_3 \rightarrow v_4 \rightarrow v_2 \rightarrow v_5 \rightarrow v_6$

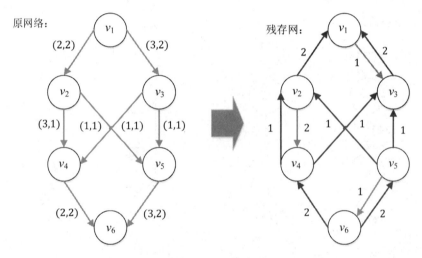

图 8-13　最大流和它对应的残存网

作为简单路径,增广路径中的每个顶点只能出现一次,因此并不是每条连接源点和汇点的有向路径都是增广路径。例如,在图 8-14 中,v_1 是源点,v_5 是汇点,$v_1 \rightarrow v_2 \rightarrow v_5$ 是增广路径;$v_1 \rightarrow v_2 \rightarrow v_3 \rightarrow v_4 \rightarrow v_2 \rightarrow v_5$ 虽然也连通了源点和汇点,但是 v_2 在这条路径上出现了两次,这条路径并不"简单",因此不是增广路径。

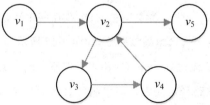

图 8-14　$v_1 \rightarrow v_2 \rightarrow v_3 \rightarrow v_4 \rightarrow v_2 \rightarrow v_5$ 不是增广路径

为什么要求增广路径必须是简单路径呢？以图 8-14 为例，设这条路径 $v_1 \rightarrow v_2 \rightarrow v_3 \rightarrow v_4 \rightarrow v_2 \rightarrow v_5$ 为 P，水先从源点流入中转站 v_2，然后绕了一圈后又回到 v_2，最终统一由 v_2 流向 v_5。对于 $v_1 \rightarrow v_2$ 和 $v_2 \rightarrow v_5$ 的容量，无非有两种可能：$C(v_1 \rightarrow v_2) \leqslant C(v_2 \rightarrow v_5)$ 或 $C(v_1 \rightarrow v_2) > C(v_2 \rightarrow v_5)$。当 $C(v_1 \rightarrow v_2) \leqslant C(v_2 \rightarrow v_5)$ 时，P 上能够扩充的流量取决于 P 上容量最小的边，因此最终扩充的流量一定小于等于 $C(v_1 \rightarrow v_2)$。如果扩充后仍能找到增广路径，则说明 $v_1 \rightarrow v_2$ 并没有得到充分利用，在下一次寻径中还会再次找到 $v_1 \rightarrow v_2 \rightarrow v_5$，这还不如一开始就通过 $v_1 \rightarrow v_2 \rightarrow v_5$ 扩充。当 $C(v_1 \rightarrow v_2) > C(v_2 \rightarrow v_5)$ 时，最快的扩充途径仍然是先通过 $v_1 \rightarrow v_2 \rightarrow v_5$ 扩充。所以，非简单路径并不是无法得到最大流，只是这样做会增加搜索路径的次数，白白浪费时间和精力。

8.2.4 增广路径最大流算法

增广路径最大流算法也称为 Ford-Fullkerson 算法，它通过不断寻找并填满残存网中的增广路径来扩充原网络的流值，直到残存网中不存在增广路径为止，算法的过程如图 8-15 所示。

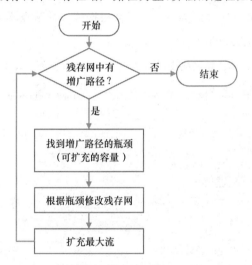

图 8-15 增广路径最大流算法的过程

每填充一条增广路径，就会有至少一条边被删除或掉转方向，在实际应用中，一种简单的方案是将待删除边的容量清零，而并非真正删除这条边，也就是我们常说的"逻辑删除"。代码 8-3 通过扩展 Edge 类使之能够表达残存边。将代码 8-3 添加到 network_flow.py 中。

代码 8-3　使 Edge 能够表达残存边

```
01  class Edge():
02      ......
03      def residual_cap_to(self, p):
04          '''
```

```
05              计算残存边的剩余容量,原网络的边是 v→w
06              :param p: 残存边的终点
07              :return: 残存边的剩余容量
08              '''
09              #  如果p=w,则返回 v→w 的剩余容量;如果p=v,则返回 w→v 的剩余容量
10              return self.cap - self.flow if p == self.w else self.flow
11
12      def moddify_flow(self, p, x):
13              '''
14              将残存边的流量调整 x 个单位
15              :param p: 残存边的终点
16              :param x: x 个单位流量
17              '''
18              if p ==self.w: #  原网络的边是 v→w, 如果 p=w,则将 v→w 的流量增加 x
19                  self.flow += x
20              else: #    否则将 v→w 的流量减少 x
21                  self.flow -= x
```

每条边有两个顶点,如果一条边是 $v \to w$,那么根据传入的顶点不同,residual_cap_to(w)表示 $C_f(v \to w)$,residual_cap_to(v)表示 $C_f(w \to v)$ 。

接下来通过 FordFulkerson 类计算网络中的最大流。代码 8-4 展示了如何在残存网上找到增广路径。

代码 8-4 找到残存网上的增广路径 ford_fulkerson.py

```
01   from queue import Queue
02
03   class FordFulkerson():
04       def __init__(self, G:Network):
05           self.G = G  # 流网络
06           self.max_flow = 0  # 最大流
07
08       class Node:
09           ''' 用于记录路径的轨迹 '''
10           def __init__(self, w, e:Edge, parent):
11               '''
12               :param w: 顶点
13               :param e: w 的流入边
14               :param parent: 上一顶点
15               '''
16               self.w, self.e, self.parent = w, e, parent
17
18           def is_s(self):
19               ''' Node 是否是源点 '''
20               return self.parent is None
21
22       def get_augment_path(self):
```

```
23          ''' 获取残存网中的一条增广路径 '''
24          path = None
25          visited = set() #  被访问过的顶点
26          visited.add(self.G.s) #  将源点添加到 visited
27          q = Queue()
28          q.put(self.Node(self.G.s, None, None))
29          while not q.empty():
30              node_v = q.get()
31              v = node_v.w
32              for e in self.G.edges(v): #  遍历连接 v 的所有边
33                  w = e.other_node(v) #  边的另一个顶点，e 的指向是 v→w
34                  #  v→w有剩余容量且 w 没有被访问过
35                  if e.residual_cap_to(w) > 0 and w not in visited:
36                      visited.add(w)
37                      node_w = self.Node(w, e, node_v)
38                      q.put(node_w)
39                      if w == self.G.t: #  到达了汇点
40                          path = node_w
41                          break
42          return path
```

get_augment_path()与 5.6.2 小节中的代码 5-17 类似，用先进先出队列实现广度优先搜索，找到残存网中的一条增广路径，并通过 visited 记录访问过的顶点，以确保路径是一条简单路径。Node 用于记录路径中经历的顶点。

代码 8-5 是根据图 8-15 所示的步骤编写的增广路径最大流算法的主体代码，并展示了如何计算图 8-6 所示网络的最大流。将代码 8-5 添加到 ford_fulkerson.py 中。

代码 8-5　增广路径最大流算法的主体代码

```
01  def show_all(ff):
02      '''
03      展示最大网络流
04      :param ff: FordFulkerson
05      '''
06      print('最大网络流 =', ff.max_flow)
07      print('%-10s%-8s%-8s' % ('边', '容量', '流'))
08      for e in ff.G.E:
09          print('%-10s%-10d%-8s' % (e, e.cap, e.flow if e.flow < e.cap else str(e.flow) + '*'))
10
11  class FordFulkerson():
12      ……
13      def start(self):
14          ''' 增广路径最大流算法的主体方法 '''
15          while True:
16              path = self.get_augment_path() #  找到一条增广路径
```

```
17              if path is None:
18                  break
19              bottle = 10000000 #  增广路径的瓶颈
20              node = path
21              while not node.is_s(): #  计算增广路径上的最小剩余量
22                  w, e = node.w, node.e
23                  bottle = min(bottle, e.residual_cap_to(w))
24                  node = node.parent
25              node = path
26              while not node.is_s(): #  修改残存网
27                  w, e = node.w, node.e
28                  e.moddify_flow(w, bottle) #  将残存边 e 的流量调整 bottle 个单位
29                  node = node.parent
30              self.max_flow += bottle #  扩充最大流
31
32      def show(self, model_show=show_all):
33          ''' 展示最大网络流 '''
34          model_show(self)
35
36  if __name__ == '__main__':
37      V = [1, 2, 3, 4, 5, 6] #  顶点集
38      #  边集
39      E = [Edge(1, 2, 2), Edge(1, 3, 3), Edge(2, 4, 3), Edge(2, 5, 1),
40          Edge(3, 4, 1), Edge(3, 5, 1), Edge(4, 6, 2), Edge(5, 6, 3)]
41      s, t = 1, 6 #  源点和汇点
42      G = Network(V, E, s, t) #  定义流网络
43      ford_fullkerson = FordFulkerson(G)
44      ford_fullkerson.start()
45      ford_fullkerson.show()
```

代码 8-5 的运行结果和对应的网络流如图 8-16 所示。

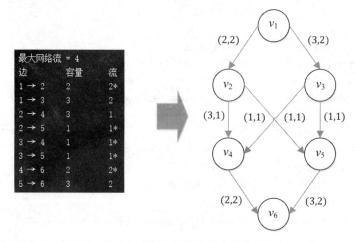

图 8-16 代码 8-5 的运行结果和对应的网络流

8.3 补给线上的攻防战

在大规模战争中，后勤补给是重中之重，为了尽最大可能满足前线的物资消耗，后勤部队必然要充分利用运输网上的每条路线。与此同时，交战双方也想要以最小的代价切断对方的补给线，从而使敌军处于孤立无援的境地。在古今中外的许多重大战役中，却曾经上演过一幕幕补给线上的攻防战。

8.3.1 甲军的运输路线

假设甲、乙两军正在交战，图 8-17 所示是甲军的补给运输网，其中 t 是甲军的前沿阵地，s 是后勤大营，每条边代表一条公路，边上的数字代表公路的宽度。如果甲军后勤部队想要尽最大努力补充前线的消耗，应该怎样设计运输路线？

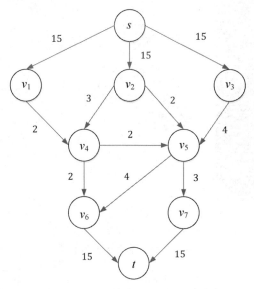

图 8-17　甲军的补给运输网

在设计运输路线之前先来认识"归约"一词。归约（reduction）可以简单地理解为问题转换，为了解决问题 A，先将问题 A 转换为另一个问题 B，B 是 A 的本源问题，解决问题 B 的同时也解决了问题 A。

运输路线问题很容易归约成网络流模型，使用代码 8-6 可以直接计算出结果。

代码 8-6　设计最大运力的补给线 **C8_6.py**

```
01  from network_flow import Network
02  from network_flow import Edge
```

```
03    from ford_fulkerson import FordFulkerson
04
05    V = [0, 1, 2, 3, 4, 5, 6, 7, 8] #  顶点集
06    #  边集
07    E = [Edge(0, 1, 15), Edge(0, 2, 15), Edge(0, 3, 15), Edge(1, 4, 2), Edge(2, 4, 3),
08        Edge(2, 5, 2), Edge(3, 5, 4), Edge(4, 5, 2), Edge(4, 6, 2), Edge(5, 6, 4),
09        Edge(5, 7, 3), Edge(6, 8, 15), Edge(7, 8, 15)]
10    s, t = 0, 8 #  源点和汇点
11    G = Network(V, E, s, t) #  定义流网络
12    ford_fullkerson = FordFulkerson(G)
13    ford_fullkerson.start()
14    ford_fullkerson.show()
```

代码 8-6 的运行结果和对应的网络流如图 8-18 所示。

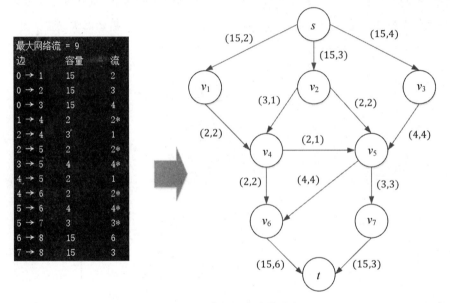

图 8-18　甲军最大运力的补给线

8.3.2　乙军的轰炸目标

　　甲军想要充分利用每条公路,乙军的目的正好相反,是破坏公路网,使甲军的战斗部队孤立无援。现在乙军打算组织一次针对甲军补给线的战略轰炸,由于甲军在每个顶点都部署了大量防空武器,因此乙军需要绕过顶点,直接轰炸防御薄弱的公路。假设炸掉容量为 1 的公路需要 n 颗炸弹,破坏的公路容量和投掷的炸弹数成正比,怎样设计轰炸目标才能以最小的代价给敌军的补给线造成最大的打击呢?

　　一个方案是炸毁直接通向汇点的公路,但由于连接汇点的两条公路太宽,完全破坏需要 $30n$ 颗炸弹,这显然不是最小代价。如果轰炸的是 $v_5 \rightarrow v_7$,那么只需要 $3n$ 的炸弹就可以使宽敞的 $v_7 \rightarrow t$ 沦为摆设。

在一个大型公路网上找到最佳轰炸目标并不容易,幸而这个目标与流网络的最小 *st*-剪切有密切关系。

8.3.3　最小*st*-剪切

一个流网络的顶点可以划分成两个不相交的集合 *X* 和 *Y*,源点 *s* 和汇点 *t* 分属于这两个集合,连接 *X* 和 *Y* 的边称为这个流网络的 *st*-剪切(st-cut,也称为截、割或切割)。这里用浅色顶点表示包含源点的集合 *X*,用深色顶点表示包含汇点的集合 *Y*,这样就很容易看出一个流网络的 *st*-剪切,如图 8-19 所示。

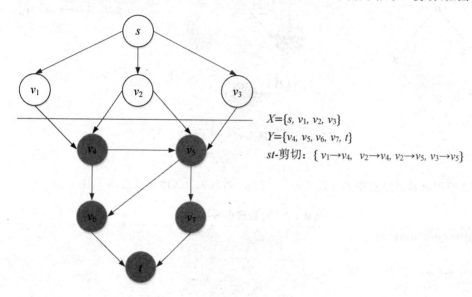

$X=\{s, v_1, v_2, v_3\}$
$Y=\{v_4, v_5, v_6, v_7, t\}$
st-剪切： $\{v_1{\rightarrow}v_4,\ v_2{\rightarrow}v_4, v_2{\rightarrow}v_5, v_3{\rightarrow}v_5\}$

图 8-19　*st*-剪切

既然 *st*-剪切是边的集合,那么集合中边的容量之和就是 *st*-剪切的容量。一个流网络有很多种不同的 *st*-剪切,其中容量最小的一个称为最小 *st*-剪切。

st-剪切包含了所有源点到汇点的通道,一个显而易见的结论是,*st*-剪切的流值等于这个网络流的值。更进一步,任何网络流的值都不会超过 *st*-剪切的容量,这也意味着最小 *st*-剪切代表着流网络的瓶颈,最小 *st*-剪切的容量等于最大流的值,这个定理称为最大流-最小 *st*-剪切定理。该定理也可以反过来表述:网络流的值最大不会大于任意一个给定的 *st*-剪切的容量。当 *X* 只包含源点或 *Y* 只包含汇点时,最大流-最小 *st*-剪切定理最为直观。

最小 *st*-剪切中的边代表补给线上最重要的路段,只要破坏这些路段,就能以最小的代价切断敌军的补给,即使只破坏了一部分,也能有效降低敌军的补给能力。既然最小 *st*-剪切与最大流存在关联关系,那么就可以在寻找最大流时顺带找出最小 *st*-剪切。这一求解过程仍然需要使用残存网。在最大流对应的残存网中,将源点和从源点出发可以到达的顶点看作集合 *X*,剩下的顶点看作集合 *Y*,对于边 $v \rightarrow w$,如果满足 $v \in X$ 且 $w \in Y$,那么 $v \rightarrow w$ 就是最小 *st*-剪切中的一条边。

以图 8-13 为例，在最大流的残存网中，源点能够到达的顶点只有 v_3，它对应的原网络的最小 st-剪切如图 8-20 所示。

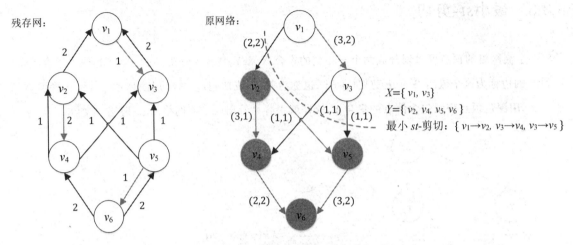

图 8-20　最大流上的最小 st-剪切

代码 8-7 根据这种思路实现了寻找最小 st-剪切。将代码 8-7 添加到 ford_fulkerson.py 中。

代码 8-7　寻找最小 st-剪切

```
01  class FordFulkerson():
02      ......
03      def min_st_cut(self):
04          '''
05          寻找最小 st-剪切
06          :return: 三元组(X, Y, st_cut)
07          '''
08          X = [self.G.s]  # st-剪切的 X 集合
09          stack = [self.G.s]  # 将源点入栈
10          # 将最大流对应的残存网中从源点出发可以到达的顶点添加到 X
11          while len(stack) > 0:
12              v = stack.pop()
13              for e in self.G.edges_from(v):  # 所有从 v 顶点流出的边
14                  if e.w != self.G.t and e.w not in X and e.residual_cap_to(e.w) > 0:
15                      X.append(e.w)
16                      stack.append(e.w)
17          Y = list(set(self.G.V) - set(X))  # st-剪切的 Y 集合
18          st_cut = [e for e in self.G.E if e.v in X and e.w in Y]  # 连接 X 和 Y 的边
19          return X, Y, st_cut
20
21      def show_st_cut(self, X, Y, st_cut):
22          '''
23          展示最小 st-剪切
```

```
24        :param X: st-剪切中源点所在的集合
25        :param Y: st-剪切中汇点所在的集合
26        :param st_cut: 最小 st-剪切
27        '''
28        print('X =', X)
29        print('Y =', Y)
30        print('st-cut =', [str(e) for e in st_cut])
```

由于 min_st_cut() 在寻找最小 st-剪切时需要借助最大流对应的残存网，因此在使用 min_st_cut() 前需要先执行一次寻找最大流的操作。代码 8-8 展示了如何利用最小 st-剪切寻找乙军的最佳轰炸目标。

代码 8-8   找到乙军的最佳轰炸目标 C8_8.py

```
01    from network_flow import Network
02    from network_flow import Edge
03    from ford_fulkerson import FordFulkerson
04
05    V = [0, 1, 2, 3, 4, 5, 6, 7, 8] #  顶点集
06    #  边集
07    E = [Edge(0, 1, 15), Edge(0, 2, 15), Edge(0, 3, 15), Edge(1, 4, 2), Edge(2, 4, 3),
08        Edge(2, 5, 2), Edge(3, 5, 4), Edge(4, 5, 2), Edge(4, 6, 2), Edge(5, 6, 4),
09        Edge(5, 7, 3), Edge(6, 8, 15), Edge(7, 8, 15)]
10    s, t = 0, 8 #  源点和汇点
11    G = Network(V, E, s, t) #  定义流网络
12    ford_fullkerson = FordFulkerson(G)
13    ford_fullkerson.start() #  找到最大流，从而生成最大流对应的残存网
14    X, Y, st_cut = ford_fullkerson.min_st_cut() #  找到最小 st-剪切
15    ford_fullkerson.show_st_cut(X, Y, st_cut)
```

代码 8-8 的运行结果和乙军的轰炸目标如图 8-21 所示。

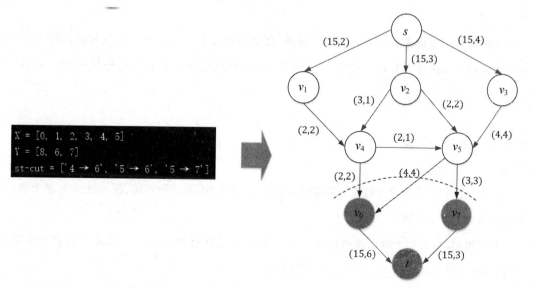

图 8-21   乙军的轰炸目标是最小 st-剪切

8.4 姜子牙的粮道

在《封神演义》中，姜子牙经过金台拜将之后，担任"扫荡成汤天宝大元帅"一职，代武王伐纣，率领60万西岐大军东进朝歌。所谓"三军未动，粮草先行"，在临行前，姜子牙在任命了4个先行官的同时，又任命了杨戬、土行孙、郑伦3个押粮官。

押粮前必先征粮，单从一个地方征粮恐怕不足以支持一场灭国战争，假设图8-22所示是西岐的粮道。

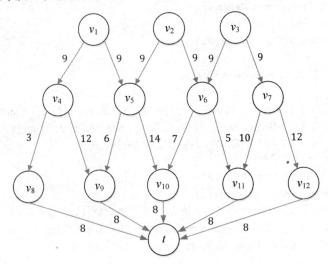

图 8-22　西岐的粮道

边的容量代表粮道的运力，杨戬、土行孙、郑伦分别从 v_1、v_2、v_3 这3个征粮地同时出发，将粮草运往唯一的前沿阵地 t，运粮过程中，三人可以在每个顶点处合兵或分兵，怎样行进才能使粮道发挥最大运力呢？

8.4.1 多个源点

在把问题规约成典型的最大流问题时，发现与之前介绍的 st-网不同，图8-22中有多个源点（或者说没有源点），怎么办呢？

其实很简单，在3个源点前再加入一个超级源点，这样就使 v_1、v_2、v_3 变成了符合守恒定律的普通顶点，原网络也转换成了 st-网，如图8-23所示。

注：与此类似，也可以通过建立一个超级汇点来处理有多个汇点的情况。

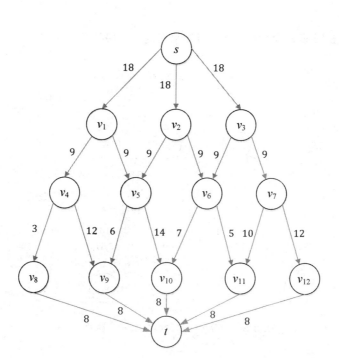

图 8-23　加入一个超级源点

8.4.2　粮道的最大运力

有了超级顶点后，只要把初始数据交给计算机就可以了。

代码 8-9　发挥最大运力的运粮路线 C8_9.py

```
01  from network_flow import Network
02  from network_flow import Edge
03  from ford_fulkerson import FordFulkerson
04
05  V = [0, 1, 2, 3, 4, 5, 6, 7, 8, 9, 10, 11, 12, 13] # 顶点集
06  # 边集
07  E = [Edge(0, 1, 18), Edge(0, 2, 18), Edge(0, 3, 18), Edge(1, 4, 9),
08      Edge(1, 5, 9), Edge(2, 5, 9), Edge(2, 6, 9), Edge(3, 6, 9),
09      Edge(3, 7, 9), Edge(4, 8, 3), Edge(4, 9, 12), Edge(5, 9, 6),
10      Edge(5, 10, 14), Edge(6, 10, 7), Edge(6, 11, 5), Edge(7, 11, 10),
11      Edge(7, 12, 12), Edge(8, 13, 8), Edge(9, 13, 8), Edge(10, 13, 8),
12      Edge(11, 13, 8), Edge(12, 13, 8)]
13  s, t = 0, 13 # 超级源点和汇点
14  G = Network(V, E, s, t) # 定义流网络
15  ford_fullkerson = FordFulkerson(G)
16  ford_fullkerson.start() # 找到最大流，从而生成最大流对应的残存网
17  ford_fullkerson.show()
```

最大流是 33,图 8-24 所示是代码 8-9 运行结果对应的网络流。

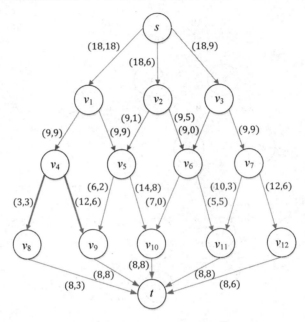

图 8-24　粮道上的最大流

值得一提的是,虽然最大流的值是确定的,但押粮路线并不唯一,最大流算法的选择和边的输入顺序都会对结果产生影响。

 ## 8.5　缓解拥堵的高速公路

又是一个晴朗的假日,居住在 A 城市的上班族打算到附近的 B 城市看看自然风光。当他们把车开上高速时,又一次遇到了拥堵,两个城市间的收费站也毫无悬念地成了拥堵的重灾区。图 8-25 展示了两个城市间高速公路的网络模型。

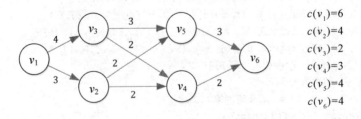

$c(v_1)=6$
$c(v_2)=4$
$c(v_3)=2$
$c(v_4)=3$
$c(v_5)=4$
$c(v_6)=4$

图 8-25　两个城市间高速公路的网络模型

每个顶点代表一个收费站，v_1 是 A 城市的出口，v_6 是 B 城市的入口，边的权重代表高速公路的运力，$c(v_1) \sim c(v_6)$ 是每个收费站的容量，该容量与高速公路运力的单位相同。为了缓解拥堵，两个城市向每个收费站加派了交警，以便引导司机走相对快速的路线。交警该以怎样的方案调度车辆呢？

8.5.1 带有容量的顶点

交通流正好可以规约成网络流模型，但由于加入了顶点的容量，问题似乎也变得复杂起来。回顾 8.1.1 小节中流网络的定义，$G = (V, E, s, t, C)$ 并没有包括顶点的容量，为了将交通流规约成网络流模型，需要先处理顶点的容量。

我们的解决方案是把顶点的容量转嫁到边上：对每个有容量的顶点 v，都添加一个新的顶点 v'，连接 vv'，使 $c(v \to v') = c(v)$，并将 v 的流出边转移到 v' 上，这样就可以将带有容量的顶点规约成一个普通的 st-网，如图 8-26 所示。

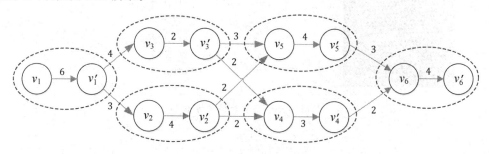

图 8-26 把顶点的容量转嫁到边上

8.5.2 交警的指挥方案

图 8-26 已经是一个普通的 st-网，只要更改一下输入，就可以使用最大流的相关算法找出车辆调度方案。

代码 8-10 车辆调度方案 C8_10.py

```
01  from network_flow import Network
02  from network_flow import Edge
03  from ford_fulkerson import FordFulkerson
04
05  V = [1, 2, 3, 4, 5, 6, 10, 20, 30, 40, 50, 60] # 顶点集
06  # 边集
07  E = [Edge(1, 10, 6), Edge(10, 2, 3), Edge(10, 3, 4), Edge(2, 20, 4), Edge(3, 30, 2),
08      Edge(30, 4, 2), Edge(30, 5, 3), Edge(20, 4, 2), Edge(20, 5, 2), Edge(5, 50, 4),
09      Edge(4, 40, 3), Edge(50, 6, 3), Edge(40, 6, 2), Edge(6, 60, 4)]
```

```
10  s, t = 1, 60 #  源点和汇点
11  G = Network(V, E, s, t) #  定义流网络
12  ford_fullkerson = FordFulkerson(G)
13  ford_fullkerson.start() #  找到最大流,从而生成最大流对应的残存网
14  ford_fullkerson.show()
```

代码 8-10 将顶点 v 的值乘 10 作为 v'。代码 8-10 的运行结果和对应的调度方案如图 8-27 所示。

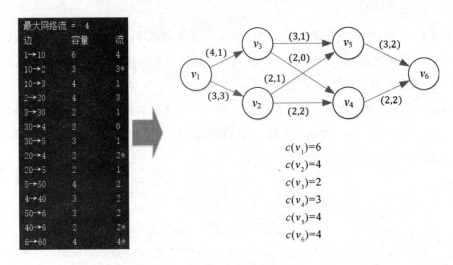

图 8-27　交警的调度方案

8.6　皇家飞行员的匹配

在第二次世界大战期间,英国皇家空军从沦陷国征募了大量外籍飞行员。在执行飞行任务时,由皇家空军派出的每一架飞机都需要配备在航行技能和语言上能互相配合的两名飞行员,其中一名是英国飞行员,另一名是外籍飞行员,每一名英国飞行员都可以与若干名外籍飞行员很好地配合。在一次大规模战略任务中,如何匹配飞行员才能使皇家空军一次能派出最多的飞机?

8.6.1　不假思索的答案

假设有 m 名英国飞行员和 n 名外籍飞行员,一个不假思索的答案是可以派出 $\min(m, n)$ 架飞机。但事实并非如此,可以用图 8-28 轻易地反驳。

$a_1 \sim a_4$ 和 $b_1 \sim b_5$ 表示有 4 名英国飞行员和 5 名外籍飞行员,其中能够匹配 a_1、a_2、a_4 的只有 b_2 和 b_5,这意味着在出任务时 a_1、a_2、a_4 中必定有一人无法参加,所以无法同时派出 4 架飞机。

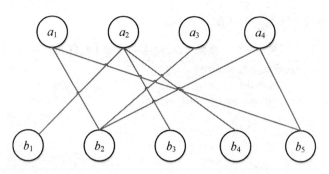

图 8-28　派出的飞机小于 $\min(m, n)$ 的情况

8.6.2　二部匹配

图 8-28 所示的图模型称为二部图，也称为二分图。二部图的顶点分属于两个集合 A 和 B，对于图中的任意无向边 vw 来说，都有 $v \in A$ 且 $w \in B$。基于二部图模型的匹配方案称为二部匹配。

一种找到最佳二部匹配的办法是使用穷举搜索，但是这种方法太低效，因为它找出最佳匹配可能要搜索所有的解空间。假设集合 A 中有 m 个顶点，每个顶点都能够发出 k 条边，那么穷举法在极端情况下需要执行 k^m 次才能得出结果，这种级别的效率显然是令人无法接受的。

如果为二部图加上超级源点和超级汇点，并令每条边的容量为 1，就可以把一个二部图规约成一个流网络，从而用最大流算法解决二部匹配问题，如图 8-29 所示。

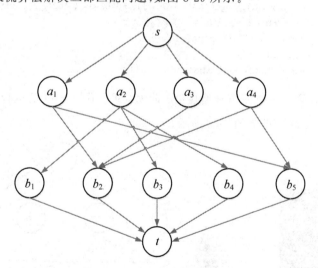

图 8-29　把一个二部图变成一个流网络

由于每条边的容量都是 1，因此网络流总是能够给出一个合法的匹配，使每个内部顶点至多只接收到一个单位的流，这相当于 A 中的任意顶点至多只能与 B 中的一个顶点相匹配，并且 B 中的任意顶点至多只能与 A 中的顶点匹配一次。

现在可以很容易地找到飞行员的匹配方案了。

代码 8-11　皇家飞行员的匹配方案 C8_11.py

```
01  from network_flow import Network
02  from network_flow import Edge
03  from ford_fulkerson import FordFulkerson
04
05  def show_full(ff):
06      '''
07      只展示最大流的满边
08      :param ff: FordFulkerson
09      '''
10      print('最大网络流 =', ff.max_flow)
11      print('%-10s%-8s%-8s' % ('边', '容量', '流'))
12      for e in ff.G.E:
13          if e.flow == 1:
14              print('%-10s%-10d%-8s' % (e, e.cap, str(e.flow)))
15
16  V_EN = ['a1', 'a2', 'a3', 'a4'] # 皇家飞行员
17  V_FN = ['b1', 'b2', 'b3', 'b4', 'b5'] # 外籍飞行员
18  s, t = 's', 't' # 源点和汇点
19  V = [s] + V_EN + V_FN + [t] # 顶点集
20  E_EN = [Edge(s, pilot, 1) for pilot in V_EN] # 源点指向皇家飞行员的边集
21  E_FN = [Edge(pilot, t, 1) for pilot in V_FN] # 外籍飞行员指向汇点的边集
22  # 皇家飞行员和外籍飞行员的搭配关系
23  E = [Edge('a1', 'b2', 1), Edge('a1', 'b5', 1), Edge('a2', 'b1', 1), Edge('a2', 'b3', 1),
24      Edge('a2', 'b5', 1), Edge('a3', 'b2', 1), Edge('a4', 'b2', 1), Edge('a4', 'b5', 1)]
25  G = Network(V, E_EN + E + E_FN, s, t) # 定义流网络
26  ford_fullkerson = FordFulkerson(G)
27  ford_fullkerson.start()
28  ford_fullkerson.show(model_show=show_full)
```

show_full()只展示满边,从而更清晰地显示了匹配结果。代码 8-11 的运行结果和皇家飞行员的匹配方案(用加粗的边表示匹配)如图 8-30 所示。

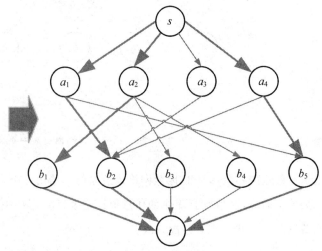

图 8-30　皇家飞行员的匹配方案

8.7 小结

1.流网络是一种带有加权边的有向图，用 $G = (V, E, s, t, C)$ 表示。

2.流网络满足守恒定律。

3.增广路径最大流算法利用寻找残存网上的增广路径来找到流网络中的最大流。

4.最大流-最小 st-剪切定理：最大网络流等于最小 st-剪切的容量。

5.利用超级源点和超级汇点将多个源点或多个汇点的网络规约成 st-网。

6.用边代替顶点的办法将有容量的顶点规约成 st-网。

7.最大流模型可以处理二部匹配问题。

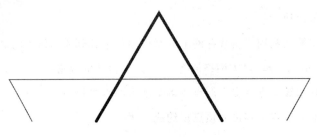

第 9 章

拟合的策略（最小二乘法）

最小二乘法是高斯在 18 岁时发现的,这个听起来令人费解的名词经常和机器学习中的回归问题一起出现。本章从微积分、线性代数和概率统计的视角解释了最小二乘法的原理,并通过示例展示如何应用最小二乘法拟合数据。

伟大的德国数学家高斯（图 9-1）一生中取得了众多的数学成果，享有"数学王子"的美誉。

他在 18 岁时发现了"最小二乘法"，这个听起来令人费解的名词经常和机器学习中的回归问题一起出现。最小二乘法到底是什么？它又是怎么拟合数据的呢？

9.1 问题的源头

图 9-1　数学王子——高斯

远处有一座大楼，小明想要测量大楼的高度，他想到了一个好办法。首先，找一根长度是 y_1 的木棍插在地上，当他趴在 A 点时，木棍的顶端正好遮住楼顶，此时他记录下自己的观察点到木棍的距离 x_1，如图 9-2 所示。

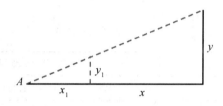

图 9-2　测量大楼高度的数学模型

之后小明又找到另一根长度是 y_2 的木棍，用同样的方法再观察一次，这次观察点到木棍的距离是 x_2。由于测量时存在误差，因此 $\dfrac{x_1}{y_1} \neq \dfrac{x_2}{y_2}$。现在小明可以通过相似三角形建立一个有唯一解的方程组：

$$\begin{cases} \dfrac{x_1}{y_1} = \dfrac{x_1 + x}{y} \\[2mm] \dfrac{x_2}{y_2} = \dfrac{x_2 + x}{y} \end{cases}$$

小明两次观测记录的数据是 $x_1 = 1.061, y_1 = 1.310, x_2 = 1.094, y_2 = 1.350$。为了便于使用计算机计算，小明将方程组写成了矩阵的形式：

$$\begin{cases} \dfrac{x_1}{y_1} = \dfrac{x_1 + x}{y} \\[2mm] \dfrac{x_2}{y_2} = \dfrac{x_2 + x}{y} \end{cases} \Rightarrow \begin{cases} -y_1 x + x_1 y = x_1 y_1 \\ -y_2 x + x_2 y = x_2 y_2 \end{cases} \Rightarrow \underbrace{\begin{bmatrix} -y_1 & x_1 \\ -y_2 & x_2 \end{bmatrix}}_{\boldsymbol{A}} \underbrace{\begin{bmatrix} x \\ y \end{bmatrix}}_{\boldsymbol{x}} = \underbrace{\begin{bmatrix} x_1 y_1 \\ x_2 y_2 \end{bmatrix}}_{\boldsymbol{b}}$$

这相当于把方程组转换为 $\boldsymbol{Ax} = \boldsymbol{b}$ 的线性形式，进而求得 $\boldsymbol{x} = \boldsymbol{A}^{-1}\boldsymbol{b}$。可以使用代码 9-1 计算出上

式的结果。

代码 9-1　求解二元一次方程 C9_1.py

```
01    import numpy as np
02
03    x1, y1 = 1.061, 1.310
04    x2, y2 = 1.094, 1.350
05    A = np.mat(np.array([[-y1, x1], [-y2, x2]]))
06    b = np.mat(np.array([x1 * y1, x2 * y2])).T
07    x = A.I * b
08    print(x)
```

结果是 $x \approx 58.77, y \approx 73.87$。

几天后，为了在同学面前炫耀，小明又去测量了一次。因为工具粗糙且视角与上次略有差别，这次测得的数据是 $x_3 = 1.143, y_3 = 1.410, x_4 = 0.922, y_4 = 1.140$，计算结果是 $x \approx 94.85, y \approx 118.41$。这个结果与之前的结果相差很大。于是小明继续测量，算上之前的 2 组数据，小明一共记录了 8 组数据，如表 9-1 所示。

表 9-1　小明的测量结果

测量次数	测量结果
第 1 次	$x_1 = 1.061, y_1 = 1.310$
第 2 次	$x_2 = 1.094, y_2 = 1.350$
第 3 次	$x_3 = 1.143, y_3 = 1.410$
第 4 次	$x_4 = 0.922, y_4 = 1.140$
第 5 次	$x_5 = 1.110, y_5 = 1.370$
第 6 次	$x_6 = 1.156, y_6 = 1.425$
第 7 次	$x_7 = 1.123, y_7 = 1.385$
第 8 次	$x_8 = 1.020, y_8 = 1.260$

由表 9-1 中任意两组数据都能得到不相同的唯一解，任意三组数据都无解！怎么办呢？

9.2　最小二乘法

使用常规的方法无法回答小明的问题，幸好高斯发现了最小二乘法（又称为最小平方法），这是一种通过最小化误差的平方和，寻找数据最佳函数匹配的优化策略。

9.2.1　微积分视角

由于测量大楼高度时的相关数据存在误差，所以每次计算结果都是大楼高度的近似值，这就导致 8 次测量的数据构成了一个大型的约等方程组：

$$
\begin{cases}
\dfrac{x_1}{y_1} \approx \dfrac{x_1 + x}{y} \\[2mm]
\dfrac{x_2}{y_2} \approx \dfrac{x_2 + x}{y} \\[2mm]
\quad\vdots \\[2mm]
\dfrac{x_8}{y_8} \approx \dfrac{x_8 + x}{y}
\end{cases}
$$

现在的问题是，约等方程组不能按照直等方程组的方法求解。对此，我们的解决思路是找到一组 x 和 y，使得方程组中所有方程的左右两侧都尽最大可能相等。在进一步解释该思路前，我们先将约等方程组转换成熟悉的线性形式：

$$
\begin{cases}
\dfrac{x_1}{y_1} \approx \dfrac{x_1 + x}{y} \\[2mm]
\dfrac{x_2}{y_2} \approx \dfrac{x_2 + x}{y} \\[2mm]
\quad\vdots \\[2mm]
\dfrac{x_8}{y_8} \approx \dfrac{x_8 + x}{y}
\end{cases}
\Rightarrow
\begin{cases}
y \approx \dfrac{y_1}{x_1}x + y_1 = a_1 x + b_1 \\[2mm]
y \approx \dfrac{y_2}{x_2}x + y_2 = a_2 x + b_2 \\[2mm]
\quad\vdots \\[2mm]
y \approx \dfrac{y_8}{x_8}x + y_8 = a_8 x + b_8
\end{cases}
$$

大楼的高度是固定不变的。既然每次测量都存在误差，那么 y 的真实值应当是计算值加误差，这里用 ε_i 表示误差：

$$
\begin{cases}
y = (a_1 x + b_1) + \varepsilon_1 \\
y = (a_2 x + b_2) + \varepsilon_2 \\
\quad\vdots \\
y = (a_n x + b_n) + \varepsilon_n
\end{cases}
$$

我们的目标是寻找一组合适的 x 和 y，使得所有方程中的 ε_i 都尽可能小，这相当于让总体的误差最小：

$$
\min_{x,y}\left(\varepsilon = \sum_{i=1}^{8}\varepsilon_i = \sum_{i=1}^{8} y - (a_i x + b_i)\right)
$$

ε_i 有正有负，将负号去掉的方式有两种，即取 ε_i 的绝对值或取 ε_i 的平方。平方不用考虑符号问题，比绝对值更简单，因此先将各项取平方后再尝试找出最小值：

$$\varepsilon(x,y) = \sum_{i=1}^{8} (y-(a_i x + b_i))^2$$

$$\min_{x,y} \varepsilon(x,y)$$

上式就是最小二乘法的公式，其中 a_i 和 b_i 是已知的，表示约等方程组中第 i 个方程的相关系数。如果把 $\varepsilon(x,y)$ 展开，就可以直观地看出它表达的含义：

$$\varepsilon(x,y) = (y-(a_1 x + b_1))^2 + (y-(a_2 x + b_2))^2 + \cdots + (y-(a_8 x + b_8))^2$$

$$= \varepsilon_1^2 + \varepsilon_2^2 + \cdots + \varepsilon_8^2$$

最小二乘法作为一种策略，并未指出具体的求解方案。由于极值通常出现在临界点上，所以一种可行的方案是通过寻找临界点求解：

$$\begin{cases} \dfrac{\partial \varepsilon}{\partial x} = \dfrac{\partial}{\partial x} \sum_{i=1}^{8} (y-(a_i x + b_i))^2 = 0 \\[3mm] \dfrac{\partial \varepsilon}{\partial y} = \dfrac{\partial}{\partial y} \sum_{i=1}^{8} (y-(a_i x + b_i))^2 = 0 \end{cases}$$

这个求偏导看上去有些烦琐，其实很简单：

$$\frac{\partial \varepsilon}{\partial x} = \frac{\partial}{\partial x} (y-(a_1 x + b_1))^2 + \frac{\partial}{\partial x} (y-(a_2 x + b_2))^2 + \cdots + \frac{\partial}{\partial x} (y-(a_8 x + b_8))^2$$

$$\frac{\partial \varepsilon}{\partial y} = \frac{\partial}{\partial y} (y-(a_1 x + b_1))^2 + \frac{\partial}{\partial y} (y-(a_2 x + b_2))^2 + \cdots + \frac{\partial}{\partial y} (y-(a_8 x + b_8))^2$$

以两个展开式的第一项为例：

$$\frac{\partial}{\partial x} (y-(a_1 x + b_1))^2 = \frac{\partial}{\partial x} (y^2 - 2y(a_1 x + b_1) + (a_1 x + b_1)^2)$$

$$= -2a_1 y + 2a_1(a_1 x + b_1)$$

$$= -2a_1(y-(a_1 x + b_1))$$

$$\frac{\partial}{\partial y} (y-(a_1 x + b_1))^2 = \frac{\partial}{\partial y} (y^2 - 2y(a_1 x + b_1) + (a_1 x + b_1)^2)$$

$$= 2y - 2(a_1 x + b_1)$$

$$= 2(y-(a_1 x + b_1))$$

展开式的每一项都将得到类似的结果，由此即可得到一个新的方程组：

$$\begin{cases} \sum_{i=1}^{8} -2a_i(y-(a_i x + b_i)) = 0 \\[3mm] \sum_{i=1}^{8} 2(y-(a_i x + b_i)) = 0 \end{cases} \Rightarrow \begin{cases} \sum_{i=1}^{8} a_i(y-(a_i x + b_i)) = 0 \\[3mm] \sum_{i=1}^{8} y-(a_i x + b_i) = 0 \end{cases}$$

注：这里无法再进一步化简，由于方程组中的两个方程都是和式运算，每一项的 a_i 都不同，因此第一个方程的等式两侧不能同时除以 a_i。

现在有两个方程，两个未知数，可以求得唯一一组解。

$$\begin{cases} \displaystyle\sum_{i=1}^{8} a_i(y-(a_ix+b_i))=0 \\ \displaystyle\sum_{i=1}^{8} y-(a_ix+b_i)=0 \end{cases} \Rightarrow \begin{cases} \underbrace{\left(\displaystyle\sum_{i=1}^{8}a_i^2\right)}_{p_1}x-\underbrace{\left(\displaystyle\sum_{i=1}^{8}a_i\right)}_{p_2}y=-\underbrace{\displaystyle\sum_{i=1}^{8}a_ib_i}_{p_3} \\ \underbrace{\left(\displaystyle\sum_{i=1}^{8}a_i\right)}_{p_1}x-8y=-\underbrace{\displaystyle\sum_{i=1}^{8}b_i}_{p_2} \end{cases}$$

$$\Rightarrow \underset{\boldsymbol{A}}{\begin{bmatrix} p_1 & -p_2 \\ q_1 & -8 \end{bmatrix}} \underset{\boldsymbol{x}}{\begin{bmatrix} x \\ y \end{bmatrix}} = \underset{\boldsymbol{b}}{\begin{bmatrix} -p_3 \\ -q_2 \end{bmatrix}}$$

已知 $a_i=\dfrac{y_i}{x_i}, b_i=y_i$，便可以使用代码 9-2 计算出方程组的解。

代码 9-2　计算方程组的解 C9_2.py

```
01  import numpy as np
02
03  x = np.array([1.061, 1.094, 1.143, 0.922, 1.110, 1.156, 1.123, 1.020])   # 8次测量的 xi
04  y = np.array([1.310, 1.350, 1.410, 1.140, 1.370, 1.425, 1.385, 1.260])   # 8次测量的 yi
05  a = y / x
06  b = y
07  p1 = np.sum(a ** 2)
08  p2 = np.sum(a)
09  p3 = np.sum(a * b)
10  q1 = p2
11  q2 = np.sum(b)
12  A = np.mat(np.array([[p1, -p2], [q1, -np.alen(x)]]))
13  b = np.mat(np.array([-p3, -q2])).T
14  x = A.I * b
15  print(x)
```

结果是 $x \approx 76.61, y \approx 95.89$。

9.2.2　线性代数视角

从微积分的视角来看，最小二乘法相当于求解通过偏导建立的约等方程组。我们还可以从线性代数的视角去理解最小二乘法。先来看向量的投影，如图 9-3 所示。

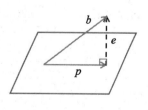

图 9-3　向量的投影

$\boldsymbol{b}$、$\boldsymbol{p}$、$\boldsymbol{e}$ 是 3 个向量，其中 $\boldsymbol{p}$ 是 $\boldsymbol{b}$ 在平面上的投影，$\boldsymbol{e}$ 是 $\boldsymbol{b}$、$\boldsymbol{p}$ 的误差向量，$\boldsymbol{e} = \boldsymbol{b} - \boldsymbol{p}$。可以把平面看作二维向量张成的向量空间，$\boldsymbol{p}$ 在该空间上。将向量投影到向量空间有什么意义呢？这要从方程 $\boldsymbol{Ax} = \boldsymbol{b}$ 说起。

小明根据测量结果得到了一个方程组，并将它进一步化简为矩阵的形式：

$$\begin{cases} y = a_1 x + b_1 \\ y = a_2 x + b_2 \\ \vdots \\ y = a_8 x + b_8 \end{cases} \Rightarrow \begin{cases} -a_1 x + y = b_1 \\ -a_2 x + y = b_2 \\ \vdots \\ -a_8 x + y = b_8 \end{cases} \Rightarrow \underbrace{\begin{bmatrix} -a_1 & 1 \\ -a_2 & 1 \\ \vdots & 1 \\ -a_8 & 1 \end{bmatrix}}_{\boldsymbol{A}} \underbrace{\begin{bmatrix} x \\ y \end{bmatrix}}_{\boldsymbol{x}} = \underbrace{\begin{bmatrix} b_1 \\ b_2 \\ \vdots \\ b_8 \end{bmatrix}}_{\boldsymbol{b}}$$

对于小明的测量结果来说，$\boldsymbol{Ax} = \boldsymbol{b}$ 无解，实际上大多数这种类型的方程都无解。$\boldsymbol{A}$ 的列空间的含义是方程组有解时 $\boldsymbol{b}$ 的取值空间，当 $\boldsymbol{b}$ 不在 $\boldsymbol{A}$ 的列空间时，方程无解。具体来说，当 $\boldsymbol{A}$ 是行数大于列数的长方形矩阵时，意味着方程组中的方程数大于未知数的个数，此时肯定无解。

虽然方程无解，但我们还是希望能够继续运算，这就需要换个思路——不追求可解，转而寻找最能接近问题的解。对于无解方程 $\boldsymbol{Ax} = \boldsymbol{b}$ 来说，$\boldsymbol{Ax}$ 总是在 $\boldsymbol{A}$ 的列空间上（因为列空间本来就是由 $\boldsymbol{Ax}$ 确定的，与 $\boldsymbol{b}$ 无关），而 $\boldsymbol{b}$ 就不一定了。如果 $\boldsymbol{b}$ 不在列空间上，则需要微调 $\boldsymbol{b}$，将 $\boldsymbol{b}$ 调整至列空间中最接近它的一个，此时 $\boldsymbol{Ax} = \boldsymbol{b}$ 变成了：

$$\boldsymbol{A}\hat{\boldsymbol{x}} = \boldsymbol{p}$$

$\boldsymbol{p}$ 就是 $\boldsymbol{b}$ 在 $\boldsymbol{A}$ 的列空间上的投影，$\hat{\boldsymbol{x}}$ 表示 $\boldsymbol{x}$ 的估计值，$\boldsymbol{A}\hat{\boldsymbol{x}} \neq \boldsymbol{b}$。当然，因为方程无解，所以本来也不可能有 $\boldsymbol{A}\hat{\boldsymbol{x}} = \boldsymbol{b}$。此时问题转换为寻找最好的 $\hat{\boldsymbol{x}}$，使它尽可能满足原方程：

$$\boldsymbol{A}\hat{\boldsymbol{x}} = \boldsymbol{p} \approx \boldsymbol{b}$$

在图 9-3 中，平面表示 $\boldsymbol{A}$ 的列空间，平面上的向量有无数个，其中最接近 $\boldsymbol{b}$ 的当然是 $\boldsymbol{b}$ 在平面上的投影，因为只有在这时 $\boldsymbol{b} - \boldsymbol{p}$ 才能产生模最小的误差向量。

问题转到了多维空间。在小明的测量结果中，$\boldsymbol{A}$ 的列空间是一个超平面，$\boldsymbol{A}$ 的两个列向量都在这个超平面上，$\boldsymbol{b}$ 和 $\boldsymbol{p}$ 的误差向量 $\boldsymbol{e}$ 垂直于超平面，因此 $\boldsymbol{e}$ 也垂直于超平面上的所有向量，这意味着 $\boldsymbol{e}$ 和 $\boldsymbol{A}$ 的两个列向量的点积为 0。

$$\boldsymbol{A} = \begin{bmatrix} -a_1 & 1 \\ -a_2 & 1 \\ \vdots & 1 \\ -a_8 & 1 \end{bmatrix}, \text{let } \boldsymbol{v}_1 = \begin{bmatrix} -a_1 \\ -a_2 \\ \vdots \\ -a_8 \end{bmatrix}, \boldsymbol{v}_2 = \begin{bmatrix} 1 \\ 1 \\ \vdots \\ 1 \end{bmatrix}$$

$$\text{then } \boldsymbol{v}_1 \cdot \boldsymbol{e} = \boldsymbol{v}_1^{\mathrm{T}}(\boldsymbol{b} - \boldsymbol{p}) = 0, \boldsymbol{v}_2 \cdot \boldsymbol{e} = \boldsymbol{v}_2^{\mathrm{T}}(\boldsymbol{b} - \boldsymbol{p}) = 0$$

将二者归纳为一个矩阵方程：

$$\begin{bmatrix} \boldsymbol{v}_1^{\mathrm{T}} \\ \boldsymbol{v}_2^{\mathrm{T}} \end{bmatrix}(\boldsymbol{b}-\boldsymbol{p}) = \begin{bmatrix} \boldsymbol{v}_1^{\mathrm{T}} \\ \boldsymbol{v}_2^{\mathrm{T}} \end{bmatrix}(\boldsymbol{b}-A\hat{\boldsymbol{x}}) = A^{\mathrm{T}}(\boldsymbol{b}-A\hat{\boldsymbol{x}}) = \begin{bmatrix} 0 \\ 0 \end{bmatrix} = \boldsymbol{O}$$

矩阵方程已经去除了关于 $\boldsymbol{p}$ 的信息,通过该方程可进一步求得 $\hat{\boldsymbol{x}}$:

$$A^{\mathrm{T}}(\boldsymbol{b}-A\hat{\boldsymbol{x}}) = \boldsymbol{O}$$

$$A^{\mathrm{T}}A\hat{\boldsymbol{x}} = A^{\mathrm{T}}\boldsymbol{b}$$

$$\hat{\boldsymbol{x}} = (A^{\mathrm{T}}A)^{-1}A^{\mathrm{T}}\boldsymbol{b}$$

这就是最终结果,它是由矩阵方程推导而来的,所以叫作"正规方程"。

还有一种更简单的方式可以得到正规方程。$A\boldsymbol{x}=\boldsymbol{b}$ 无解是因为 A 是一个长方形矩阵,只要在等式两侧同时乘 A^{T},就可以把长方形矩阵转换成方阵,进而求解。

$$A\boldsymbol{x} = \boldsymbol{b}$$

$$A^{\mathrm{T}}A\boldsymbol{x} = A^{\mathrm{T}}\boldsymbol{b}$$

$$\boldsymbol{x} = (A^{\mathrm{T}}A)^{-1}A^{\mathrm{T}}\boldsymbol{b}$$

代码 9-3 使用正规方程求得大楼的高度,运行结果与代码 9-2 一致。

代码 9-3   使用正规方程求解 c9_3.py

```
01  import numpy as np
02
03  x = np.array([1.061, 1.094, 1.143, 0.922, 1.110, 1.156, 1.123, 1.020])   # 8次测量的 xi
04  y = np.array([1.310, 1.350, 1.410, 1.140, 1.370, 1.425, 1.385, 1.260])   # 8次测量的 yi
05  v1 = -(y / x)
06  v2 = np.array([1] * 8)
07  A = np.mat(np.array([v1, v2])).T
08  b = np.mat(y).T
09  x = (A.T * A).I * A.T * b  # 正规方程
10  print(x)
```

9.2.3   概率统计的视角

在实际应用中,9.2.1 小节中的 ε 函数称为"平方差损失函数"或"平方损失函数",这个名字很容易让人联想到概率统计中方差的概念。作为衡量实际问题的数字特征,方差代表了问题的波动性,如何理解"波动性"呢?

大楼的真实高度是一个固定的数值,假设这个值是 100。为了便于说明,这里把问题简化,假设小明只需要一次测量就可以计算出大楼的高度,如表 9-2 所示。

表 9-2　小明的测量和计算结果

测量次数	测量结果	计算结果	与真实值的差
第 1 次	$x_1 = 1.061, y_1 = 1.310$	$y = 110$	$\varepsilon_1 = 10$
第 2 次	$x_2 = 1.094, y_2 = 1.350$	$y = 115$	$\varepsilon_2 = 15$
第 3 次	$x_3 = 1.143, y_3 = 1.410$	$y = 102$	$\varepsilon_3 = 2$
第 4 次	$x_4 = 0.922, y_4 = 1.140$	$y = 122$	$\varepsilon_4 = 22$
第 5 次	$x_5 = 1.110, y_5 = 1.370$	$y = 96$	$\varepsilon_5 = -4$
第 6 次	$x_6 = 1.156, y_6 = 1.425$	$y = 91$	$\varepsilon_6 = -9$
第 7 次	$x_7 = 1.123, y_7 = 1.385$	$y = 85$	$\varepsilon_7 = -15$
第 8 次	$x_8 = 1.020, y_8 = 1.260$	$y = 79$	$\varepsilon_8 = -21$

表 9-2 中的最后一列是计算结果与真实值之间的误差,可以将其看作计算结果相对于真实值的波动,把所有波动累加起来就是整体的波动,也就是问题的"波动性"。波动有正有负,如果直接相加会正负抵消,得到波动性是 0 的结论,这显然是不符合事实的。解决这个问题有两种方法:一是对每次波动都取绝对值,二是取波动的平方。平方不用考虑负值问题,因此比绝对值更简单。

现在可以计算出总体波动和平均波动分别为:

$$\varepsilon(x, y) = \varepsilon_1^2 + \varepsilon_2^2 + \cdots + \varepsilon_8^2 = 1576$$

$$\varepsilon_{\text{avg}}(x, y) = \frac{\varepsilon(x, y)}{8} = 197$$

相比较而言,第 3 次、第 5 次、第 6 次计算结果的波动较小,看起来似乎应该只取这 3 次的测量结果。问题是,小明并不知道哪些结果是波动较小的。此外,根据"大样本理论(large sample theory)",只有当测量数据达到一定规模时才能得到较正确的结果,数据越多效果越好。例如,乒乓球比赛偶尔会出现"爆冷"的场景,某个成绩平平的外国选手战胜了中国的顶尖高手,但这并不能说明这名外国选手的实力更强,只能说在本次比赛中二者的波动都较大,可能是外国选手打出了太多的"超级球",而中国选手正好不在状态;当二者的交手次数逐渐增多时,他们的平均波动也将更趋近于各自的真实实力。

回到原问题,从概率统计的视角来看,最小二乘法的意义是让所有样本波动之和最小化:

$$\varepsilon(x, y) = \sum_{i=1}^{8} (y - (a_i x + b_i))^2$$

$$\min_{x, y} \varepsilon(x, y)$$

如果在平方和基础上除以测量的次数,则变成了让样本的平均波动最小:

$$\varepsilon_{\text{avg}}(x, y) = \frac{1}{8} \sum_{i=1}^{8} (y - (a_i x + b_i))^2$$

$$\min_{x,y} \varepsilon_{\text{avg}}(x,y)$$

对于优化问题来说，是否除以样本总数对结果没有影响，具体使用哪一个，完全取决于你自己。

9.3 线性回归

最小二乘法常作为回归问题的学习策略。回归（regression）是一类重要的监督学习算法，其目标是通过训练样本的学习，得到从样本特征到目标值之间的映射。线性回归（linear regression）是回归问题中重要的一类。在回归问题中，样本的标签是连续值；在线性回归中，样本特征与标签之间是线性相关的。

回归的重要应用是预测，例如，根据人的身高、性别、体重等特征预测鞋子的尺码；根据学历、专业、工作经验等特征预测薪资待遇；根据房屋的面积、楼层、户型等特征预测房屋的价格。

9.3.1 一元线性回归

只有一个特征的线性回归称为一元线性回归，其拟合曲线是一条直线，它的假设函数（hypothesis function）为：

$$h_\theta(x) = \theta_0 + \theta_1 x$$

其中 x 为样本特征，$h_\theta(x)$ 为假设函数，θ_0 和 θ_1 为模型参数（未知的）。实际上这等同于直线方程 $y = ax + b$，只不过这里用 $h_\theta(x)$ 代替了 y，用 θ_0 和 θ_1 代替了 b 和 a。我们的目标是根据给定的训练样本找出合适的模型参数，使假设函数变成明确的模型（目标函数），从而使得该模型与训练样本达到最大的拟合度，如图 9-4 所示。

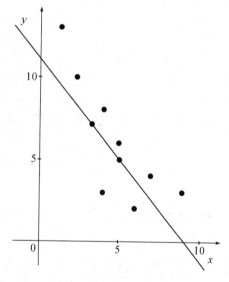

图 9-4　模型与训练样本达到最大的拟合度

模型参数需要用具体的学习策略作为指导思想来求解，最小二乘法便是一元线性回归最常用的学习策略：

$$J(\theta_0, \theta_1) = \frac{1}{m} \sum_{i=1}^{m} (h_\theta(x^{(i)}) - y^{(i)})^2$$

$$\min_{\theta_0, \theta_1} J(\theta_0, \theta_1)$$

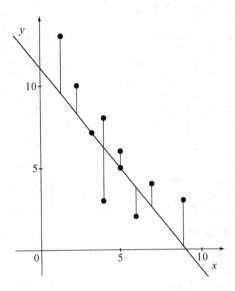

图 9-5　损失函数的几何意义

在机器学习中 $J(\theta_0,\theta_1)$ 称为损失函数（cost function），其中 m 表示训练样本的个数，y 表示样本的标签，上标 i 表示第 i 个训练数据。乘 $\frac{1}{m}$ 的目的是计算平均波动，使损失值不至于变得过大，以便更直观地感受到损失值的大小。最小化损失函数的几何意义是让所有样本点到拟合曲线的函数距离最小化，如图 9-5 所示。

这里 x 和 y 是已知的，θ_0 和 θ_1 是未知的，我们的目标是让损失函数达到最小。推导时需要对 θ_0 和 θ_1 求偏导，当 $m=1$ 时：

$$\begin{cases} \dfrac{\partial J}{\partial \theta_0}=2(h_\theta(x)-y) \\[2mm] \dfrac{\partial J}{\partial \theta_1}=2(h_\theta(x)-y)x \end{cases}$$

在求偏导时出现了系数 2，为了约去这个系数，通常把损失函数乘 $\frac{1}{2}$：

$$J(\theta_0,\theta_1)=\frac{1}{2m}\sum_{i=1}^{m}(h_\theta(x^{(i)})-y^{(i)})^2$$

由此得到新的偏导：

$$\begin{cases} \dfrac{\partial J}{\partial \theta_0}=(h_\theta(x)-y) \\[2mm] \dfrac{\partial J}{\partial \theta_1}=(h_\theta(x)-y)x \end{cases}$$

推广到 m 个数据集：

$$\begin{cases} \dfrac{\partial J}{\partial \theta_0}=\dfrac{1}{m}\sum_{i=1}^{m}(h_\theta(x^{(i)})-y^{(i)}) \\[3mm] \dfrac{\partial J}{\partial \theta_1}=\dfrac{1}{m}\sum_{i=1}^{m}(h_\theta(x^{(i)})-y^{(i)})x^{(i)} \end{cases}$$

令每个偏导的值都等于 0，代入训练样本后便得到了一个二元一次方程组，从而求得具体的 θ_0 和 θ_1。

9.3.2　多元线性回归

我们比较熟悉的概念是二维平面和三维空间,有人说四维包含了时间、五维包含了灵魂……别信! 空间的每一个维度都可以代表任意事物,这完全取决于你对每一个维度的定义。多维空间只是个概念,不要试图在平面上画出四维及四维以上的空间。

实际上多维空间很常见,关系型数据库的表就可以看作一个多维空间,表的每个字段代表了空间的一个维度,表 9-3 就是一个十维空间的例子。

表 9-3　十维空间的学生表

学生属性
1.姓名
2.性别
3.院系
4.学号
5.身份证号
6.出生日期
7.民族
8.籍贯
9.联系方式
10.家庭住址

从表 9-3 中可以看出,维度的内容不仅可以包含数量,还可以包含文字,有时出于计算的需要,还会制定一些规则将文字转换成数字。

在现实世界中,训练样本的特征可能是成千上万维,多元线性回归通过一个超平面来拟合数据。既然多维空间无法画出,当然也无法画出多维空间中的超平面。不过,我们可以使用公式来表达,n 维空间的超平面可以写成:

$$g_{\theta}(x) = \theta_0 + \theta_1 x_1 + \theta_2 x_2 + \cdots + \theta_n x_n$$

$$\text{let } \boldsymbol{\theta} = \begin{bmatrix} \theta_1 \\ \theta_2 \\ \vdots \\ \theta_n \end{bmatrix}, \boldsymbol{x} = \begin{bmatrix} x_1 \\ x_2 \\ \vdots \\ x_n \end{bmatrix}$$

$$\text{then } g_{\theta}(x) = \boldsymbol{\theta}^{\mathrm{T}} \boldsymbol{x} + \theta_0$$

这就又转换成了线性形式。如果令 $x_0 = 1$,则可以进一步简化 $g_{\theta}(x)$:

$$\boldsymbol{\theta} = \begin{bmatrix} \theta_0 \\ \theta_1 \\ \vdots \\ \theta_n \end{bmatrix}, \boldsymbol{x} = \begin{bmatrix} x_0 \\ x_1 \\ \vdots \\ x_n \end{bmatrix}$$

$$g_{\boldsymbol{\theta}}(\boldsymbol{x}) = \theta_0 x_0 + \theta_1 x_1 + \theta_2 x_2 + \cdots + \theta_n x_n = \boldsymbol{\theta}^{\mathrm{T}} \boldsymbol{x}$$

在多元线性回归中,我们依然能够使用最小二乘法:

$$h_{\boldsymbol{\theta}}(\boldsymbol{x}^{(i)}) = \theta_0 x_0^{(i)} + \theta_1 x_1^{(i)} + \theta_2 x_2^{(i)} + \cdots + \theta_n x_n^{(i)} = \boldsymbol{\theta}^{\mathrm{T}} \boldsymbol{x}^{(i)}$$

$$\boldsymbol{X} = \begin{bmatrix} x_0^{(1)} & x_1^{(1)} & x_2^{(1)} & \cdots & x_n^{(1)} \\ x_0^{(2)} & x_1^{(2)} & x_2^{(2)} & \cdots & x_n^{(2)} \\ \vdots & \vdots & \vdots & \ddots & \vdots \\ x_0^{(m)} & x_1^{(m)} & x_2^{(m)} & \cdots & x_n^{(m)} \end{bmatrix}, \boldsymbol{Y} = \begin{bmatrix} y^{(1)} \\ y^{(2)} \\ \vdots \\ y^{(m)} \end{bmatrix}$$

$$J(\boldsymbol{\theta}) = \frac{1}{2m} \sum_{i=1}^{m} (h_{\boldsymbol{\theta}}(\boldsymbol{x}^{(i)}) - y^{(i)})^2 = \frac{1}{2m} (\boldsymbol{X}\boldsymbol{\theta} - \boldsymbol{Y})^{\mathrm{T}} (\boldsymbol{X}\boldsymbol{\theta} - \boldsymbol{Y})$$

$$\min_{\boldsymbol{\theta}} J(\boldsymbol{\theta})$$

最终求得:

$$\boldsymbol{\theta} = (\boldsymbol{X}^{\mathrm{T}}\boldsymbol{X})^{-1}\boldsymbol{X}^{\mathrm{T}}\boldsymbol{Y}$$

该结果同样可以用于一元线性回归中。

注:多元线性回归的推导过程可参考附录 D。

非线性问题

线性回归用一条直线拟合数据,然而在现实世界中,很多数据都会有一种非线性趋势,此时简单的直线拟合会产生较大的误差,如图 9-6 所示。

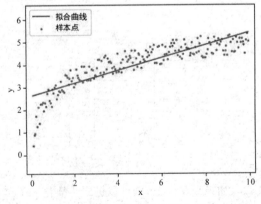

图 9-6 直线拟合将产生较大误差

为解决这类非线性回归问题,我们不得不寻求其他更复杂的模型。

9.4.1　非线性最小二乘法

对于图 9-6 来说,一条较好的拟合曲线如图 9-7 所示。

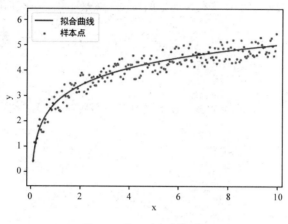

图 9-7　较好的拟合曲线

这条曲线的假设函数是 $h_{a,b}(x)=a\ln x+b$,我们能否继续使用 9.3.1 小节中的损失函数呢?

$$J(a,b)=\frac{1}{2m}\sum_{i=1}^{m}(h_{a,b}(x^{(i)})-y^{(i)})^{2}$$

$$\min_{a,b}J(a,b)$$

答案是"不能"。假设 $y=\ln x$ 是最终模型,$(0,0)$、$(2,0)$ 是位于假设函数左右两侧的两个样本点,如图 9-8 所示。

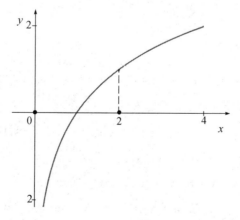

图 9-8　位于 $y=\ln x$ 两侧的两个样本点

如果继续使用 $J(a,b)$，则这两个样本点的损失值为：

$$J = \frac{1}{2}\left[(\ln0 - 0)^2 + (\ln2 - 2)^2\right]$$

由于 $\ln0$ 的极限是 ∞，因此根本没办法对损失函数进行最小化处理。

实际上，上面的损失函数仅对线性问题有效，因此我们之前所说的最小二乘法更准确的名称是"线性最小二乘法"。相应地，想要使非线性问题的损失函数最小化，必须使用"非线性最小二乘法"。

$$J(a,b) = \frac{1}{2m}\sum_{i=1}^{m}\left\|e(x^{(i)})\right\|^2$$

$$\min_{a,b} J(a,b)$$

其中 $\left\|e(x^{(i)})\right\|$ 是第 i 个样本点到假设函数的欧几里得距离，如图 9-9 所示。

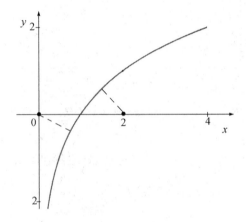

图 9-9　样本点到假设函数的欧几里得距离

继续计算下去将经历一个漫长的过程，是否有更简单的方式呢？当然有，那就是线性变换。

9.4.2　线性变换

对于 $y = a\ln x + b$ 来说，如果令 $u = \ln x$，那么原来的非线性函数就可以转换成线性形式 $y = au + b$，如此一来，就可以继续利用线性最小二乘法求得模型参数。

一些指数函数和幂函数也可以进行线性变换，例如，$y = ax^b$，它对应的函数曲线如图 9-10 所示。线性变换时需要将 $y = ax^b$ 两侧同时取对数：

$$\ln y = \ln ax^b = \ln a + \ln x^b = \ln a + b\ln x$$

$$\text{let } u = \ln y, c = \ln a, v = \ln x$$

$$\text{then } u = c + bv$$

这就又转换成了线性形式。

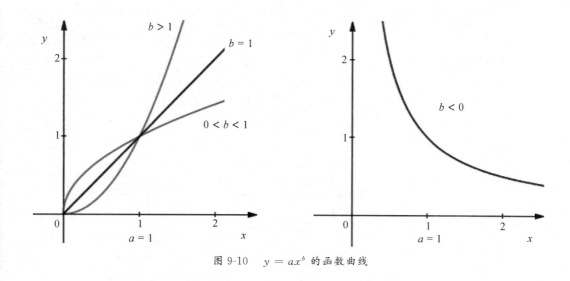

图 9-10　$y = ax^b$ 的函数曲线

9.4.3　多项式函数

　　线性变换虽然好用，但并不是对所有的问题都有效，对于一些复杂的数据样本，线性变换就显得无能为力了，如图 9-11 所示。

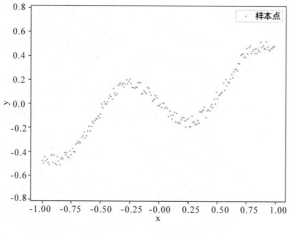

图 9-11　复杂的样本点

　　图 9-11 所示的样本数据是以一个复杂函数为基础，加上随机震荡产生的，该函数为：

$$f(x) = \left((x^2 - 1)^3 + \frac{1}{2} \right) \sin(2x) + \text{noise}, \ -0.05 \leqslant \text{noise} \leqslant 0.05$$

　　我们并不会预先知道如此复杂的模型函数，而是使用一个多项式函数作为假设函数，最终可能得到的一个目标函数为：

$$y = -0.0040213769294504360 - 0.70088672930273041x + 0.0099979664979852542x^2 +$$
$$3.78448996157670343x^3 - 0.0152629179877460394x^4 - 2.7334497274003435x^5$$

其拟合曲线如图 9-12 所示。

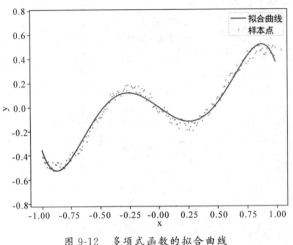

图 9-12　多项式函数的拟合曲线

这个复杂的多项式函数很好地拟合了训练样本。在机器学习中经常听到"一个复杂的多项式可以过拟合任意数据",意思是任何函数都可以近似地用一个特定的多项式函数表示,这是什么原理呢?

9.4.4　泰勒公式

为了能更好地理解多项式函数的过拟合,必先理解泰勒公式。

泰勒公式是一种计算近似值的方法,它是一个用函数某点的信息描述在该点附近取值的公式。已知函数在某一点的各阶导数值的情况之下,泰勒公式可以用这些导数值作系数构建一个多项式来逼近函数在这一点的邻域中的值。

如果 $f(x)$ 在 x_0 处具有任意阶导数,那么泰勒公式是这样的:

$$f(x) = f(x_0) + (x - x_0)f'(x_0) + (x - x_0)^2 \frac{f''(x_0)}{2!} + \cdots = \sum_{n=0}^{\infty} \frac{f^{(n)}(x_0)}{n!}(x - x_0)^n$$

上式称为 $f(x)$ 在 x_0 点的泰勒展开。

注:0 的阶乘等于 1。

下面介绍一个泰勒公式的具体应用。假设一个小偷盗取了一辆汽车,他在高速公路上沿着某一方向行驶,车辆的位移 s 是关于时间 t 的函数。警方接到报案后马上调取监控,得知在零点($t=0$)时小偷距车辆丢失地的位移是 s_0。现在的时间是 0:30,警方想要在前方设卡,从而在凌晨 1:00 拦住小偷,应该在哪里设卡呢?

我们知道车辆在零点时的位移是 s_0,现在想要预测凌晨 1:00 时车辆的位置,如图 9-13 所示。

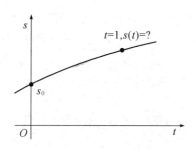

图 9-13　车辆移动的数学模型

可以直接使用泰勒公式：

$$t_0 = 0, t = 1, s_0 = s(t_0)$$

$$s(t) \approx s(0) + s'(0)t + \frac{s''(0)\, t^2}{2!} + \frac{s'''(0)\, t^3}{3!} + \cdots$$

泰勒公式可以无限展开，展开得越多，越逼近真实值，并且越到后面的项，对结果的影响越小，这里可以认为 0 和 1 非常接近，所以只展开到 2 阶导数：

$$s(1) \approx s_0 + s'(0) + \frac{s''(0)}{2!}$$

这就是最终结果，在此处设卡最有可能在第一时间拦住小偷。

注：上文说"0 和 1 非常接近"并不十分准确，判断二者究竟是近还是远，还需要看数字后的单位，并且总览全局。这里为了解释公式，暂且认为二者"非常接近"。

9.4.5　在 0 点处的泰勒展开

在使用泰勒公式时，经常取 $x_0 = 0$：

$$f(x) = f(0) + f'(0)x + \frac{f''(0)}{2!}x^2 + \cdots = \sum_{n=0}^{\infty} \frac{f^{(n)}(0)}{n!}x^n$$

$f(x) = e^x$ 是一个可以用泰勒公式展开的例子，下面是 e^x 在 $x_0 = 0$ 处的泰勒展开：

$$f'(x) = e^x, f''(x) = e^x, f'''(x) = e^x, \cdots, f^n(x) = e^x$$

$$e^x = \sum_{n=0}^{\infty} \frac{f^{(n)}(0)}{n!}x^n = \sum_{n=0}^{\infty} \frac{e^0}{n!}x^n = \sum_{n=0}^{\infty} \frac{1}{n!}x^n$$

当 $x = 1$ 时，还附带得到了 e 的解释：

$$f(1) = e = 1 + 1 + \frac{1}{2!} + \frac{1}{3!} + \frac{1}{4!} + \cdots + \frac{1}{n!}$$

虽然当 $x_0 = 0$ 时可以极大地简化泰勒公式，但是前文提到泰勒公式是一个用函数某点的信息描述在该点附近取值的公式，如果一个函数中的某点远离 x_0，那么泰勒公式是否仍然有效呢？实际上泰勒公式也能够逼近函数在远离 x_0 处的取值,只不过此时只展开到 2 阶导数是不够的,需要展开很多项,展开得越多,越能逼近该点。

代码 9-4 以正态分布函数 $y = e^{-x^2}$ 为例,对其进行 2 阶、10 阶、40 阶泰勒展开,并将函数曲线与原函数进行对比。

代码 9-4　按不同阶数将正态分布函数进行泰勒展开 C9_4.py

```
01  import sympy as spy
02  import numpy as np
03  import matplotlib.pyplot as plt
04
05  def series(n):
06      '''
07      正态分布函数的 n 阶泰勒展开
08      :param n: 展开的阶数
09      :return: 泰勒展开式(字符串格式)
10      '''
11      x = spy.Symbol('x')
12      y = spy.exp(-x ** 2) #  定义标准正态分布函数
13      r = str(y.series(x, 0, n + 1)) #  n 阶泰勒展开
14      r = r.replace('O', '0*') #  将余项中的字母 O 替换成数字 0
15      return r
16
17  fig = plt.figure()
18  plt.subplots_adjust(hspace=0.5) #  调整子图之间的上下边距
19  xx = np.linspace(-2, 2, 100) #  在 -2 到 2 之间取 100 个均匀数据
20
21  def plot_temp(i, yy, title):
22      '''
23      绘图模板
24      :param i: 绘图区域编号
25      :param yy: y 轴的数值
26      :param title: 标题
27      '''
28      ax = fig.add_subplot(2, 2, i)
29      plt.plot(xx, yy, '-')
30      plt.xlabel('x')
31      plt.ylabel('y')
32      plt.axis('equal')
33      plt.rcParams['font.sans-serif'] = ['SimHei']  #  用来正常显示中文标签
34      plt.rcParams['axes.unicode_minus'] = False  #  解决中文下的坐标轴负号显示问题
35      plt.title(title)
36
37  yy = [np.exp(-x ** 2) for x in xx] #  xx 的正态分布值
```

```
38    plot_temp(1, yy, '原函数')  #  绘制原函数的曲线
39    n_list = [2, 10, 40] #  泰勒展开的阶数列表
40    for i, n in enumerate(n_list):  #  按不同阶数将正态分布函数进行泰勒展开
41        f = series(n)
42        yy = [eval(f) for x in xx]
43        plot_temp(i + 2, yy, str(n) + '阶泰勒展开')  #  绘制 n 阶泰勒展开的曲线
44    plt.show()
```

代码 9-4 的运行结果如图 9-14 所示。

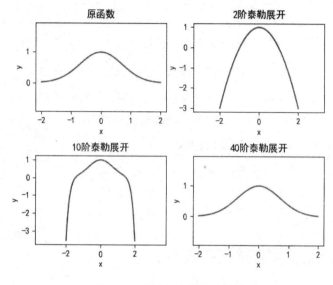

图 9-14　代码 9-4 的运行结果

从图 9-14 中可以看出，虽然正态分布函数在 2 阶泰勒展开时与原函数相差较大，但是当展开到 40 阶时将会非常接近原函数。

9.4.6　多项式回归

理解了泰勒公式后，我们再回到问题的原点，讨论特定的多项式函数为什么可以接近于任何函数。

仍然以标准正态分布为例，代码 9-5 可以求得函数在 $x_0 = 0$ 点处的 10 阶泰勒展开式。

代码 9-5　正态分布的 10 阶泰勒展开 C9_5.py

```
01    import sympy as spy
02
03    x = spy.Symbol('x')
04    y = spy.exp(-x ** 2)  #  定义标准正态分布函数
05    print(y.series(x, 0, 11))  #  在 0 点处的 10 阶泰勒展开
```

代码 9-5 的运行结果如图 9-15 所示。

```
1 - x**2 + x**4/2 - x**6/6 + x**8/24 - x**10/120 + O(x**11)
```

图 9-15　代码 9-5 的运行结果

最后一项是余项,不用管它,将该结果写成数学公式:

$$y = 1 - x^2 + \frac{1}{2}x^4 - \frac{1}{6}x^6 + \frac{1}{24}x^8 - \frac{1}{120}x^{10}$$

$$= 1 + 0x - x^2 + 0x^3 + \frac{1}{2}x^4 + 0x^5 - \frac{1}{6}x^6 + 0x^7 + \frac{1}{24}x^8 + 0x^9 - \frac{1}{120}x^{10}$$

如果将每一项中的 x^i 都看作一个维度,那么这个多项式函数可以写成多元线性回归的形式:

$$y = \theta_0 x_0 + \theta_1 x_1 + \cdots + \theta_{10} x_{10} = \boldsymbol{\theta}^{\mathrm{T}} \boldsymbol{x}$$

这就将一个一元的非线性问题转换成了多元的线性问题,从而使用多元线性回归模型,利用线性最小二乘法求得模型参数,进而得到最佳拟合曲线。

注:多元函数也可以进行泰勒展开,具体过程可参考附录 E。

9.5 中国人口总量的线性拟合

中国是一个人口大国,截至 2018 年末的人口总量达到了近 14 亿,表 9-4 所示是自新中国成立以来到 2018 年末的总人口统计数据(数据来源于国家统计局网站数据中心)。

表 9-4　中国总人口统计数据(1949—2018)

年份	年末总人口/万人	年份	年末总人口/万人	年份	年末总人口/万人
2018	139538	1994	119850	1970	82992
2017	139008	1993	118517	1969	80671
2016	138271	1992	117171	1968	78534
2015	137462	1991	115823	1967	76368
2014	136782	1990	114333	1966	74542
2013	136072	1989	112704	1965	72538
2012	135404	1988	111026	1964	70499
2011	134735	1987	109300	1963	69172

续表

年份	年末总人口/万人	年份	年末总人口/万人	年份	年末总人口/万人
2010	134091	1986	107507	1962	67296
2009	133450	1985	105851	1961	65859
2008	132802	1984	104357	1960	66207
2007	132129	1983	103008	1959	67207
2006	131448	1982	101654	1958	65994
2005	130756	1981	100072	1957	64653
2004	129988	1980	98705	1956	62828
2003	129227	1979	97542	1955	61465
2002	128453	1978	96259	1954	60266
2001	127627	1977	94974	1953	58796
2000	126743	1976	93717	1952	57482
1999	125786	1975	92420	1951	56300
1998	124761	1974	90859	1950	55196
1997	123626	1973	89211	1949	54167
1996	122389	1972	87177		
1995	121121	1971	85229		

本节将尝试根据表9-4的数据为中国人口的增长绘制一条拟合曲线,分析未来人口总数的变化趋势。为了将问题简化,这里将使用线性回归模型。

代码 9-6　线性回归 l_regression.py

```
01  import numpy as np
02  import matplotlib.pyplot as plt
03  import copy
04
05  class LinearRegression:
06      ''' 线性模型 '''
07      def __init__(self, xs, ys):
08          '''
09          :param xs: 样本的特征集合
10          :param ys: 样本的标签集合
11          '''
12          self.xs, self.ys = xs, ys   # 原始样本
```

```
13          self.X, self.Y = self.train_datas()   # 经过加工的训练样本
14          self.theta = None #  模型参数
15
16      def train_datas(self):
17          '''
18          重新构造训练样本的特征和标签
19          :return: 矩阵形式的训练样本特征和标签
20          '''
21          X = self.train_datas_x(self.xs)
22          Y = np.c_[self.ys] #  将 ys 转换为 m 行 1 列的矩阵
23          return X, Y
24
25      def train_datas_x(self, xs):
26          '''
27          重新构造训练样本的特征
28          :param xs: 样本的特征集合
29          :return: 矩阵形式的训练样本特征
30          '''
31          m = len(xs)
32          #  在第一列添加 x0，x0=1，并将二维列表转换为矩阵
33          X = np.mat(np.c_[np.ones(m), xs])
34          return X
35
36      def fit(self):
37          ''' 数据拟合 '''
38          X, Y = self.train_datas()
39          self.theta = (X.T * X).I * X.T * Y
40
41      def predict(self, xs):
42          '''
43          根据模型预测结果
44          :param xs: 样本的特征集合
45          :return: 预测结果
46          '''
47          X = self.train_datas_x(xs)
48          return self.theta.T * X.T
49
50      def show(self, x_label='x', y_label='y'):
51          '''
52          绘制拟合结果
53          :param x_label: 特征名称
54          :param y_label: 标签名称
55          :return:
56          '''
```

```
57          plt.figure()
58          plt.scatter(self.xs, self.ys, color='b', marker='.', s=10)   # 绘制样本点
59          self.show_curve(plt) #  绘制拟合曲线
60          plt.rcParams['font.sans-serif'] = ['SimHei']   #  用来正常显示中文标签
61          plt.rcParams['axes.unicode_minus'] = False   #  解决中文下的坐标轴负号显示问题
62          plt.xlabel(x_label)
63          plt.ylabel(y_label)
64          plt.legend(['拟合曲线', '样本点'])
65          plt.show()
66
67      def show_curve(self, plt):
68          '''
69          绘制拟合曲线
70          :param plt: matplotlib.pyplot
71          '''
72          xs = np.sort(copy.copy(self.xs))
73          xx = [xs[0], xs[-1]]
74          yy = self.predict(xx)
75          plt.plot(xx, np.array(yy)[0], '-', color='r')
76
77      def global_fun(self):
78          '''
79          根据模型参数构造目标函数
80          :return: 目标函数字符串
81          '''
82          gf = ['(' + str(t[0, 0]) + str(i) + ')x^' + str(i) for i, t in enumerate(self.theta)]
83          return ' + '.join(gf)
84
85  if __name__ == '__main__':
86    xs = np.array(range(2018, 1948, -1))   #  年份信息
87    ys = np.array([139538, 139008, 138271, 137462, 136782, 136072, 135404, 134735,
88                   134091, 133450, 132802, 132129, 131448, 130756, 129988, 129227,
89                   128453, 127627, 126743, 125786, 124761, 123626, 122389, 121121,
90                   119850, 118517, 117171, 115823, 114333, 112704, 111026, 109300,
91                   107507, 105851, 104357, 103008, 101654, 100072, 98705, 97542,
92                   96259, 94974, 93717, 92420, 90859, 89211, 87177, 85229, 82992,
93                   80671, 78534, 76368, 74542, 72538, 70499, 69172, 67296, 65859,
94                   66207, 67207, 65994, 64653, 62828, 61465, 60266, 58796, 57482,
95                   56300, 55196, 54167])   #  各年度人口数据
96    regression = LinearRegression(xs, ys)
97    regression.fit()
98    regression.show('年份', '人口总量')
99    print(regression.global_fun())
```

train_datas()把原始的列表型数据转换为能够供正规方程使用的矩阵。train_datas_x()进一步

改造了特征集，为其添加一个"全 1 列"，使得假设函数变成 $h_\theta(x)=\theta^\mathrm{T}x$ 的形式。fit()使用正规方程对数据进行拟合。

代码 9-6 拟合的目标函数是 $y=-2567783.37140795030+1345.62139795142681x$，拟合结果如图 9-16 所示。

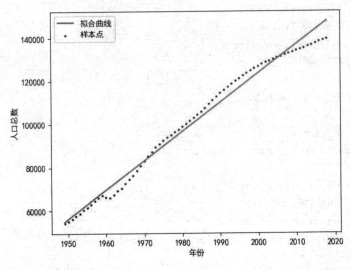

图 9-16　代码 9-6 的拟合曲线

<h2>9.6　正态分布的拟合曲线</h2>

多项式回归依然可以通过正规方程求解，最后得出目标函数。我们使用正态分布创建了 200 个带有噪声的样本点，并观察线性回归和多项式回归的数据拟合情况。

由于多项式回归的本质是多元线性回归，因此我们不需要重新编写代码，可以直接继承 l_regression.py。

代码 9-7　多项式回归 m_regression.py

```
01  import numpy as np
02  from l_regression import LinearRegression
03
04  class MultinomialRegression(LinearRegression):
05      ''' 多项式回归 '''
06      def __init__(self, xs, ys, n=3):
07          '''
08          :param xs: 样本的特征集合
09          :param ys: 样本的标签集合
```

264

```
10              :param n: 多项式的项数
11              '''
12              self.n = n
13              super().__init__(xs, ys)
14
15      def train_datas_x(self, xs):
16              '''
17              重新构造训练样本的特征
18              :param xs: 样本的特征集合
19              :return: 矩阵形式的训练样本特征
20              '''
21              X = super().train_datas_x(xs)
22              for i in range(2, self.n + 1):
23                  X = np.column_stack((X, np.c_[xs ** i]))  # 构造样本的其他特征
24              return X
25
26      def show_curve(self, plt):
27              '''
28              绘制拟合曲线
29              :param plt: matplotlib.pyplot
30              '''
31              xx = self.xs
32              yy = self.predict(xx)
33              plt.plot(xx, np.array(yy)[0], '-', color='r')
34
35  if __name__ == '__main__':
36      #  200 个带有噪声的样本点
37      xs = np.arange(-2, 2, 0.01)
38      ys = np.array([np.exp(-1 * x ** 2) + np.random.uniform(-0.1, 0.1) for x in xs])
39      #  使用一元线性回归、3 项式回归、10 项式回归作为模型
40      rs = [LinearRegression(xs, ys), MultinomialRegression(xs, ys),
41            MultinomialRegression(xs, ys, n=10)]
42      for r in rs:  # 为不同的模型拟合数据
43          r.fit()
44          r.show()
45          print(r.global_fun())
```

多项式回归复写了 train_datas_x() 方法以便构造更多的数据特征。代码 9-7 的运行结果如图 9-17～图 9-19 所示。

对于我们创造的数据来说，线性回归无法做到有效拟合，3 项式回归可以粗略地拟合，而 10 项式回归已经非常接近原函数。

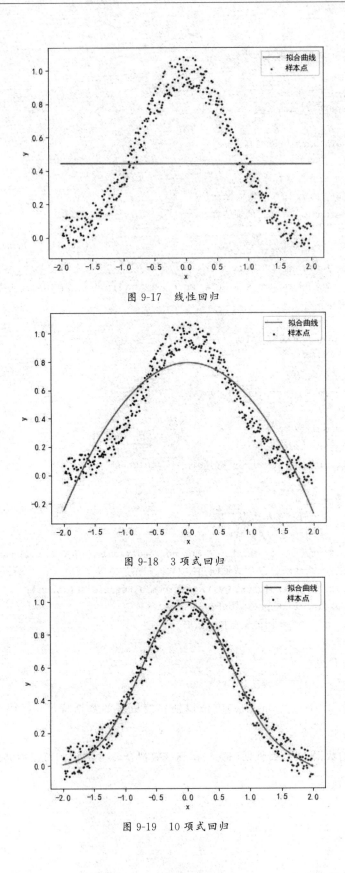

图 9-17　线性回归

图 9-18　3 项式回归

图 9-19　10 项式回归

 **小结**

1.在机器学习中,最小二乘法的公式为:

$$J(\boldsymbol{\theta}) = \frac{1}{2m} \sum_{i=1}^{m} (h_{\boldsymbol{\theta}}(\boldsymbol{x}^{(i)}) - y^{(i)})^2 = \frac{1}{2m} (\boldsymbol{X\theta} - \boldsymbol{Y})^{\mathrm{T}} (\boldsymbol{X\theta} - \boldsymbol{Y})$$

$$\min_{\boldsymbol{\theta}} J(\boldsymbol{\theta})$$

2.最小二乘法的微积分视角是求解约等方程组;线性代数视角是将矩阵方程 $\boldsymbol{Ax} = \boldsymbol{b}$ 转换为 $\boldsymbol{A\hat{x}} = \boldsymbol{p}$,$\boldsymbol{\hat{x}}$ 是 $\boldsymbol{x}$ 的估计值,$\boldsymbol{p}$ 是 $\boldsymbol{b}$ 在 $\boldsymbol{A}$ 的列空间上的投影;概率统计视角是让样本的平均波动最小。

3.一些非线性函数可以通过线性变换转换成线性函数。

4.多项式函数通过高阶泰勒展开,可以形成一个逼近原函数的多项式函数。

5.多项式回归可以将一个非线性问题转换成多元的线性问题。

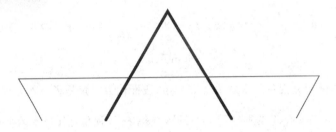

第 10 章

异常检测（半监督学习和无监督学习）

在机器学习中，样本中的异常数据将极大地影响模型的准确性，如何找到异常值就变成了一个值得讨论的话题。本章主要介绍基于概率分布的异常检测算法和局部异常因子算法这两种常用的异常检测算法。

根据国家统计局发布的信息,2019 年全国城镇非私营单位在岗职工社会年平均工资提高到了 82461 元,比 2018 年名义增长 11%,实际增长 8.7%;城镇私营单位在岗职工社会平均工资达到了 49575 元,比 2018 年上涨 8.3%,扣除价格因素后,实际增长 6.1%。

这些数据引起了广大网友的质疑,有人说"自己拖了社会主义的后腿,自己又被平均了";也有土豪表示"没拖后腿,自己不差钱"。很多人调侃国家统计局的均值计算方法:"张家有财一千万,九个邻居穷光蛋,平均起来算一算,个个都是张百万。"国家统计局的计算方式可不是简单地"平均起来算一算",这种均值仅仅是算数均值,除此之外,中位数、众数也是均值。

很多时候,我们对"张千万"的兴趣远远超过了对国家统计局关于平均工资计算方法的兴趣。在收集数据样本时,可能是由于样本本身所致,也可能是由于输入错误,我们经常会碰到类似"张千万"这种游离于大多数样本的"大户",无论是进行均值计算还是回归分析,"张千万"们都会对最终结果的准确性产生影响。我们将样本中的"张千万"们称为异常样本,将找出"张千万"们的算法称为异常检测算法。

"张千万"们通常很高调,要么驾驶着豪车,要么出入高级会所,似乎很容易就能将他们识别出来。然而真实的情况是,数据中的"张千万"们通常是多维的,并且隐藏在数据海洋中,并不容易识别。因此,如何才能自动检测出这些异常样本就变成了一个值得讨论的话题。

10.1 监督学习不灵了

某个工厂生产了一批手机屏幕,为了检测手机屏幕的质量,质检员需要收集每个样本的若干项指标,例如,屏幕的大小、质量、韧性等,并根据这些指标进行分析,最后判断屏幕是否合格。现在为了提高效率,工厂决定开发一个智能检测程序进行第一步筛选,质检员只需要重点检测被系统判定为"不合格"的样本。

智能检测程序需要根据大量样本训练一个函数模型。也许很多人的第一想法是像监督学习那样,为样本打上"正常"和"异常"的标签,然后通过分类算法训练模型。但是在收集数据时却发现,由于工厂的质量管理过硬,仅有极少数不合格样本,这些严重偏斜的数据让监督学习无法学到足够的知识。

是否可以仅通过正常样本训练出一个有效的检测模型呢?当然可以,这就是基于统计的异常检测。这类方法通常会假设给定的数据集服从一个随机分布模型,将与模型不一致的样本视为异常样本。其中最常用的两种分布模型是一元正态分布模型和多元正态分布模型。

基于一元正态分布的异常检测

正态分布广泛存在于自然界、生产和科学技术等领域,例如,在生产中,正常生产条件下各种产品的质量指标;在测量中,正常仪器的多次测量结果;在气象中,上海市每年八月份的气温、降水量;在生物学中,中国成年男性的身高、体重;在学习中,南京市高考的成绩……

10.2.1 一元正态分布

《侏罗纪公园》中,数学家马尔科姆博士调出了始秀颚龙的身高数据,并根据这些数据形成的曲线判断出始秀颚龙的种群正在繁衍,如图 10-1 所示。

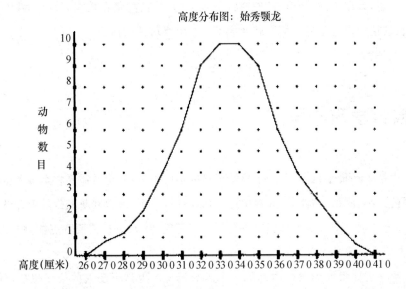

图 10-1　始秀颚龙的高度分布

这个倒钟形的曲线就是正态分布密度函数的曲线,其公式为:

$$p(x;\mu,\sigma^2) = \frac{1}{\sqrt{2\pi}\sigma}\exp\left(-\frac{(x-\mu)^2}{2\sigma^2}\right)$$

如果随机变量 X 服从一个均值为 μ、方差为 σ^2 的正态分布,则记作 $X \sim N(\mu,\sigma^2)$,其中 μ 和 σ 是常数,且 $\sigma > 0$。当 $\mu=0,\sigma^2=1$ 时,称为标准正态分布。这里的 μ 控制了曲线的位置,σ 控制了曲线的陡峭程度,如图 10-2 所示。

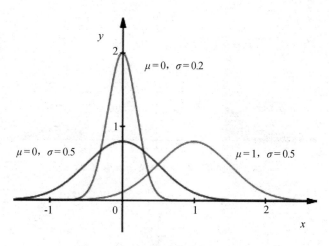

图 10-2　μ、σ 与正态分布的关系

从图 10-2 中可以看出，σ 的值越小，曲线越陡峭，倒钟越窄，样本越向 μ 处集中。由此可知，方差越小，数据的波动越小，数据越向均值靠拢。

在分布模型中，变量在某一个范围内的概率用曲线与 x 轴围成的面积表示，如图 10-3 所示。

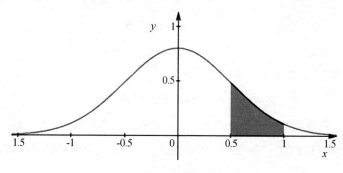

图 10-3　面积表示概率

简单地说，在正态分布的假设下，极好和极差的样本都只占据了数据集中的少数，其他大多数样本都符合预期。

10.2.2　算法模型

在正态分布的假设下，当一个新样本的正态分布值小于某个阈值时，就可以认为这个样本是异常的，如图 10-4 所示。

$\mu-3\sigma \leqslant x \leqslant \mu+3\sigma$ 的区域包含了绝大部分数据，可以以此为参考，调整 ε 的值，如图 10-5 所示。

现在有一个包含了 m 个一维数据的训练集：

$$\boldsymbol{X} = \{x^{(1)}, x^{(2)}, \cdots, x^{(m)}\}$$

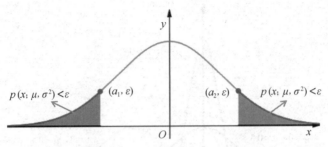

图 10-4　阴影部分表示异常样本

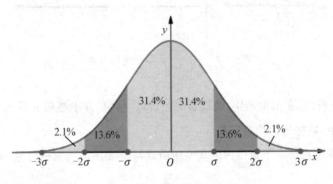

图 10-5　σ 与数据的关系

可以通过下面的不等式判断一个数据是否是异常的：

$$p(x^{(i)};\mu,\sigma^2)\leqslant\varepsilon$$

当不等式成立时，数据是异常的。这里 $x^{(i)}$ 是已知的，μ 和 σ 是未知的，我们的目的是设法根据训练集求得 μ 和 σ 的值，以得到一个确定的分布模型。通过最大似然估计量可以得出下面的结论：

$$\mu=\frac{1}{m}\sum_{i=1}^{m}x^{(i)}$$

$$\sigma^2=\frac{1}{m}\sum_{i=1}^{m}(x^{(i)}-\mu)^2=\frac{1}{m}(\boldsymbol{X}-\mu)(\boldsymbol{X}-\mu)^{\mathrm{T}}$$

注：最大似然、最大似然估计量和上面结论的推导过程，可参考附录 F.1～F.3。

10.2.3　算法实现

下面通过一些模拟数据来一窥异常检测算法的究竟。

代码 10-1　创建并展示模拟数据 s_gaussian.py

```
01  import numpy as np
02  import matplotlib.pyplot as plt
03
```

```
04  def create_data():
05      '''
06      创建训练数据和测试数据
07      :return: X_train:训练集，X_test:测试集
08      '''
09      np.random.seed(42)  # 设置 seed 使每次生成的随机数都相等
10      m, s = 3, 0.1 # 设置均值和标准差
11      X_train = np.random.normal(m, s, 100) # 100 个一元正态分布数据
12      # 构造 10 个测试数据，从一个均匀分布[low,high)中随机采样
13      X_test = np.random.uniform(low=m - 1, high=m + 1, size=10)
14      return X_train, X_test
15
16  def plot_data(X_train, X_test):
17      '''
18      数据可视化
19      :param X_train: 训练集
20      :param X_test: 测试集
21      :return:
22      '''
23      fig = plt.figure(figsize=(10, 4))
24      plt.subplots_adjust(wspace=0.5)  # 调整子图之间的左右边距
25      fig.add_subplot(1, 2, 1)  # 绘制训练数据的分布
26      plt.scatter(X_train, [0] * len(X_train), color='blue', marker='x', label='训练数据')
27      plt.title('训练数据的分布情况')
28      plt.xlabel('x')
29      plt.ylabel('y')
30      plt.legend(loc='upper left')
31
32      fig.add_subplot(1, 2, 2)  # 绘制整体数据的分布
33      plt.scatter(X_train, [0] * len(X_train), color='blue', marker='x', label='训练数据')
34      plt.scatter(X_test, [0] * len(X_test), color='red', marker='^',label='测试数据')
35      plt.title('整体数据的分布情况')
36      plt.xlabel('x')
37      plt.ylabel('y')
38      plt.legend(loc='upper left')
39
40      plt.rcParams['font.sans-serif'] =['SimHei']  # 用来正常显示中文标签
41      plt.rcParams['axes.unicode_minus'] =False  # 解决中文下的坐标轴负号显示问题
42      plt.show()
43
44  if __name__ == '__main__':
45      X_train, X_test = create_data()
46      plot_data(X_train, X_test)
```

create_data()创建了 100 个满足 $X \sim N(\mu,\sigma)$,$\mu=3$,$\sigma=0.1$ 的数据作为训练集；10 个在 $\mu\pm1$ 之

间均匀分布的数据作为测试数据，其中有可能包含异常数据。plot_data()展示了训练数据的分布情况，之后将测试数据加进去，展示总体数据的分布，如图 10-6 所示。

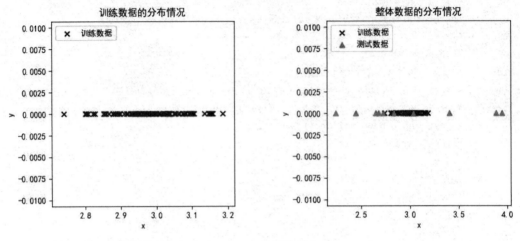

图 10-6　数据分布情况

从图 10-6 中可以看出，大部分训练数据都集中在正态分布的均值区域，而异常数据偏向于两端。

接下来使用训练集对异常检测模型进行训练。代码 10-2 根据 10.2.2 小节的结论计算 μ 和 σ 的值。将代码 10-2 添加到 s_gaussian.py 中。

代码 10-2　计算 μ 和 σ

```
01   def fit(X_train):
02       '''
03       拟合数据，训练模型
04       :param X_train: 训练集
05       '''
06       global mu, sigma
07       mu = np.mean(X_train)  # 计算均值 μ
08       sigma = np.var(X_train) # 计算方差 σ^2
09
10   if __name__ == '__main__':
11       ……
12       mu, sigma = 0, 0  # 模型的均值 μ 和方差 σ^2
13       fit(X_train)
14       print('μ = {}, σ^2 = {}'.format(mu, sigma))
15       plot_predict(np.r_[X_train, X_test])
```

fit()用来拟合训练数据。代码 10-2 的运行结果是 $\mu = 2.98961534826059$，$\sigma^2 = 0.008165221946938589$。

现在已经得到了具体的正态分布模型，可以使用该模型对新样本进行检测。将代码 10-3 添加到 s_gaussian.py 中。

代码 10-3　根据模型检测样本

```
01    def gaussian(X):
02        '''
03        计算正态分布
04        :param X: 数据集
05        :return: 数据集的密度值
06        '''
07        return np.exp(-((X - mu) ** 2) / (2 * sigma)) / (np.sqrt(2 * np.pi) * np.sqrt(sigma))
08
09    def get_epsilon(n=3):
10        ''' 调整 ε 的值，默认 ε=3σ '''
11        return np.sqrt(sigma) * n
12
13    def predict(X):
14        '''
15        检测训练集中的数据是否是正常数据
16        :param X: 待预测的数据
17        :return: P1:数据的密度值, P2:数据的异常检测结果
18        '''
19        P1 = gaussian(X) #  数据的密度值
20        epsilon = get_epsilon()
21        P2 = [p > epsilon for p in P1] #  数据的异常检测结果,True 正常,False 异常
22        return P1, P2
```

gaussian()实现了一元正态分布的密度函数。predict()默认以 get_epsilon()的返回值作为阈值,对 X 中的所有样本进行检测,并返回两个与 X 相对应的检测结果列表,第一个列表记录了 $p(x^{(i)};\mu,\sigma^2)$, 第二个列表记录了 $x^{(i)}$ 是正常值还是异常值。

最后将训练集和测试集全部可视化,观察最终的检测结果。将代码 10-4 添加到 s_gaussian.py 中。

代码 10-4　检测结果的可视化

```
01    def plot_predict(X):
02        ''' 可视化异常检测结果 '''
03        epsilon = get_epsilon()
04        xs = np.linspace(mu - epsilon, mu + epsilon, 50)
05        ys = gaussian(xs)
06        plt.plot(xs, ys, c='g', label='拟合曲线')   # 绘制正态分布曲线
07
08        P1, P2 = predict(X)
09        normals_idx = [i for i, t in enumerate(P2) if t == True] #  正常数据的索引
10        plt.scatter([X[i] for i in normals_idx], [P1[i] for i in normals_idx],
11                    color='blue', marker='x', label='正常数据')
12        outliers_idx = [i for i, t in enumerate(P2) if t == False] #  异常数据的索引
13        plt.scatter([X[i] for i in outliers_idx], [P1[i] for i in outliers_idx],
```

```
14                         color='red', marker='^', label='异常数据')
15        plt.title('检测结果,共有{}个异常数据'.format(len(outliers_idx)))
16        plt.xlabel('x')
17        plt.ylabel('y')
18        plt.legend(loc='upper left')
19        plt.rcParams['font.sans-serif'] = ['SimHei']   # 用来正常显示中文标签
20        plt.rcParams['axes.unicode_minus'] = False   # 解决中文下的坐标轴负号显示问题
21        plt.show()
22
23   if __name__ == '__main__':
24        ……
25        plot_predict(np.r_[X_train, X_test])
```

在可视化结果中,所有异常数据都分布于拟合曲线的两端,如图 10-7 所示。

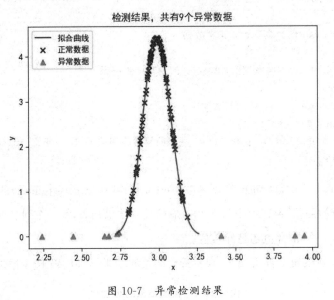

图 10-7　异常检测结果

10.3　基于多元正态分布的异常检测

　　在面对多维数据时,基于一元正态分布的异常检测可以单独抽取某一维度进行检测,通常也能工作得很好。但这里有一个前提条件——所有维度都符合正态分布,并且各维度都是独立的。如果两个维度之间存在相关性,那么基于一元正态分布的异常检测就可能会出现很大程度的误判。此时,基于多元分布的异常检测就发挥了作用。

10.3.1 被忽略的相关性

人的身高和鞋码存在着关联关系，一般来说，身高是脚长的 7 倍左右。假设某地区成年男子的身高符合 $\mu = 1.7, \sigma^2 = 0.036$ 的正态分布，下面用代码 10-5 模拟身高和脚长的数据。

代码 10-5　构造身高和脚长的数据 m_gaussian.py

```python
01  import numpy as np
02  import matplotlib.pyplot as plt
03
04  def create_train():
05      '''
06      构造二维训练集
07      :return: X1:身高维度的列表，X2:脚长维度的列表
08      '''
09      np.random.seed(21)   # 设置 seed 使每次生成的随机数都相等
10      mu, sigma = 1.7, 0.036   # 设置均值和方差
11      X1 = np.random.normal(mu, sigma, 200)   # 生成 200 个符合正态分布的身高数据
12      # 设置身高对应的鞋码，鞋码=身高/7±0.01
13      X2 = (X1 / 7) + np.random.uniform(low=-0.01, high=0.01, size= len(X1))
14      return X1, X2
15
16  def plot_train(X1, X2):
17      '''
18      可视化训练集
19      :param X1: 训练集的第 1 个维度
20      :param X2: 训练集的第 2 个维度
21      '''
22      fig = plt.figure(figsize=(10, 4))
23      plt.subplots_adjust(hspace=0.5)   # 调整子图之间的上下边距
24
25      fig.add_subplot(2, 1, 1)   # 数据的散点图
26      plt.scatter(X1, X2, color='k', s=3., label='训练数据')
27      plt.legend(loc='upper left')
28      plt.xlabel('身高')
29      plt.ylabel('脚长')
30      plt.title('数据分布')
31
32      fig.add_subplot(2, 2, 3) # 身高维度的直方图
33      plt.hist(X1, bins=40)
34      plt.xlabel('身高')
35      plt.ylabel('频度')
36      plt.title('身高直方图')
```

```
37
38      fig.add_subplot(2, 2, 4)    # 脚长维度的直方图
39      plt.hist(X2, bins=40)
40      plt.xlabel('脚长')
41      plt.ylabel('频度')
42      plt.title('脚长直方图')
43
44      plt.rcParams['font.sans-serif'] = ['SimHei']    # 用来正常显示中文标签
45      plt.rcParams['axes.unicode_minus'] = False    # 解决中文下的坐标轴负号显示问题
46      plt.show()
47
48  if __name__ == '__main__':
49      X1_train, X2_train = create_train()
50      plot_train(X1_train, X2_train)
```

create_train()先是构造了符合正态分布的身高数据,之后根据身高构造脚长,并为脚长加入了在 ± 0.01 之间的噪声,以便使脚长数据产生一些震荡。plot_train()用散点图和直方图的形式将数据可视化,如图 10-8 所示。

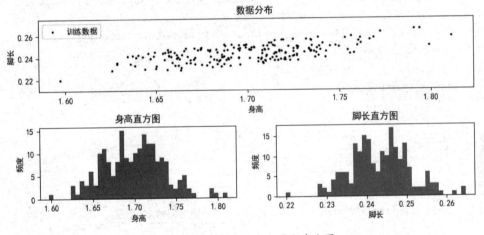

图 10-8　数据分布的散点图和直方图

从图 10-8 的直方图中可以看出,身高和与之存在线性相关性的脚长都符合正态分布。这里可以用代码 10-2 的方法计算两个维度的均值和方差,并为每个维度画出拟合曲线,如图 10-9 和图 10-10 所示。

每个维度都与该维度的训练数据拟合得很好。就训练集而言,低于 1.6 米或高于 1.8 米的身高被认为偏向于异常值,与这些身高有关联关系的脚长数值也应该被认为偏向于异常值。现在有一个身高是 1.73 米、脚长是 0.23 米的人,这个小脚男士远离了大部分样本点,也应当被视为异常数据,如图 10-11所示。

但问题是,对于身高的分布来说,1.73 米是一个大众化的身高,对于脚长来说,0.23 米也不算太差,如图 10-12 和图 10-13 所示。

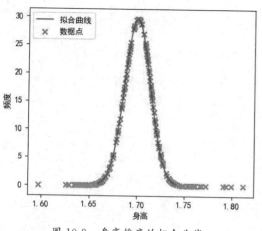

图 10-9　身高维度的拟合曲线

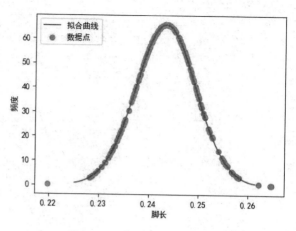

图 10-10　脚长维度的拟合曲线

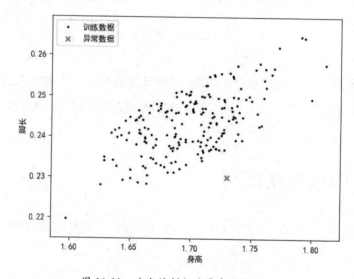

图 10-11　应当被判断为异常值的数据

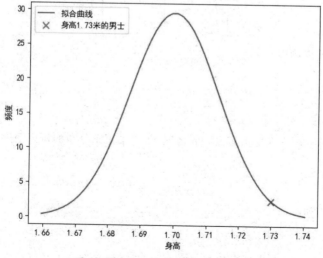

图 10-12　1.73 米的身高是正常值

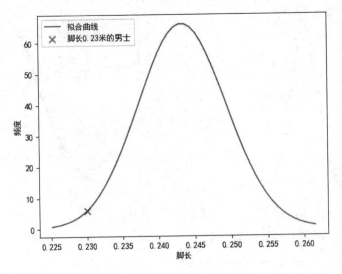

图 10-13 0.23 米的脚长是正常值

无论从身高维度还是脚长维度,这个小脚男士都被认为是正常数据,这与我们期望的结果不符。其原因是:一元正态分布分别从两个独立的维度看待问题,而忽略了它们之间的相关性。为了识别相关性,我们需要使用更高维度的正态分布模型。

10.3.2　多元正态分布模型

正态分布也可以推广到多维,为了便于表达,这里用向量的形式表示随机变量和参数:

$$x = \begin{bmatrix} x_1 \\ x_2 \\ \vdots \\ x_n \end{bmatrix}, \mu = \begin{bmatrix} \mu_1 \\ \mu_2 \\ \vdots \\ \mu_n \end{bmatrix}, \sigma = \begin{bmatrix} \sigma_1 \\ \sigma_2 \\ \vdots \\ \sigma_n \end{bmatrix}$$

n 元正态分布的密度函数:

$$p(x;\mu,\sigma^2)$$
$$= \frac{1}{\sqrt{2\pi}\sigma_1}\exp\left(-\frac{1}{2}\left(\frac{x_1-\mu_1}{\sigma_1}\right)^2\right)\frac{1}{\sqrt{2\pi}\sigma_2}\exp\left(-\frac{1}{2}\left(\frac{x_2-\mu_2}{\sigma_2}\right)^2\right)\cdots\frac{1}{\sqrt{2\pi}\sigma_n}\exp\left(-\frac{1}{2}\left(\frac{x_n-\mu_n}{\sigma_n}\right)^2\right)$$

由上面的结果可知,在各维度相互独立的情况下,多维正态分布的概率密度其实就是各个维度密度函数的乘积。

10.3.3　算法模型

现在有一个包含了 m 个数据的训练集,其中的每个样本都是一个 n 维数据:

$$X = \left[x^{(1)}, x^{(2)}, \cdots, x^{(m)} \right], x^{(i)} = \begin{bmatrix} x_1^{(i)} \\ x_2^{(i)} \\ \vdots \\ x_n^{(i)} \end{bmatrix}$$

可以通过下面的函数判断一个样本是否是异常的：

$$p(x^{(i)}; \boldsymbol{\mu}, \boldsymbol{\sigma}^2) = \prod_{j=1}^{n} p(x_j^{(i)}; \mu_j, \sigma_j^2) < \varepsilon$$

我们的目的是设法根据训练集求得 $\boldsymbol{\mu}$ 和 $\boldsymbol{\sigma}$，以得到一个确定的分布模型。具体来说，通过最大似然估计量可以得出下面的结论：

$$\boldsymbol{\mu} = \frac{1}{m} \sum_{j=1}^{m} x^{(j)}$$

$$\boldsymbol{\Sigma} = \frac{1}{m} (X - \boldsymbol{\mu})(X - \boldsymbol{\mu})^{\mathrm{T}}$$

其中 $\boldsymbol{\Sigma}$ 是协方差矩阵，最终求得的多元正态分布模型可以写成：

$$p(x^{(i)}; \boldsymbol{\mu}, \boldsymbol{\sigma}^2) = p(x^{(i)}; \boldsymbol{\mu}, \boldsymbol{\Sigma}) = (2\pi)^{-\frac{n}{2}} |\boldsymbol{\Sigma}|^{-\frac{1}{2}} \exp\left(-\frac{1}{2} (x^{(i)} - \boldsymbol{\mu})^{\mathrm{T}} \boldsymbol{\Sigma}^{-1} (x^{(i)} - \boldsymbol{\mu}) \right)$$

注：关于最大似然估计量、协方差矩阵及多元正态分布最大似然估计的推导过程，可参考附录 F.1～F.4。

10.3.4 算法实现

下面通过代码 10-6 分析基于多元正态分布的异常检测模型是如何工作的。将代码 10-6 添加到 m_gaussian.py 中。

代码 10-6   训练算法模型

```
01  def fit(X_train):
02      '''
03      拟合数据,训练模型
04      :param X_train: 训练集
05      :return: mu:均值, sigma:方差
06      '''
07      global mu, sigma
08      X = np.mat(X_train.T)
09      m, n = X.shape
10      mu = np.mean(X, axis=1)   # 计算均值 μ,axis=1 表示对每一个子数组计算均值
11      sigma = np.mat(np.cov(X)) # 计算 Σ,等同于(X - mu) * (X - mu).T / len(X_train)
12
13  def gaussian(X_test):
```

```
14          '''
15          计算正态分布
16          :param X_test: 测试集
17          :return: 数据集的密度值
18          '''
19          global mu, sigma
20          m, n = np.shape(X_test)
21          sig_det = np.linalg.det(sigma)    # 计算 det(Σ)
22          sig_inv = np.linalg.inv(sigma)    # Σ 的逆矩阵
23          r = []
24          for x in X_test:
25              x = np.mat(X).T - mu
26              g = np.exp(-X.T * sig_inv * x / 2) * ((2 * np.pi) ** (-n / 2) * (sig_det ** (-0.5)))
27              r.append(g[0, 0])
28          return r
```

为了简化问题，这里认为 X_train 中的数据全部是正常数据。fit() 根据 10.3.3 小节的结论计算多元正态分布的模型参数。gaussian() 根据目标函数计算样本的多元正态分布密度值。在了解了算法原理后会发现，fit() 和 gaussian() 都不复杂，仅仅是简单地根据公式计算而已。

得到训练模型后，就可以对新样本进行检测。将代码 10-7 添加到 m_gaussian.py 中。

代码 10-7　预测新样本

```
01    def sel_epsilon(X_train):
02        '''
03        选择合适的 ε
04        :param X_train: 训练集
05        :return: ε
06        '''
07        g_val = gaussian(X_train)
08        return np.min(g_val) - 0.0001
09
10    def predict(X):
11        '''
12        检测训练集中的数据是否是正常数据
13        :param X: 待预测的数据
14        :return: P1:数据的密度值，P2:数据的异常检测结果
15        '''
16        P1 = gaussian(X)    # 数据的密度值
17        P2 = [p > epsilon for p in P1]    # 数据的异常检测结果,True 正常,False 异常
18        return P1, P2
```

predict() 将对 X 中的所有样本进行检测，并返回两个列表，第一个列表记录了 $p(x^{(i)}; \mu, \Sigma)$，第二个列表记录了 $x^{(i)}$ 是否是正常数据。由于已经假设了 X_train 中的数据全部是正常数据，因此这里选择 X_train 中最小的密度值减去一个小浮点数作为 ε。

最后添加可视化代码，观察最终的检测结果。将代码 10-8 添加到 m_gaussian.py 中。

代码 10-8　异常检测结果的可视化

```
01  from mpl_toolkits.mplot3d import Axes3D
02
03  def plot_predict(X):
04      ''' 可视化异常检测结果 '''
05      P1, P2 = predict(X)
06      normals_idx = [i for i, t in enumerate(P2) if t == True]   #  正常数据的索引
07      outliers_idx = [i for i, t in enumerate(P2) if t == False]   #  异常数据的索引
08      normals_x = np.array([X[i] for i in normals_idx])   #  正常数据
09      outliers_x = np.array([X[i] for i in outliers_idx])   #  异常数据
10
11      fig1 = plt.figure(num='fig1')  #  散点图
12      ax = Axes3D(fig1)
13      ax.scatter(normals_x[:, 0], normals_x[:, 1],
14                  [P1[i] for i in normals_idx], label='正常数据')
15      ax.scatter(outliers_x[:, 0], outliers_x[:, 1],
16                  [P1[i] for i in outliers_idx], c='r', marker='^', label='异常数据')
17      ax.set_title('共有{}个异常数据'.format(len(outliers_idx)))
18      ax.axis('tight')   #  让坐标轴的比例尺适应数据量
19      ax.set_xlabel('身高')
20      ax.set_ylabel('脚长')
21      ax.set_zlabel('p(x)')
22      ax.legend(loc='upper left')
23
24      #  三维空间的拟合曲面
25      n = 100
26      xs, ys = np.meshgrid(np.linspace(min(X1_train), max(X1_train), n),
27                           np.linspace(min(X2_train), max(X2_train), n))
28      zs = [gaussian(np.c_[xs[i], ys[i]]) for i in range(n)]
29      fig2 = plt.figure(num='fig2')
30      ax = Axes3D(fig2)
31      ax.plot_surface(xs, ys, zs, alpha=0.5, cmap=plt.get_cmap('rainbow'))
32      ax.scatter(normals_x[:, 0], normals_x[:, 1],
33                  [P1[i] for i in normals_idx], label='正常数据')
34      ax.scatter(outliers_x[:, 0], outliers_x[:, 1],
35                  [P1[i] for i in outliers_idx], c='r', marker='^', label='异常数据')
36      ax.axis('tight')   #  让坐标轴的比例尺适应数据量
37      ax.set_xlabel('身高')
38      ax.set_ylabel('脚长')
39      ax.set_zlabel('p(x)')
40      ax.legend(loc='upper left')
41
42      fig3 = plt.figure(num='fig3')  #  等高线图
```

```
43      plt.scatter(normals_x[:, 0], normals_x[:, 1], s=30., c='k', label='正常数据')
44      plt.scatter(outliers_x[:, 0], outliers_x[:, 1], c='r', marker='^', s=30., label='异常数据')
45      plt.contour(xs, ys, zs, 80, alpha=0.5) #  等高线
46      plt.axis('tight')    #  让坐标轴的比例尺适应数据量
47      plt.xlabel('身高')
48      plt.ylabel('脚长')
49      plt.legend(loc='upper left')
50
51      plt.rcParams['font.sans-serif'] = ['SimHei']    #  用来正常显示中文标签
52      plt.rcParams['axes.unicode_minus'] = False    #  解决中文下的坐标轴负号显示问题
53      plt.show()
54
55  if __name__ == '__main__':
56      ......
57      epsilon = sel_epsilon(X_train)
58      X_test = np.c_[create_data(model='test', count=20)]
59      X = np.r_[X_train, X_test]
60      plot_predict(X)
```

代码 10-8 添加了 20 个测试数据作为可能的异常样本，并展示了空间样本点、空间拟合曲面和等高线，如图 10-14～图 10-16 所示。

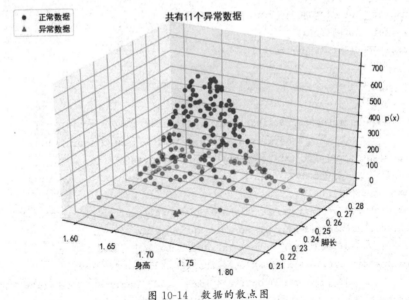

图 10-14　数据的散点图

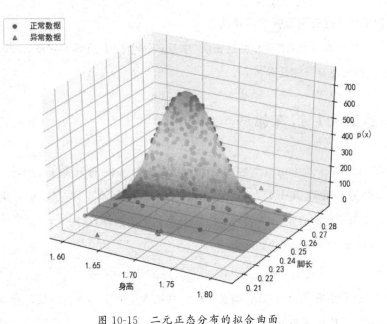

图 10-15　二元正态分布的拟合曲面

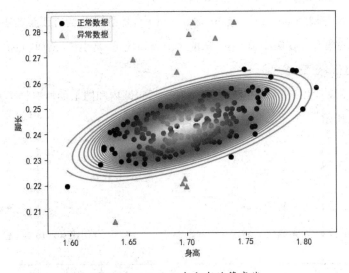

图 10-16　二元正态分布的等高线

 10.4 局部异常因子算法

如果有人说:"嘿,哥们,这儿有一些数据,我知道里面有少量的坏数据,但不知道具体哪些是坏的,你能帮我挑出来吗?"由于没有标签,所以监督学习和半监督学习都无法解决这个问题,这时不妨试试局部异常因子算法这类无监督学习算法。

局部异常因子算法通过计算"局部可达密度"来反映一个样本的异常程度,一个样本点的局部可达密度越大,这个点就越有可能是异常点。

10.4.1　k 距离和 k 距离邻域

某一点 P 的 k 距离(k-distance)很容易解释,就是点 P 和距离 P 第 k 近的点之间的距离。用 $D_k(\boldsymbol{x}^{(i)})$ 表示 $\boldsymbol{x}^{(i)}$ 的 k 距离,其中 $\boldsymbol{x}^{(i)}$ 表示数据集中的第 i 个样本点,它是一个 n 维数据,$P=\boldsymbol{x}^{(i)}$。用 $x_j^{(i)}$ 表示 $\boldsymbol{x}^{(i)}$ 在第 j 维的分量,$\boldsymbol{x}^{(i,k)}$ 表示距 $\boldsymbol{x}^{(i)}$ 第 k 远的数据点,则有:

$$D_k(\boldsymbol{x}^{(i)}) = \|\boldsymbol{x}^{(i)} - \boldsymbol{x}^{(i,k)}\|$$
$$= \sqrt{(x_1^{(i)} - x_1^{(i,k)})^2 + (x_2^{(i)} - x_2^{(i,k)})^2 + \cdots + (x_n^{(i)} - x_n^{(i,k)})^2}$$

假设 P 是学校,葛小伦、刘闯、赵信、蔷薇、琪琳、炙心 6 个同学都住在学校附近,如图 10-17 所示。为了简化问题,将 P 设置在原点。如果用直线距离表示每个同学从家到学校的距离,则由近及远分别是:葛小伦<刘闯<赵信<蔷薇=炙心<琪琳。

所谓 P 的 k 距离邻域(k-distance neighborhood of P),是指到 P 的直线距离小于等于 P 的 k 距离的所有数据点构成的集合。在图 10-17 中,P 的 3 距离邻域是{葛小伦,刘闯,赵信};P 的 4 距离邻域是{葛小伦,刘闯,赵信,蔷薇,炙心}。

可以把 P 看作圆心,以 P 的 k 距离为半径画一个圆,圆内和圆上的所有样本点构成了 P 的 k 距离邻域,如图 10-18 所示。

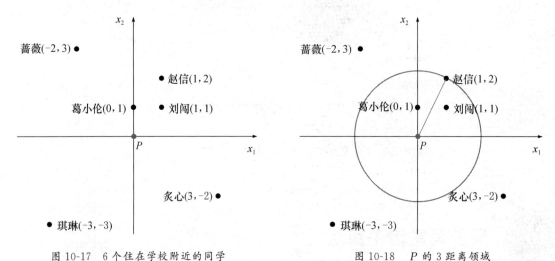

图 10-17　6 个住在学校附近的同学　　　　图 10-18　P 的 3 距离领域

10.4.2　k 可达距离

$x^{(i)}$ 到 $x^{(j)}$ 的 k 可达距离（rechabiliby distance）可以表示为：

$$RD_k(x^{(i)}, x^{(j)}) = \max(D_k(x^{(i)}), \|x^{(i)} - x^{(j)}\|)$$

它的含义是，比较 $x^{(i)}$ 距 $x^{(j)}$ 的直线距离与 $x^{(i)}$ 的 k 距离，选取二者中较大的一个作为 $x^{(i)}$ 到 $x^{(j)}$ 的 k 可达距离。

k 可达距离与 k 距离邻域存在关联。如果 $x^{(j)}$ 在 $x^{(i)}$ 的 k 距离邻域中，那么 $x^{(i)}$ 到 $x^{(j)}$ 的 k 可达距离就是 $x^{(i)}$ 的 k 距离；如果 $x^{(j)}$ 不在 $x^{(i)}$ 的 k 距离邻域中，那么 $x^{(i)}$ 到 $x^{(j)}$ 的 k 可达距离是二者的直线距离。

以图 10-18 为例，当 $k=3$ 时，距 P 第三近的同学是赵信，P 的 3 距离邻域是 {葛小伦，刘闯，赵信}，此时 P 到他们的 3 可达距离都等于学校到赵信家的距离；P 到蔷薇、炙心、琪琳的 3 可达距离与学校到她们的直线距离相等：

$$\text{let } x^{(P)} = (0,0), k = 3$$

$$\text{then } D_3(x^{(P)}) = \|x^{(P)} - x^{(P,3)}\| = \sqrt{(0-1)^2 + (0-2)^2} = \sqrt{5}$$

$$RD_3(x^{(P)}, x^{(葛小伦)}) = \max(D_3(x^{(P)}), \|x^{(P)} - x^{(葛小伦)}\|) = D_3(x^{(P)}) = \sqrt{5}$$

$$RD_3(x^{(P)}, x^{(刘闯)}) = \max(D_3(x^{(P)}), \|x^{(P)} - x^{(刘闯)}\|) = D_3(x^{(P)}) = \sqrt{5}$$

$$RD_3(x^{(P)}, x^{(赵信)}) = \max(D_3(x^{(P)}), \|x^{(P)} - x^{(赵信)}\|) = D_3(x^{(P)}) = \sqrt{5}$$

$$RD_3(x^{(P)}, x^{(蔷薇)}) = \max(D_3(x^{(P)}), \|x^{(P)} - x^{(蔷薇)}\|) = \|x^{(P)} - x^{(蔷薇)}\| = \sqrt{13}$$

$$RD_3(x^{(P)}, x^{(炙心)}) = \max(D_3(x^{(P)}), \|x^{(P)} - x^{(炙心)}\|) = \|x^{(P)} - x^{(炙心)}\| = \sqrt{13}$$

$$RD_3(x^{(P)}, x^{(琪琳)}) = \max(D_3(x^{(P)}), \|x^{(P)} - x^{(琪琳)}\|) = \|x^{(P)} - x^{(琪琳)}\| = \sqrt{18}$$

由于 $x^{(i)}$ 的 k 距离与 $x^{(j)}$ 的 k 距离并不相等，所以 $x^{(i)}$ 到 $x^{(j)}$ 的 k 可达距离与 $x^{(j)}$ 到 $x^{(i)}$ 的 k 可达距离也不相等，即 $RD_k(x^{(i)}, x^{(j)}) \neq RD_k(x^{(j)}, x^{(i)})$，如图 10-19 所示。

在图 10-19 中，当 $k=2$ 时，先计算 $x^{(1)}$ 到 $x^{(2)}$ 的 2 可达距离，此时距 $x^{(1)}$ 第二近的点是 $x^{(4)}$：

$$D_2(x^{(1)}) = \|x^{(1)} - x^{(1,2)}\| = \|x^{(1)} - x^{(4)}\| = \sqrt{(0-4)^2 + (0-3)^2} = 5$$

$$\|x^{(1)} - x^{(2)}\| = \sqrt{(0-3)^2 + (0-3)^2} = \sqrt{18} < 5$$

$$RD_2(x^{(1)}, x^{(2)}) = \max(D_2(x^{(1)}), \|x^{(1)} - x^{(2)}\|) = D_2(x^{(1)}) = 5$$

再看 $x^{(2)}$ 到 $x^{(1)}$ 的 2 可达距离。距 $x^{(2)}$ 第二近的点是 $x^{(3)}$：

$$D_2(x^{(2)}) = \|x^{(2)} - x^{(2,2)}\| = \|x^{(2)} - x^{(3)}\| = \sqrt{(3-4)^2 + (3-4)^2} = \sqrt{2}$$

$$\|x^{(2)} - x^{(1)}\| = \sqrt{(0-3)^2 + (0-3)^2} = \sqrt{18} > \sqrt{2}$$

$$RD_2(x^{(2)}, x^{(1)}) = \max(D_2(x^{(2)}), \|x^{(2)} - x^{(1)}\|) = \|x^{(2)} - x^{(1)}\| = \sqrt{18}$$

由此可见：

$$RD_2(\boldsymbol{x}^{(1)}, \boldsymbol{x}^{(2)}) \neq RD_2(\boldsymbol{x}^{(2)}, \boldsymbol{x}^{(1)})$$

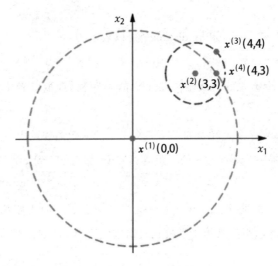

图 10-19　$RD_2(\boldsymbol{x}^{(1)}, \boldsymbol{x}^{(2)}) \neq RD_2(\boldsymbol{x}^{(2)}, \boldsymbol{x}^{(1)})$

10.4.3　局部可达密度

某个区域内点与点之间的密度很容易理解，各点之间距离越远，密度越低；距离越近，密度越高。局部可达密度（local reachability density）与区域内点的密度类似，只不过点与点之间的距离是用 k 距离邻域计算的，所以被称为"局部"。

假设 $\boldsymbol{x}^{(i)}$ 的 k 距离邻域内有 N 个样本点，这些点用 $\{\boldsymbol{x}^{(i)}\}_N$ 表示。$\{\boldsymbol{x}^{(i)}\}_N^{(t)}$ 表示 $\{\boldsymbol{x}^{(i)}\}_N$ 中的第 t 个样本点，那么 $\boldsymbol{x}^{(i)}$ 的局部可达密度可以写成：

$$LRD_k(\boldsymbol{x}^{(i)}) = \left(\frac{1}{N}\sum_{t=1}^{N} RD_k(\{\boldsymbol{x}^{(i)}\}_N^{(t)}, \boldsymbol{x}^{(i)})\right)^{-1}$$

上式表示 $\boldsymbol{x}^{(i)}$ 的局部可达密度是 $\boldsymbol{x}^{(i)}$ 的 k 距离邻域中所有样本点到 $\boldsymbol{x}^{(i)}$ 的 k 可达距离的平均值的倒数。$\frac{1}{N}\sum_{t=1}^{N} RD_k(\{\boldsymbol{x}^{(i)}\}_N^{(t)}, \boldsymbol{x}^{(i)})$ 代表 $\boldsymbol{x}^{(i)}$ 的 k 距离邻域中所有样本点的密集程度，密集程度越高，该值越小，它的倒数（$\boldsymbol{x}^{(i)}$ 的局部可达密度）越大，$\boldsymbol{x}^{(i)}$ 和它的 k 距离邻域越可能是同一簇（$\boldsymbol{x}^{(i)}$ 越靠近它的 k 距离邻域中的其他点），$\boldsymbol{x}^{(i)}$ 越可能是正常样本点。反之，如果 $\boldsymbol{x}^{(i)}$ 是异常数据，那么 $\boldsymbol{x}^{(i)}$ 将会远离它的 k 距离邻域中的其他样本点，这些样本点到 $\boldsymbol{x}^{(i)}$ 的 k 可达距离将会是它们到 $\boldsymbol{x}^{(i)}$ 的直线距离，该距离将远大于 $\{\boldsymbol{x}^{(i)}\}_N$ 中其他样本点的 k 距离，最终导致 $\frac{1}{N}\sum_{t=1}^{N} RD_k(\{\boldsymbol{x}^{(i)}\}_N^{(t)}, \boldsymbol{x}^{(i)})$ 较大，它的倒数（$\boldsymbol{x}^{(i)}$ 的局部可达密度）的值较小。

简单而言，$\boldsymbol{x}^{(i)}$ 的局部可达密度越大，$\boldsymbol{x}^{(i)}$ 越靠近它邻域中的点，$\boldsymbol{x}^{(i)}$ 越可能是正常样本；$\boldsymbol{x}^{(i)}$ 的局部可达密度越小，$\boldsymbol{x}^{(i)}$ 越远离它邻域中的点，$\boldsymbol{x}^{(i)}$ 越可能是异常样本。

10.4.4　局部异常因子

局部可达密度的大小可以帮助我们鉴别异常样本，但是这个大小该如何判断呢？有没有一个可以参考的标准呢？为了设置比较大小的基准，需要借助局部异常因子(local outlier factor)：

$$LOF_k(\boldsymbol{x}^{(i)}) = \frac{\dfrac{1}{N}\sum_{t=1}^{N} LRD_k(\{\boldsymbol{x}^{(i)}\}_N^{(i)})}{LRD_k(\boldsymbol{x}^{(i)})}$$

上式的分子表示 $\boldsymbol{x}^{(i)}$ 的 k 距离邻域中的所有样本点的局部可达密度的均值，分母表示 $\boldsymbol{x}^{(i)}$ 的局部可达密度。它实际上是通过比较 $\boldsymbol{x}^{(i)}$ 的局部可达密度和 $\boldsymbol{x}^{(i)}$ 邻域内其他点的局部可达密度来判断 $\boldsymbol{x}^{(i)}$ 是否是异常点，$\boldsymbol{x}^{(i)}$ 的局部可达密度越低，$LRD_k(\boldsymbol{x}^{(i)})$ 越小，$LOF_k(\boldsymbol{x}^{(i)})$ 的值越大于 1，$\boldsymbol{x}^{(i)}$ 越可能是异常点；$\boldsymbol{x}^{(i)}$ 的局部可达密度越高，$LRD_k(\boldsymbol{x}^{(i)})$ 越大，$LOF_k(\boldsymbol{x}^{(i)})$ 的值越接近 1 或小于 1，$\boldsymbol{x}^{(i)}$ 越可能是正常样本点。在图 10-20 中，$\boldsymbol{x}^{(1)}$ 是异常点，它的局部可达密度远低于 $\boldsymbol{x}^{(2)}$ 的局部可达密度。

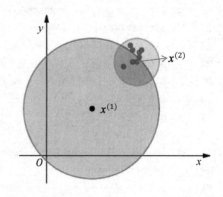

图 10-20　样本局部可达密度与异常度的关系

10.4.5　算法实现

我们已经了解了局部异常因子和样本异常度的关系，下面来看局部异常因子算法是如何工作的。首先创建一些测试数据。

代码 10-9　创建测试数据 lof.py

```
01  import numpy as np
02  import matplotlib.pyplot as plt
03
04  def create_data():
05      '''
06      创建测试数据
07      :return: 包含正常样本和少量异常样本的样本集
08      '''
09      np.random.seed(42) # 设置 seed 使每次生成的随机数都相等
10      # 生成 100 个二维，它们是以 0 为均值、以 1 为标准差的正态分布数据
```

```
11    X_inliers = 0.3 * np.random.randn(100, 2)
12    # 构造两组间隔一定距离的样本点作为训练样本
13    X_inliers = np.r_[X_inliers + 2, X_inliers - 2]
14    # 构造 20 个可能的异常数据,从一个均匀分布[low,high)中随机采样
15    X_outliers = np.random.uniform(low=-4, high=4, size=(20, 2))
16    # 将 X_inliers 和 X_outliers 连接起来作为样本集
17    return np.r_[X_inliers, X_outliers]
18
19 def show_data(X):
20    '''
21    数据可视化
22    :param X: 数据集
23    '''
24    plt.rcParams['font.sans-serif'] = ['SimHei']  # 用来正常显示中文标签
25    plt.rcParams['axes.unicode_minus'] = False  # 解决中文下的坐标轴负号显示问题
26    plt.title("数据样本")
27    plt.scatter(self.X[:, 0], self.X[:, 1], color='k', s=3., label='样本点')
28    plt.axis('tight')  # 让坐标轴的比例尺适应数据量
29    plt.xlim((-5, 5))  # x 坐标轴的刻度范围
30    plt.ylim((-5, 5))  # y 坐标轴的刻度范围
31    plt.xlabel('x')
32    plt.ylabel('y')
33    legend = plt.legend(loc='upper left')
34    legend.legendHandles[0]._sizes = [10]
35    plt.show()
36
37 if __name__ == '__main__':
38    X = create_data()
39    k = 20
40    show_data(X)
```

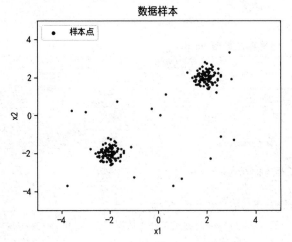

图 10-21　两簇正常的样本和一些异常样本

create_data()创建了一个数据集,其中包含了两簇正常的样本和 20 个可能的异常样本(之所以是"可能的异常样本",是由于 X_outliers 中的数据是随机采样的,其中的一些数据可能靠近正常的样本簇)。可视化结果如图 10-21 所示。

然后编写实现局部异常因子的主体代码。将代码 10-10 添加到 lof.py 中。

代码 10-10　局部异常因子的算法实现

```
01  class LOF():
02      ''' 局部异常因子算法 '''
03      def __init__(self, X, k):
04          '''
05          :param X: 样本集
06          :param k: k 值
07          '''
08          self.X = X
09          self.k = k
10          self.D_K = {}  # 每个样本点的 k 距离
11          self.NEIGHBORS = {}  # 每个样本点的 k 距离邻域
12          self.LRD = {}  # 每个样本点的局部可达密度
13          self.LOF = {}  # 每个样本点的局部异常因子
14
15      def euclid(self, x_i, x_j):
16          ''' 两点间的欧几里得距离 '''
17          return np.linalg.norm(x_i - x_j)
18
19      def rd(self, x_i, x_j):
20          ''' 两点间的 k 可达距离 '''
21          return max(self.D_K[str(x_i)], self.euclid(x_i, x_j))
22
23      def train(self):
24      ''' 计算每个样本点的 k 距离、k 距离邻域、局部可达密度、局部异常因子 '''
25          for x_i in X:
26              # x_i 距所有样本点的欧几里得距离
27              d = [(x_j, self.euclid(x_i, x_j)) for x_j in X]
28              d = sorted(d, key=lambda x: x[1])  # 按照距离排序
29              d_k = d[k - 1][1] # x_i 的 k 距离
30              self.D_K[str(x_i)] = d_k
31              x_N = [x for x, _ in d[:k]]  # x_i 的 k 距离邻域
32              self.NEIGHBORS[str(x_i)] = x_N
33          for x_i in X:  # 计算所有样本的局部可达密度
34              x_N = self.NEIGHBORS[str(x_i)]  # x_i 的 k 邻域
35              lrd = 1 / (sum([self.rd(x_t, x_i) for x_t in x_N]) / len(x_N))  # x_i 的局部可达密度
36              self.LRD[str(x_i)] = lrd
37          for x_i in X:  # 计算所有样本的局部异常因子
38              x_N = self.NEIGHBORS[str(x_i)]  # x_i 的 k 邻域
39              lrd = self.LRD[str(x_i)]  # x_i 的局部可达密度
40              lof = sum([self.LRD[str(x_t)] for x_t in x_N]) / len(x_N) / lrd  # x_i 的局部异常因子
41              self.LOF[str(x_i)] = lof
```

train()方法按照 10.4.1～10.4.4 小节的介绍，依次实现数据集中每一个样本点的 k 距离、k 距离

邻域、k 可达距离、局部可达密度和局部异常因子,并将这些值存储在字典中。

最后为算法添加可视化代码,以便观察每个样本的异常程度。将代码 10-11 添加到 lof.py 中。

代码 10-11   局部异常因子的可视化

```
01    class LOF():
02        ……
03        def show(self):
04            ''' 可视化局部异常因子 '''
05            plt.rcParams['font.sans-serif'] = ['SimHei']   # 用来正常显示中文标签
06            plt.rcParams['axes.unicode_minus'] = False   # 解决中文下的坐标轴负号显示问题
07            plt.title("局部异常因子(LOF)")
08            plt.scatter(X[:, 0], X[:, 1], color='k', s=3., label='样本点')
09            max_lof = max(self.LOF. values())
10            min_lof = min(self.LOF. values())
11            # 归一化处理每个样本点的半径,样本点越异常,半径越大
12            radius = [1000 * ((lof - min_lof) / (max_lof - min_lof)) for lof in self.LOF.values()]
13            plt.scatter(X[:, 0], X[:, 1], s=radius, edgecolors='r', facecolors='none', label='异常度')
14            plt.axis('tight')   # 让坐标轴的比例尺适应数据量
15            plt.xlim((-5, 5))   # x 坐标轴的刻度范围
16            plt.ylim((-5, 5))   # y 坐标轴的刻度范围
17            plt.xlabel('x1')
18            plt.ylabel('x2')
19            legend = plt.legend(loc='upper left')
20            legend.legendHandles[0]._sizes = [10]
21            legend.legendHandles[1]._sizes = [20]
22            plt.show()
23
24    if __name__ == '__main__':
25        X = create_data()
26        k = 20
27        lof = LOF(X, k)
28        lof.train()
29        lof.show()
30
31        # 在控制台打印样本点的局部异常因子
32        for i, (k, v) in enumerate(lof.LOF.items()):
33            print(v, '\t', end='')
34            if (i + 1) % 5 == 0: # 每行显示 5 个数据
35                print()
```

计算样本点半径时使用了标准归一化处理,把局部异常因子变成 0~1 的小数,目的是简化计算、缩小量值、去除单位,以便不同单位或量级的指标能够进行比较和加权。除标准归一化外,还有平均归一化、非线性归一化等。标准归一化的公式为:

$$x' = \frac{x - X_{\min}}{X_{\max} - X_{\min}}$$

归一化是针对一个维度计算的，其中 x 是样本在该维度上的值，$X_{\min}$ 和 $X_{\max}$ 分别是所有样本在该维度的最小值和最大值。代码 10-11 在归一化后还乘了 1000，这是为了把像素点放大，以便画出大小适中的图案。

图 10-22 展示了局部异常因子的可视化结果，每个样本点的圆代表了该点的局部异常因子，圆的半径越大，该点越倾向于异常点。

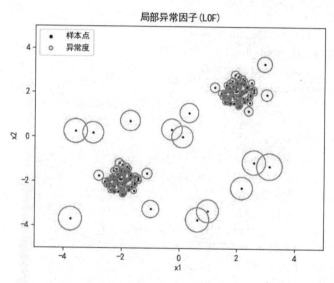

图 10-22　圆的半径越大，样本点越倾向于异常点

代码 10-11 还在控制台列出了每个样本点的局部异常因子，图 10-23 所示是其中的部分数据。

```
1.060119663068447    1.2257706139124471   1.1018524242037626   1.2425445820592698   0.9733279398917459
1.0740951587672711   0.9463011396233487   1.0032755775467332   1.1200710489601626   1.6767215069077304
1.0453813500021962   1.028826677407696    0.9567562660681261   0.9968996420255668   1.1386602651360984
0.9919467829021368   1.041966100825381    0.9673599097753632   1.0046786286656346   1.0329800816726993
2.2817097371340793   1.260800605061009    2.0267570544468696   1.341371120006224    3.2805805511364126
5.665889564703931    1.762449533363844    1.2321154963806127   7.792467653230202    3.896518921531574
6.701206719547586    5.357980502482974    5.0678040599160035   6.492985904186079    6.734678711179289
5.505411633663211    5.910696181282363    6.11427053521112     6.709858249393279    4.609604565045482
```

图 10-23　部分样本的局部异常因子

从图 10-23 中可以看出，一些样本的局部异常因子比其他样本更大于 1。在实际应用中，可以让所有局部异常因子与一个自定义的阈值比较，如果 $LOF(\boldsymbol{x}^{(i)})$ 大于该阈值，则认为 $\boldsymbol{x}^{(i)}$ 是异常数据。将代码 10-12 添加到 lof.py 中。

代码 10-12　预测异常样本

```
01  class LOF():
02      ......
03      def predict(self, threshold=1.8):
04          '''
05          预测异常样本
06          :param threshold: 局部异常因子的阈值
07          :return: 异常样本字典
08          '''
09          outliers = {}
10          for x, lof in self.LOF.items():
11              if lof > threshold:
12                  outliers[x] = lof
13          return outliers
14
15      def show_outliers(self):
16          ''' 可视化异常样本点 '''
17          plt.rcParams['font.sans-serif'] = ['SimHei']  # 用来正常显示中文标签
18          plt.rcParams['axes.unicode_minus'] = False  # 解决中文下的坐标轴负号显示问题
19          plt.title("异常样本")
20          plt.scatter(X[:, 0], X[:, 1], color='k', s=3., label='正常点')
21          outliers = self.predict()  # 异常的样本字典
22          outlier_X = []  # 异常样本点
23          for x_str in outliers.keys():
24              for x in X:
25                  if x_str == str(x):
26                      outlier_X.append(x)
27                      break
28          outlier_X = np.array(outlier_X)
29          plt.scatter(outlier_X[:, 0], outlier_X[:, 1], s=40, c='r', marker='X', label='异常点')
30          plt.axis('tight')  # 让坐标轴的比例尺适应数据量
31          plt.xlim((-5, 5))  # x 坐标轴的刻度范围
32          plt.ylim((-5, 5))  # y 坐标轴的刻度范围
33          plt.xlabel('x1')
34          plt.ylabel('x2')
35          legend = plt.legend(loc='upper left')
36          legend.legendHandles[0]._sizes = [10]
37          legend.legendHandles[1]._sizes = [20]
38          plt.show()
39
40  if __name__ == '__main__':
41      ......
42      # 在控制台打印异常样本信息
43      lof.show_outliers()
```

```
44      outliers = lof.predict()
45      print('\n异常样本,共{0}个'.format(len(outliers)))
46      print(outliers)
```

代码 10-12 用 1.8 作为阈值,对所有样本进行预测,并将预测的异常样本单独标出。运行结果标识出 18 个异常样本,如图 10-24 所示。

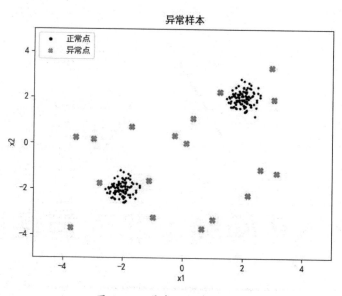

图 10-24 异常点被单独标出

无监督学习是局部异常因子算法最大的优点,它可以在事先不知道任何标注的情况下找出异常数据。算法能够生效的前提是,假设所有异常值都远离正常值,但这个假设也成为算法的缺点——因为并没有关于异常值的任何信息,所以这个"远离"不好把握。虽然可以通过改变邻近数 k 的值不断进行验证,但是对于无监督学习而言,找到合理的 k 值并不容易。此外,当样本集较大时,算法的性能也是我们应当考虑的因素。

 小结

1.基于一元正态分布和多元正态分布的异常检测算法可以对极度倾斜的数据做出有效的拟合。

2.基于多元正态分布的异常检测能够自动识别多个变量之间的关联性。

3.局部异常因子算法是一种无监督学习算法。

第 11 章

浅谈 P/NP 问题（非确定性问题）

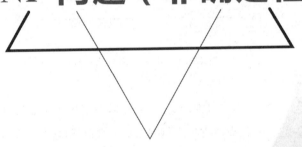

"P＝NP?"是 7 个千禧年难题之一，NP 中的 N 代表非确定性。本章通过示例介绍了 P 问题、NP 问题、NPC 问题和 NP-hard 问题，以及这些奇怪的名词之间的关系。

克雷数学研究所（Clay Mathematics Institute，CMI）是在 1998 年由商人兰顿·克雷（Landon T. Clay）和哈佛大学数学家亚瑟·杰夫（Arthur Jaffe）创立，并由兰顿·克雷资助的一家非营利私营机构，总部在美国马萨诸塞州（著名的"麻省"）剑桥市，机构的目的在于促进和传播数学知识，并给予有潜质的数学家各种奖项和资助。

克雷数学研究所在 2000 年 5 月 24 日公布了 7 个千禧年难题，它们分别是：

(1)霍奇猜想。

(2)庞加莱猜想。

(3)黎曼假设。

(4)杨-米尔斯规范场存在性和质量间隔假设。

(5)NS 方程解的存在性与光滑性。

(6)贝赫和斯维讷通-戴尔猜想。

(7)P＝NP?

这 7 个问题被研究所认为是"重要的经典问题，经许多年仍未解决"。能够正确解答其中任何一题的第一个人将获得一百万美元的奖金。

20 年过去了，在这 7 个问题中，只有庞加莱猜想得到了解决。对于普通的程序员来说，前 6 个难题或许过于遥远，但第 7 个难题他们一定听说过。本章将抛开公式和代码，探讨这个围绕在我们周围的难题。

11.1 水浒英雄卡的故事

在我读高中时，小浣熊干脆面里的水浒英雄卡曾经风靡一时。当时 1998 年央视版的《水浒传》刚开播不久，再加上受课本中《鲁提辖拳打镇关西》和《林教头风雪山神庙》的影响，同学们收集英雄卡的热情空前高涨。

卡片虽然精美，但是每袋干脆面中只有一张英雄卡，想要收集齐全颇为不易。一个快速的收集办法就是多买干脆面。虽然一包干脆面只卖一元，但是当时的高中生并没有多少零花钱，最富裕的同学也不过每天买两袋。在收集时大家还发现：如果总是光顾同一家店，那么得到重复英雄卡的概率会大大增加。有个运气极差的同学连吃了两周干脆面，居然得到了十几张"豹子头林冲"的卡片。

住校的同学纷纷求助于我们这些走读生，于是我每天多了一个任务——在上学路上的每一家食杂店购买小浣熊干脆面。

英雄卡的人物渐渐丰富起来，大家还互相交换彼此没有的卡片，只是到了毕业，仍然没有人把全套英雄卡收集齐全。

回顾水浒英雄卡的故事,无论是加大购买量还是扩大购买范围,都很难实现"收集全套卡片"的最终目标,整个过程费时费力又费钱,还有很大的运气成分,如果没有网购平台,恐怕很难有人能够集全。

水浒英雄卡的故事就是一个 P/NP 问题,它的焦点在于,集全英雄卡的过程是否能够变得轻而易举。

11.2 这些奇怪的名字

计算机可以帮助我们解决很多问题,但是仍有一部分问题可能永远无法通过简单的计算得到答案,它们因此成为计算机科学家和数学家们所面临的重要挑战,人们给这类问题起了一个奇怪的名字——P/NP问题。

11.2.1 P 和 NP

我们讨论的"有效"算法都是多项式复杂度算法,P/NP 中的 P 就是指多项式复杂度(polynomial)。一个复杂问题如果能在多项式时间内解决,它就被称为 P 问题,这意味着计算机很容易求解。

注:确切地说,P 问题应该能在多项式时间内利用多项式空间求解,后文将不再强调空间。

NP 问题就是除 P 问题外的问题吗?事实并非如此。世界总是很复杂,有时候我们并不能证明一个问题能在多项式时间内解决,同时也无法证明它不能在多项式时间内解决,也就是说,这个问题在当下无法得到有效解决,但这并不能说明它在未来也不能很容易地得到解决。对于这类问题,并不能简单地将其归为非 P 类问题,就像我们无法把建立月球基地和建立银河星系联盟归为非 P 类问题。

NP 问题不是非 P 类问题,NP 不是"Not P"的意思,而是指非确定性多项式复杂度(nondeterministic polynomial)。NP 问题强调的不是"是否能在多项式时间内找到解",而是"是否能在多项式时间内验证解",如果一个问题的解可以在多项式的时间内被验证,那么这个问题就是 NP 问题。

2.6 节曾提到了 RSA 加密机制的原理:"将两个大素数(如 1024 位的素数)相乘很容易,但是想要对它们的乘积进行素因子分解(重新分解成原来的两个素数的乘积)却极为困难。"假如有人告诉你 3999991 可以分解成两个素数的乘积,也许你很难知道这两个素数是多少,但是如果告诉你这两个素数是 1997 和 2003,那么你可以很容易计算出 $1997 \times 2003 = 3999991$。

大整数的素因子分解就是典型的 NP 问题,有没有多项式时间的分解算法并不重要,重要的是如果有人给了你两个素数,你很容易验证这两个素数的乘积是否是那个大整数。这符合一般的认知:在大多数时候,验证一个解比得到一个解更容易。

既然能在多项式时间内解决一个问题,必然也能在多项式时间内验证这个问题的解,这意味着所有的 P 问题都是 NP 问题，P∈NP。

11.2.2　P＝NP?

大约在公元前 4200 年，古埃及人按尼罗河水的涨落和农作物生长的规律把一年分为泛滥季、耕种季、收获季 3 个季节，每季分为 4 个月，每月 30 天，岁末增加 5 天节日，共计 365 天。

5000 多年前，中国就有《阴阳历》，每年 366 天。魏晋南北朝（公元 220 年—公元 581 年）时期，祖冲之制定《大明历》，首次将岁差计算在内，每年 365.2428 天，与现在的精确测量值 365.2422 天仅相差 52 秒。

古玛雅人已经知道了一些天体的精确运行周期，他们测得太阳年的长度是 365.2420 天，比现代的测量值只少了 17.28 秒。

经过漫长的岁月，不同的文明在不同的时期分别独立发现了地球公转的规律，从而制定了历法，这至少从哲学上证明"历法"这一概念是真实存在的。类似地，不同时期的人们在对很多不同领域问题的研究中，也都不约而同地提出了相同的问题——是否所有的 NP 问题都是 P 问题？也就是说，是否所有能在多项式时间内验证的问题都可以在多项式时间内解决？这个问题被简称为"P＝NP?"。

所谓"P/NP 问题"，其实就是证明或推翻 P＝NP。只要证明一个任意规模下的 NP 问题都可以在多项式时间内求解，就可以说对于该问题 P＝NP，即该问题是一个 P 问题。

11.2.3　NPC 问题

程序员们在讨论问题时经常会说："××是 NP 问题，只能用蛮力法。"程序员们的说法并不完全准确，NP 问题并没有强调非得用蛮力法，只强调了在有解的情况下可以轻松地验证解。程序员们所讨论的问题真正指的应该是 NPC 问题。

NPC 问题也称为 NP 完全问题，是 NP-Complete 的缩写。NPC 问题满足两点：第一，NPC 问题肯定也是 NP 问题；第二，所有 NP 问题都能在多项式时间内规约到 NPC 问题。

第一点容易理解。对于第二点来说，为什么要将 NP 问题规约到 NPC 问题呢？这是因为人们发现某些 NP 问题的复杂性与整个类的复杂性相关联，如果这些问题中的任何一个存在多项式时间的算法，那么所有该类问题都是在多项式时间内可解的。这也符合常理，NPC 问题是由 NP 问题规约来的，所以 NPC 问题一定是 NP 问题的本源问题，只要能在多项式时间内解决 NPC 问题，那么 NP 问题自然也能在多项式时间内得到解决，此时 NP 问题也就变成了 P 问题，P＝NP。

注：关于问题规约，可参考 8.3.1 小节。

在《西游记》的第二回中，孙悟空学成本领回到花果山，得知很多猴子猴孙被混世魔王掳走，连水帘洞中的石盆、石碗也被抢去了。大怒的孙悟空在混世魔王的老巢将其"照顶门一下，砍为两段。领众杀进洞中，将那大小妖精，尽皆剿灭。"在解救了众猴后，对众猴道：

"汝等跟我回去。"众猴道："大王，我们来时，只听得耳边风声，虚飘飘到于此地，更不识路径，今怎得回乡？"悟空道："这是他弄的个术法儿，有何难也！我如今一窍通，百窍通，我也会弄。你们都合了眼，休怕！"

花果山的小猴们显然没法在多项式时间内"弄的个术法儿"，但是能很容易验证"弄的个术法儿"的结果，就是"只听得耳边风声，虚飘飘到于此地"，因此可以把混世魔王的法术看作 NP 问题。至于孙悟空，在学艺时从没把猴子或其他动物摄到空中，只修习了筋斗云和七十二变，但由于七十二变是高端的 NPC 法术，因此"一窍通，百窍通"，不仅能顺利地把众猴带回花果山，还在后续的大闹天宫和西天取经路上施展过诸如三头六臂、身外身、隐身法、定身术、元神出窍、法天象地、担山赶月等其他NP 法术。

NPC 问题是在 P 问题与 NP 问题上的一个重大进展，关键在于，想要在 NPC 问题上找到一个多项式时间内的算法十分困难，人们甚至不相信存在这样的算法，就像孙悟空的"一窍通，百窍通"一样，没有谁能做到。

另一个具有代表性的 NPC 问题是销售员旅行问题（traveling salesman problem）。一个销售员要从北京出发，经过上海、南京、杭州、南昌、广州等 n 个城市，最后返回北京。每两个城市之间都有直达的飞机、高铁等交通工具。销售员的交通费用预算是 Q，他在每个城市仅驻留一次。是否存在这样一个行程，销售员既能遍历所有城市，又能让总费用小于 Q？

有人说，这很简单，从北向南走就好了。现实生活中这么安排并无不可，但是加上预算费用后就另当别论了。虽然上海到南京很近，但是也许正好有一趟上海到广州的特价航班，这时候又该怎么选择呢？如果用蛮力法遍历，3 个城市间会产生 4 种路线，10 个城市会产生 $9!=362880$ 种路线，20 个城市会产生 $19!\approx1.21\times10^{17}$ 种路线，在这么多路线中挑选最优路线是相当困难的！

销售员旅行问题可以规约为图论中一个著名的问题，即已知一个 n 个点的完全图（图中每两个顶点之间都存在权值已知的边），求每个顶点正好遍历一次且总权值小于某个值的封闭回路。这是一个NPC 问题，迄今为止仍未找到一个能够应对大型问题的有效算法。正是由于 NPC 问题的存在，才使人们普遍倾向于相信 P≠NP。

11.2.4　NP-hard

NP-hard 问题也称为 NP 难题，从名字就可以看出，它是 NP 家族中最难的。NPC 问题属于 NP-hard 问题，所以 NP-hard 问题肯定没有能在多项式时间内找到解的算法，至少目前没有。NP-hard 问题之所以 hard，是因为对于一些 NP-hard 问题来说，即使给出解，也难以在多项式时间内验证，所以NP-hard 问题未必是 NP 问题。

"难以在多项式时间内找到解"容易理解，"即使给出解，也难以在多项式时间内验证"又是怎么回事？我们把销售员旅行的问题稍作修改,求使销售员能遍历所有城市、每个城市仅驻留一次且总费用最小的行程。

首先可以确定至少目前为止还不存在有效的算法。现在有人给出一个最终解,该如何验证它的正确性呢？办法大概还是遍历,即把这个解与所有其他行程比对,从而确定它是否是最优的。如此看来,验证解的复杂度仍然是 $n!$ 。

NP、NPC 和 NP-hard 的关系如图 11-1 所示。

图 11-1　NP、NPC 和 NP-hard 的关系

 ## 11.3　如何面对 NP 问题

从广义上说,在承认 P≠NP 的前提下,NP 问题也指难以在多项式时间内求解的问题(本节后续所指的 NP 问题都指广义的 NP 问题)。在实际工作中,我们经常会遇到难以解决的问题,如果这些问题是 NP 问题,又该怎么办呢？

11.3.1　琪琳的甜品创新程序

琪琳是"甜品之家"的程序员,她为公司编写了一个甜品创新程序,这个程序能够微调各种配料,找到口感最佳的甜品。公司使用这个程序开发了一系列爆款的产品,大赚了一笔。经理最近突发奇想,打算制作一款"风味独特"的小甜饼,这款小甜饼不仅能满足所有人的味蕾,甚至能让一个独眼蛤蟆开心地笑起来。但是这次,被寄予厚望的程序失灵了,它无法调制出一种原料来"满足所有人的味蕾"。这可难坏了琪琳,她连续加班一个月都没有取得丝毫进展。另一个公司的刘闯得知了情况,拍拍琪琳的肩膀说:"这很明显是个 NP 问题,科学家都不相信有办法解决。别浪费脑细胞了,咱们去打乒乓球吧!"琪琳恍然大悟,真的去打乒乓球了。没过多久,经理就以"工作不负责任"为由,把琪琳狠狠批评了一通,还扣除了她当季的奖金。

11.3.2 7个应对办法

对于 NP 完全问题,虽然我们确信无法找到一个快速的解决方案,但是生活仍要继续,问题还是要处理,此时不妨试试下面的 7 个办法。

1.降低问题的复杂度

NP 问题之所以困难,最重要的原因之一就是搜索规模过于庞大。因此,适当地降低问题的复杂度就成了我们应首先思考的问题。

在构建机器学习模型时,程序员经常面对过于复杂的数据特征,这就需要用到数据降维技术。数据降维是解决数据"维数灾难"的有效手段,即通过某种数学变换将原始的高维属性空间转变成一个低维的"子空间",从而极大地降低原始问题的复杂度。

实际上"降维"并不仅仅存在于机器学习和科幻小说中,它也在我们身边。《三国演义》为我们铺开了近 100 年的历史画卷,这里既有军阀割据的混战,又有政治上的权力游戏,更有叱咤风云的英雄人物。神奇的是,这些多维度的故事通过"文字"这一工具实现了降维,问题的复杂度被有效地降低,最终呈现在平面媒体上。

除降维外,设置约束条件也是降低问题复杂度的有效手段。

在《三体 2·黑暗森林》中,作为"面壁者"的罗辑向史强警官提出了一个 NP 问题——找一个二十岁左右的梦中女孩儿:

罗辑啜了一口酒,坐到史强身边,"大史啊,我求你帮个忙。在你以前的工作中,是不是常常在全国甚至全世界范围找某个人?"

"是。我对此很在行,找人吗?"

"当然。那好,帮我找一个人,一个二十岁左右的女孩儿,这是计划的一部分。"

"国籍、姓名、住址?"

"都没有,她甚至连在这个世界上存在的可能性都很小。"

大史看着罗辑,停了几秒钟说:"梦见的?"

罗辑点点头:"包括白日梦。"

这个"二十岁左右的女孩儿"是罗辑梦中的完美女友,是否存在都很难说,人海茫茫,能否找到只能看缘分,估计绝大多数人都会拒绝或敷衍这个找人的请求。但是阅人无数的大史警官并没有回绝,而是尝试让罗辑捋清需求,说出这个女孩的具体长相、爱好和其他属性:

"她是一个,嗯,东方女孩,就设定为中国人吧。"罗辑说着,拿出纸和笔画了起来,"她的脸型,是这个样子;鼻子,这样儿,嘴,这样儿,唉,我不会画,眼睛……见鬼,我怎么可能画出她的眼睛?你们是不是有那种东西,一种软件吧,可以调出一张面孔来,按照目击者描述调整眼睛鼻子什么的,最后精确画出目击者见过的那人？"

"有啊，我带的笔记本里就有。"

"那你去拿来，我们现在就画！"

大史在沙发上舒展一下身体，让自己坐得舒服些，"没必要，你也不用画了，继续说吧，长相放一边，先说她是个什么样的人。"

罗辑体内的什么东西好像被点燃了，他站起来，在壁炉前躁动不安地来回走着，"她……怎么说呢？她来到这个世界上，就像垃圾堆里长出了一朵百合花，那么……那么的纯洁娇嫩，周围的一切都不可能污染她，但都是对她的伤害，是的，周围的一切都能伤害到她！你见到她的第一反应就是去保护她……啊不，呵护她，让她免受这粗陋野蛮的现实的伤害，你愿意为此付出一切代价！她……她是那么……唉，你看我怎么笨嘴笨舌的，什么都没说清。"

"都这样。"大史笑着点点头，他那初看有些粗傻的笑现在在罗辑的眼中充满智慧，也让他感到很舒服，"不过你说得够清楚了。"

"好吧，那我接着说，她……可，可我怎么说呢？怎样描述都说不出我心中的那个她。"罗辑显得急躁起来，仿佛要把自己的心撕开让大史看似的。

罗辑提供了一大堆无助于解决问题的信息，仅仅是在需求外围打转，这种场景是否似曾相识？于是大史开始引导罗辑：

大史挥挥手让罗辑平静下来，"算了，就说你和她在一起的事儿吧，越详细越好。"

罗辑吃惊地瞪大了双眼，"和她……在一起？你怎么知道？"

大史又呵呵地笑了起来，同时四下看了看，"这种地方，不会没有好些的雪茄吧？"

"有有！"罗辑赶忙从壁炉上方拿下一个精致的木盒，从中取出一根粗大的"大卫杜夫"，用一个更精致的断头台外形的雪茄剪切开头部，递给大史，然后用点雪茄专用的松木条给他点着。

大史抽了一口，惬意地点点头，"说吧。"

罗辑一反刚才的语言障碍，滔滔不绝起来。他讲述了她在图书馆中的第一次活现，讲述他与她在宿舍里那想象中的壁炉前的相逢，讲她在他课堂上的现身，描述那天晚上壁炉的火光透过那瓶像晚霞的眼睛的葡萄酒在她脸庞上映出的美丽。他幸福地回忆他们的那次旅行，详细地描述每一个最微小的细节：那雪后的田野、蓝天下的小镇和村庄、像晒太阳的老人的山，还有山上的黄昏和篝火……

在收集到一些信息后，大史开始添加约束条件：

大史听完，捻灭了烟头说："嗯，基本上够了。关于这个女孩儿，我提一些推测，你看对不对。"

"好的好的！"

"她的文化程度，应该是大学以上博士以下。"

罗辑点头，"是的是的，她有知识，但那些知识还没有达到学问的程度去僵化她，只是令她对世界和生活更敏感。"

"她应该出生在一个高级知识分子家庭，过的不是富豪的生活，但比一般人家要富裕得多，她从小到大享受着充分的父爱母爱,但与社会,特别是基层社会接触很少。"

"对对,极对!她从没对我说过家里的情况,事实上从未说过任何关于她自己的情况,但我想应该是那样的!"

"下面的推测就是猜测了,错了你告诉我——她喜欢穿那种,怎么说呢,素雅的衣服,在她这种年龄的女孩子来说,显得稍微素了些。"罗辑呆呆地连连点头,"但总有很洁白的部分,比如衬衣呀领子呀什么的,与其余深色的部分形成挺鲜明的对比。"

"大史啊,你……"罗辑用近乎崇敬的目光看着大史说。

史强挥手制止他说下去,"最后一点:她个子不高,一米六左右吧,身材很……怎么形容来着,纤细,一阵风就能刮跑的那种,所以这个儿也不显得低……当然还能想出很多,应该都差不离吧。"

罗辑像要给史强跪下似的,"大史,我五体投地!你,福尔摩斯再世啊!"

大史站起来,"那我去电脑上画了。"

大史成功地将一个 NP 问题加上了若干约束条件,最后找到了一个叫庄颜的女孩儿,只是她比幻想中的"她"多了一点儿淡淡的忧伤。

2.绕过问题

在碰到难题时,除积极面对外,我们也应当思考一下,这个问题是否真的有解决的必要?是否可以绕过问题直指目标?

在第一次世界大战后,法国为了防止德军入侵,在东北边境地区构筑起了一道由钢筋混凝土建造而成的防线,防线内部拥有各式大炮、壕沟、堡垒、厨房、发电站、医院、工厂等,通道四通八达,较大的工事中还有有轨电车通道。这就是著名的马奇诺防线。马奇诺防线从 1928 年起开始建造,1940 年才基本建成,造价 50 亿法郎。这道"完全防御"军事思想的防线被誉为"不可攻破的防线"。结果大家都知道了,德国人没有对着马奇诺防线死磕,而是绕过防线,率领 28 个师穿入阿登山区进攻比利时、荷兰和卢森堡,还没等法国人反应过来,德国军队就兵临巴黎城下,法国投降。

德国人的目标是把法国按在地上摩擦,马奇诺防线是达到目标过程中的一个难题,这个难题被轻易地绕开了。很多时候,"搬家"或许比"移山"更有效。在 2.7 节中,Mallory 并没有尝试破解"芒砀山号",而是通过一系列社会工程学的知识骗取了密码,从而轻易进入"号称能够安全运行 100 年"的系统。

3.转换问题

另一种值得一试的办法是把待解决的难题转换成另一个能够解决的问题。

3.6.2 小节介绍了泰勒展开,它将一个难以处理的积分转换成了无数个易于处理的简单积分,使用极限的思想求解,达到化质为量的目的。

8.4 节和 8.6 节分别将多源点的押粮问题和二部图问题转换成了标准的最大流问题,用已掌握的知识求解。

4.退而求其次

如果在通向目标的途中一定要解决某个 NP 问题,那么本书第 5 章、第 6 章中介绍的一些有启发性质的算法或许能提供一些参考。由第 7 章的遗传算法可知,在必要的时候应当放弃寻找最优解,转而寻找可以接受的较好解。如果考不上清华、北大,那么其他"985"和"211"高校也是相对不错的选择。

5.依赖计算机的高速运算

5.2.3 小节中曾提到,1854 年在柏林的象棋杂志上,不同的作者发表了 40 种不同的八皇后问题解法。今天,我们可以通过近乎蛮力的搜索找到全部的 92 种解法。

1946 年诞生的 ENIAC,每秒只能进行 5000 次加法。

2019 年,美国的"顶点"取代中国的"神威·太湖之光"成为"世界第一计算机",其运算速度为每秒 20 亿亿次。

这 74 年间,计算机的计算速度已经得到了极大的提升,虽然 NP 问题仍然是 NP 问题,但是技术的进步给了我们一战的勇气,让我们可以使用蛮力法处理一些中小规模的问题。

Square 公司于 1997 年在 PS 平台上发行了一款角色扮演类游戏——《最终幻想 7》,虽然该游戏剧情优秀,但是画质着实"感人"。2019 年 6 月 10 日,Square Enix 公司在美国洛杉矶举办了《最终幻想 7》音乐会,宣布游戏《最终幻想 7:重制版》将于 2020 年 3 月 3 日登陆 PS4 平台,并公布了游戏的宣传片。在宣传片中,游戏画面十分华丽,人物几可乱真。

计算机性能的提升可以帮我们解决相当一部分问题,这样看来,蛮力法也不是那么一无是处。

6.尝试 NC 搜索

随着多核技术和分布式计算的发展,我们开始触碰到一些以前未曾触及的领域。我们把那些能够通过并行计算快速找到答案的搜索称为 NC 搜索。然而遗憾的是,NP 问题的规模也在扩大,我们今天面对的问题也比过去复杂得多,因此 NC 搜索也不是万能的。

尽管在未来,NP 问题是否能用 NC 搜索解决仍然不得而知,但是 NC 搜索确实可以帮助我们在可接受的时间内解决一些中小规模的 NP 问题。

7.打乒乓球去吧

当上述方案都无效时,大概可以打乒乓球去了。

其实"P＝NP?"并不仅仅是一道数学难题,它更像是一种指导思想,一种根据问题的困难程度将问题分类的工具。当面对一个 NP 完全问题时,我们知道没有一个能够在所有情况下都解决该问题的算法,此时要做的并不是死磕硬打,而是找到某些替代方法,做出某些"退而求其次"或"不得已而为之"的选择。

 11.4 如果 P＝NP

美国科幻作家艾萨克·阿西莫夫(Isaac Asimov)的小说《永恒的终结》讲诉了一个关于时空的神

奇故事：27世纪，人类在掌握时间旅行技术后，创造了"时空壶"，并成立了一个叫作"永恒时空"的组织，该组织在每个时代的背后默默地守护着人类社会的发展。这一系列功劳都归功于24世纪的一个名叫马兰松的伟大科学家，正是他发明了时间力场，从而创造了"时空壶"。尽管"永恒时空"一直在使用"时空壶"，但是并不明白它的运作原理，因为作为"时间力场"理论基础的"列斐伏尔方程"在24世纪还没有出现！随着剧情的推进，最终揭示了完整的"因果链"——来自27世纪的库珀为24世纪带去了"列斐伏尔方程"，并从此留在24世纪，最终改名为马兰松。

欧几里得在其写作《几何原本》时不曾想到会有内角和不等于180°的三角形。1830年前后，俄国数学家罗巴切夫斯基（Lobachevsky）发表了关于非欧几何的理论，即后来的罗氏几何。在这种几何里，罗巴切夫斯基平行公理替代了欧几里得平行公理，即存在直线 a 及不在 a 上的一点 A，过 A 点至少有两条直线与 a 共面且不相交。由此可演绎出一系列全无矛盾的推导，并且可以得出三角形的内角和小于180°的结论。正是罗氏几何启发了爱因斯坦，并成为发现广义相对论的基础。

对于NP问题来说，"不确定"是否能在多项式时间内找到解。随着科技的发展，过去"不确定"的问题在未来未必不可触及。既然P/NP问题的解决可能依赖于大幅提升的理论和技术，那么我们不妨把希望寄托于未来，畅想一下P＝NP的世界。

如果P＝NP，那么基于NP完全问题的密码大厦将会瞬间倾塌，安全体系将会被重构；如果P＝NP，那么电子游戏将不再局限于策划师设计好的剧本，而是像《安德的游戏》中的心理测试游戏一样，根据玩家的选择做出自行演化；如果P＝NP，那么DNA密码将被破解，生命之谜将被解开，人类将开始新一轮进化；如果P＝NP，那么机器人将被赋予更高级的智能，《银河帝国》中的场景将不再是幻想……到了那时，人类文明将会通向何方呢？

 # 11.5 小结

1.一个复杂问题如果能在多项式时间内解决，它就被称为P问题，这意味着计算机很容易求解。

2.NP问题强调的不是"是否能在多项式时间内找到解"，而是"是否能在多项式时间内验证解"，如果一个问题的解可以在多项式的时间内被验证，那么这个问题就是NP问题。

3.NPC问题满足两点：第一，NPC问题肯定也是NP问题；第二，所有NP问题都能够在多项式时间内规约到NPC问题。

4.NPC问题属于NP-hard问题。

5.对于一些NP-hard问题来说，即使给出解，也难以在多项式时间内验证，所以NP-hard问题未必是NP问题。

附录

A 同余和模运算

A.1 同余的性质、定理、推论

同余的性质如下。

性质 A.1 反身性，$a \equiv a (\bmod\ n)$。

性质 A.2 对称性，若 $a \equiv b (\bmod\ n)$，则 $b \equiv a (\bmod\ n)$。

性质 A.3 传递性，若 $a \equiv b (\bmod\ n)$，$b \equiv c (\bmod\ n)$，则 $a \equiv c (\bmod\ n)$。

性质 A.4 可加减性，若 $a \equiv b (\bmod\ n)$，$c \equiv d (\bmod\ n)$，则 $a \pm c \equiv b \pm d (\bmod\ n)$。

性质 A.5 可乘性，若 $a \equiv b (\bmod\ n)$，$c \equiv d (\bmod\ n))$，则 $ac \equiv bd (\bmod\ n)$。

性质 A.6 k 是自然数，若 $a \equiv b (\bmod\ n)$，则 $ak \equiv bk (\bmod\ n)$。

性质 A.7 若 $ac \equiv bc (\bmod\ n)$，$\mathrm{GCD}(c, n) = 1$，则 $a \equiv b (\bmod\ n)$。

性质 A.8 k 是自然数，若 $a \equiv b (\bmod\ n)$，则 $a^k \equiv b^k (\bmod\ n)$。

性质 A.9 若 $a_1 \equiv b_1 (\bmod\ n)$，$a_2 \equiv b_2 (\bmod\ n)$，$\cdots$，$a_m \equiv b_m (\bmod\ n)$，则 $\sum\limits_{1}^{m} a_1 \equiv \sum\limits_{1}^{m} b_1 (\bmod\ n)$。

费马小定理 若 p 是素数，a 是正整数且不能被 p 整除，则 $a^{p-1} \equiv 1 (\bmod\ p)$。

费马小定理的推论 若 p 是素数，a 是正整数且不能被 p 整除，则 $a^p \bmod p = a \bmod p$。

A.2 模运算法则

模运算法则如下。

(1) $(a+b) \bmod n = (a \bmod n + b \bmod n) \bmod n$。

(2) $(a-b) \bmod n = (a \bmod n - b \bmod n) \bmod n$。

(3) $(ab) \bmod n = [(a \bmod n)(b \bmod n)] \bmod n$。

(4) $a^b \bmod n = (a \bmod n)^b \bmod n$。

B 切割图片的代码

代码 B-1 把一个图片切割成若干碎片,再按拼图列表的顺序填到一个空白的正方形图片中,最终保存成一个新的图片。

代码 B-1   image_split.py

```
01  from PIL import Image
02
03  class ImageSplit():
04      ''' 图片切割 '''
05      def split(self, source_path, target_path='', n=3):
06          '''
07          将图片切分为 n*n 块,分别以 0.png ~(n-1).png 命名,并保存到 target_path 下
08          :param source_path: 原图片路径
09          :param target_path: 切分后的图片路径,默认为当前文件路径
10          :param n: 图片将切分成 n*n 块
11          :return:
12          '''
13          image = self._fill(Image.open(source_path))
14          img_list = self._split(image, n)
15          self._save(img_list, target_path)
16          print('Done.')
17          return image, img_list
18
19      def _fill(self, image):
20          '''
21          将原图片填充到白色正方形中间
22          :param image: 原图片
23          :return: 填充好后的正方形图片
24          '''
25          width, length = image.size
26          # 选取长和宽中较大的作为新图片的边长
27          img_len = width if width > length else length
28          # 创建一个白色的正方形图片
29          new_img = Image.new(image.mode, (img_len, img_len), color='white')
30          # 将原图片粘贴到正方形中间位置
31          x, y = 0, (img_len - length) // 2
32          if width < length:
33              x, y = (img_len - width) // 2, 0
34          new_img.paste(image, (x, y))
35          return new_img
36
37      def _split(self, image, n):
38          '''
39          :param image: 正方形图片
```

```
40            :param n: 图片将切分成 n*n 块
41            :return: 小块图片列表
42            '''
43            img_list = []
44            length = image.size[0] // n
45            for i in range(n):
46                for j in range(n):
47                    # 从图像中提取出某个矩形大小的图像，4 个参数是：left、upper、right、lower
48                    piece = image.crop((j * length, i * length, (j + 1) * length, (i + 1) * length))
49                    img_list.append(piece)
50            return img_list
51
52        def _save(self, img_list, path=''):
53            '''
54            列表中的图片保存到 path 路径下
55            :param img_list: 图片列表
56            :param path: 目标路径，默认为当前文件路径
57            :return:
58            '''
59            if path != '':
60                path = path + '/'
61            for i in range(len(img_list)):
62                img_list[i].save(path + str(i) + '.png', 'png')
63
64    if __name__ == '__main__':
65        img_split = ImageSplit()
66        # 拼图的初始状态
67        start = [[4, 1, 0, 3], [2, 5, 14, ' '], [9, 6, 7, 10], [8, 12, 13, 11]]
68        n = len(start) #  拼图的阶数
69        new_img, img_list = img_split.split('imgs/TIM.png', 'imgs', n)
70        border = 2 #  边框宽度
71        width, length = img_list[0].size
72        # 创建一个黑色的正方形图片
73        target = Image.new(new_img.mode, new_img.size, color='white')
74        # 将碎片依次粘贴到正方形中间位置
75        for i in range(n):
76            for j in range(n):
77                if start[i][j] == ' ':
78                    continue
79                p_img = Image.open('imgs/' + str(start[i][j]) + '.png')
80                x = (width + border) * j
81                y = (length + border) * i + border
82                target.paste(p_img, (x, y))
83        target.save('imgs/target.png')
```

C 拉格朗日乘子法

拉格朗日乘子法又称为拉格朗日乘数法,简单地说,它是用来最小化或最大化多元函数的。假设有一个函数 $f(x,y)$,这个函数的变量之间不是独立的,而是有联系的,这个联系可能是某个方程 $g(x,y)=C$,也就是说,$g(x,y)=C$ 定义了 x 和 y 之间的关系,对变量做出了一定的限制,我们需要在这个限制下来最小化或最大化 $f(x,y)$。用数学符号表示(这里假设是最大化):

$$\max_{x,y} f(x,y)$$
$$s.t.\ g(x,y)=C$$

$s.t.$ 是 subject to 的缩写,意思是在最大化 f 的同时,满足 $s.t.$ 中约束的条件。具体求解过程是引入梯度向量和拉格朗日乘子:

$$\nabla f = \lambda \nabla g$$

这个等式是拉格朗日乘子法能够生效的关键,其中 λ 是一个常数,被称为拉格朗日乘子。我们要做的是找到这个 λ 和特定的 (x,y),使得上式成立。这实际上是把两个变量加一个关系限制的最值问题转换为一个含有 3 个变量的方程组。

原问题:

$$\max_{x,y} f(x,y)$$
$$s.t.\ g(x,y)=C$$

转换后:

$$\begin{cases} \nabla f = \lambda \nabla g \\ g(x,y)=C \end{cases} \Rightarrow \begin{cases} \dfrac{\partial f}{\partial x}=\lambda\dfrac{\partial g}{\partial x} \\ \dfrac{\partial f}{\partial y}=\lambda\dfrac{\partial g}{\partial y} \\ g(x,y)=C \end{cases}$$

这个方程组被称为拉格朗日方程组,未知数和方程的个数相等,它的解就是符合条件的最值点。

D 多元线性回归的推导过程

多元线性回归的假设函数：

$$h_{\boldsymbol{\theta}}(\boldsymbol{x}^{(i)}) = \theta_0 x_0^{(i)} + \theta_1 x_1^{(i)} + \theta_2 x_2^{(i)} + \cdots + \theta_n x_n^{(i)} = \boldsymbol{\theta}^{\mathrm{T}} \boldsymbol{x}^{(i)}$$

$$\boldsymbol{\theta} = \begin{bmatrix} \theta_0 \\ \theta_1 \\ \vdots \\ \theta_n \end{bmatrix}, \boldsymbol{x} = \begin{bmatrix} x_0 \\ x_1 \\ \vdots \\ x_n \end{bmatrix}, x_0 = 1$$

用矩阵形式表示损失函数：

$$\boldsymbol{X} = \begin{bmatrix} x_0^{(1)} & x_1^{(1)} & x_2^{(1)} & \cdots & x_n^{(1)} \\ x_0^{(2)} & x_1^{(2)} & x_2^{(2)} & \cdots & x_n^{(2)} \\ \vdots & \vdots & \vdots & \ddots & \vdots \\ x_0^{(m)} & x_1^{(m)} & x_2^{(m)} & \cdots & x_n^{(m)} \end{bmatrix}, \boldsymbol{Y} = \begin{bmatrix} y^{(1)} \\ y^{(2)} \\ \vdots \\ y^{(m)} \end{bmatrix}$$

$$J(\boldsymbol{\theta}) = \frac{1}{2m} \sum_{i=1}^{m} (h_{\boldsymbol{\theta}}(\boldsymbol{x}^{(i)}) - y^{(i)})^2 = \frac{1}{2m} (\boldsymbol{X\theta} - \boldsymbol{Y})^{\mathrm{T}} (\boldsymbol{X\theta} - \boldsymbol{Y})$$

其中 $\boldsymbol{X}$ 和 $\boldsymbol{Y}$ 是已知的，$\boldsymbol{\theta}$ 是未知的，我们的目标是通过使损失函数最小化的策略找到合适的 $\boldsymbol{\theta}$。

当训练集中仅有 1 个样本，即 $m=1$ 时，对 θ_j 求偏导：

$$\frac{\partial J}{\partial \theta_j} = \frac{\partial}{\partial \theta_j} \left(\frac{1}{2} (h_{\boldsymbol{\theta}}(\boldsymbol{x}) - y)^2 \right)$$

let $u = h_{\boldsymbol{\theta}}(\boldsymbol{x}) - y = \theta_0 x_0 + \theta_1 x_1 + \cdots + \theta_j x_j + \cdots \theta_n x_n - y$

then $\dfrac{\partial J}{\partial \theta_j} = \dfrac{1}{2} \left(\dfrac{\partial u^2}{\partial u} \right) \left(\dfrac{\partial u}{\partial \theta_j} \right) = u x_j = (h_{\boldsymbol{\theta}}(\boldsymbol{x}) - y) x_j$

推广到 m 个数据：

$$\frac{\partial J}{\partial \theta_j} = \frac{1}{m} \sum_{i=1}^{m} (h_{\boldsymbol{\theta}}(\boldsymbol{x}^{(i)}) - y^{(i)}) x_j^{(i)}$$

令偏导为 0，将得到含有 $n+1$ 个方程的方程组：

$$\begin{cases} \dfrac{\partial}{\partial \theta_0} J(\boldsymbol{\theta}) = \sum_{i=1}^{m} (h_{\boldsymbol{\theta}}(\boldsymbol{x}) - y^{(i)}) x_0^{(i)} = 0 \\[3mm] \dfrac{\partial}{\partial \theta_1} J(\boldsymbol{\theta}) = \sum_{i=1}^{m} (h_{\boldsymbol{\theta}}(\boldsymbol{x}) - y^{(i)}) x_1^{(i)} = 0 \\[3mm] \qquad\qquad\vdots \\[2mm] \dfrac{\partial}{\partial \theta_n} J(\boldsymbol{\theta}) = \sum_{i=1}^{m} (h_{\boldsymbol{\theta}}(\boldsymbol{x}) - y^{(i)}) x_n^{(i)} = 0 \end{cases}$$

以上述方程组中的第 2 个方程为例：

$$\sum_{i=1}^{m} (h_{\boldsymbol{\theta}}(\boldsymbol{x}) - y^{(i)}) x_1^{(i)} = \sum_{i=1}^{m} (\theta_0 x_0^{(i)} + \theta_1 x_1^{(i)} + \cdots + \theta_n x_n^{(i)} - y^{(i)}) x_1^{(i)}$$

$$= \sum_{i=1}^{m} \theta_0 x_0^{(i)} x_1^{(i)} + \sum_{i=1}^{m} \theta_1 x_1^{(i)} x_1^{(i)} + \cdots + \sum_{i=1}^{m} \theta_n x_n^{(i)} x_1^{(i)} - \sum_{i=1}^{m} y^{(i)} x_1^{(i)}$$

$$= \theta_0 \sum_{i=1}^{m} x_0^{(i)} x_1^{(i)} + \theta_1 \sum_{i=1}^{m} x_1^{(i)} x_1^{(i)} + \cdots + \theta_n \sum_{i=1}^{m} x_n^{(i)} x_1^{(i)} - \sum_{i=1}^{m} y^{(i)} x_1^{(i)}$$

$$= 0$$

$$\Rightarrow \theta_0 \sum_{i=1}^{m} x_0^{(i)} x_1^{(i)} + \theta_1 \sum_{i=1}^{m} x_1^{(i)} x_1^{(i)} + \cdots + \theta_n \sum_{i=1}^{m} x_n^{(i)} x_1^{(i)} = \sum_{i=1}^{m} y^{(i)} x_1^{(i)}$$

于是方程组可以转化为下面的形式：

$$\begin{cases} \left(\sum_{i=1}^{m} x_0^{(i)} x_0^{(i)}\right)\theta_0 + \left(\sum_{i=1}^{m} x_1^{(i)} x_0^{(i)}\right)\theta_1 + \cdots + \left(\sum_{i=1}^{m} x_n^{(i)} x_0^{(i)}\right)\theta_n = \sum_{i=1}^{m} y^{(i)} x_0^{(i)} \\[3mm] \left(\sum_{i=1}^{m} x_0^{(i)} x_1^{(i)}\right)\theta_0 + \left(\sum_{i=1}^{m} x_1^{(i)} x_1^{(i)}\right)\theta_1 + \cdots + \left(\sum_{i=1}^{m} x_n^{(i)} x_1^{(i)}\right)\theta_n = \sum_{i=1}^{m} y^{(i)} x_1^{(i)} \\[3mm] \qquad\qquad\vdots \\[2mm] \left(\sum_{i=1}^{m} x_0^{(i)} x_n^{(i)}\right)\theta_0 + \left(\sum_{i=1}^{m} x_1^{(i)} x_n^{(i)}\right)\theta_1 + \cdots + \left(\sum_{i=1}^{m} x_n^{(i)} x_n^{(i)}\right)\theta_n = \sum_{i=1}^{m} y^{(i)} x_n^{(i)} \end{cases}$$

写成矩阵：

$$\begin{bmatrix} \sum\limits_{i=1}^{m} x_0^{(i)} x_0^{(i)} & \sum\limits_{i=1}^{m} x_1^{(i)} x_0^{(i)} & \cdots & \sum\limits_{i=1}^{m} x_n^{(i)} x_0^{(i)} \\ \sum\limits_{i=1}^{m} x_0^{(i)} x_1^{(i)} & \sum\limits_{i=1}^{m} x_1^{(i)} x_1^{(i)} & \cdots & \sum\limits_{i=1}^{m} x_n^{(i)} x_1^{(i)} \\ \vdots & \vdots & \ddots & \vdots \\ \sum\limits_{i=1}^{m} x_0^{(i)} x_n^{(i)} & \sum\limits_{i=1}^{m} x_1^{(i)} x_n^{(i)} & \cdots & \sum\limits_{i=1}^{m} x_n^{(i)} x_n^{(i)} \end{bmatrix} \begin{bmatrix} \theta_0 \\ \theta_1 \\ \vdots \\ \theta_n \end{bmatrix} = \begin{bmatrix} \sum\limits_{i=1}^{m} y^{(i)} x_0^{(i)} \\ \sum\limits_{i=1}^{m} y^{(i)} x_1^{(i)} \\ \vdots \\ \sum\limits_{i=1}^{m} y^{(i)} x_n^{(i)} \end{bmatrix}$$

上式相当于：

$$(\boldsymbol{X}^{\mathrm{T}} \boldsymbol{X}) \boldsymbol{\theta} = \boldsymbol{X}^{\mathrm{T}} \boldsymbol{Y}$$

最终将求得：

$$\boldsymbol{\theta} = (\boldsymbol{X}^{\mathrm{T}} \boldsymbol{X})^{-1} \boldsymbol{X}^{\mathrm{T}} \boldsymbol{Y}$$

E 多元函数的泰勒展开

泰勒公式也可以推广到多元函数。以二元函数为例，$f(x, y)$ 也可以在 (x_0, y_0) 处展开，展开的形式与一元函数类似，只不过导数变成了偏导，$f(x, y)$ 的一阶泰勒展开式为：

$$f(x, y) \approx f(x_0, y_0) + (x - x_0) f_x(x_0, y_0) + (y - y_0) f_y(x_0, y_0)$$

$f(x, y)$ 的高阶导数可以分为 4 个子式，以二阶导数为例，$f(x, y)$ 的二阶导数共有包括混合偏导在内的 4 个函数：

$$f_{xx} \quad f_{xy} \quad f_{yx} \quad f_{yy}$$

由此得到了 $f(x, y)$ 的二阶泰勒展开式：

$$f(x, y) \approx f(x_0, y_0) + (x - x_0) f_x(x_0, y_0) + (y - y_0) f_y(x_0, y_0) + \frac{1}{2!}(x - x_0)^2 f_{xx}(x_0, y_0) +$$

$$\frac{1}{2!}(x - x_0)(y - y_0) f_{xy}(x_0, y_0) + \frac{1}{2!}(x - x_0)(y - y_0) f_{yx}(x_0, y_0) +$$

$$\frac{1}{2!}(y - y_0)^2 f_{yy}(x_0, y_0)$$

需要注意的是，混合偏导的系数也是混合的，例如，$f_{xy}(x_0, y_0)$ 的系数是 $(x - x_0)(y - y_0)$。类似地，n 阶偏导有 2^n 个函数。

F　最大似然原理

最大似然估计（Maximum Likelihood Estimate，MLE）也称为最大概率估计或极大似然估计，是建立在最大似然原理基础上的一种统计方法。

"似然"就是"可能性"的意思。我们经常听到的"最大似然"一词来源于实际，图 F-1 解释了它的含义。

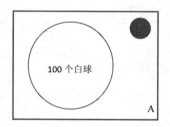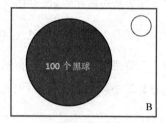

图 F-1　"最大似然"的含义

A、B 是两个一模一样的箱子，A 中有 100 个白球和 1 个黑球，B 中有 100 个黑球和 1 个白球。现在从两个箱子中随意取出一个小球，结果是黑球，那么这个黑球是从哪个箱子中取出的？多数人的第一反应是"最有可能是从 B 中取出的"，这符合通常的经验。这里的"最有可能"就是"最大似然"的意思。

F.1　似然函数

假设有一个独立同分布的数据集 X，它的参数是 θ。现在从 X 中取出一些样本 $x = \{x^{(1)}, x^{(2)}, \cdots, x^{(m)}\}$，$P(x;\theta)$ 表示给定参数 θ 时，从 X 中取得这些样本的可能性：

$$P(x;\theta) = \prod_{i=1}^{m} p(x^{(i)};\theta)$$

对于连续型事件来说，p 是密度函数。$P(x;\theta)$ 类似于条件概率，但不等于条件概率，因为 θ 只是一个密度函数中的参数，并不是一个事件。

假设现在 θ 有两个取值 θ_1 和 θ_2，对于 X 中的一些样本 $x = \{x^{(1)}, x^{(2)}, \cdots, x^{(m)}\}$，如果 $P(x;\theta_1) > P(x;\theta_2)$，就认为 θ_1 产生 x 的可能性（似然性）要大于 θ_2，$P(x;\theta_1)$ 和 $P(x;\theta_2)$ 就是似然，是对参数 θ 产生样本 x 的可能性的度量。

以射击为例，假设按运动员的成绩由高到低分为一级、二级、三级，甲打出了 10 枪：$x = \{9, 9, 10, 10, 8, 9, 9.5, 9.5, 9.5, 9\}$。运动员的级别相当于影响成绩的参数 θ，当 θ 等于一级时，甲打出这个成绩的可能性较高。

现在需要根据给定样本 x 来求 $P(x;\theta)$，由于样本是已知的，将所有样本的值代入 $P(x;\theta)$ 的公式，将得到一个只有 θ 的式子，这个式子称为 θ 的似然函数，记为 $L(x;\theta)$ 或 $L(\theta)$：

$$L(\theta) = \prod_{i=1}^{m} p(x^{(i)};\theta)$$

F.2 最大似然估计

知道了似然函数，就很容易理解最大似然估计了。对于一个给定的样本集，挑选使得 $P(x;\theta)$ 能够达到最大时的参数 $\hat{\theta}$ 作为 θ 的估计值，使得：

$$L(\hat{\theta}) = \max_{\theta} L(x;\theta)$$

最终将求得 θ 的一个估值 $\hat{\theta}$，在 $\theta = \hat{\theta}$ 时，似然函数的值最大。

极值点通常是在导数等于 0 的点取得的，因此可以通过下式求得 θ：

$$\frac{\mathrm{d}L}{\mathrm{d}\theta} = 0$$

如果 $\boldsymbol{\theta}$ 是 n 维向量，则：

$$\frac{\partial L}{\partial \theta_1} = 0, \frac{\partial L}{\partial \theta_2} = 0, \cdots, \frac{\partial L}{\partial \theta_n} = 0$$

对于一些特殊的密度函数（如指数密度函数）来说，直接求 $\dfrac{\mathrm{d}L}{\mathrm{d}\theta}$ 太困难，由于 L 与 $\ln L$ 在同一 θ 处取得极值，所以也经常使用对数偏导：

$$\frac{\mathrm{d}\ln L}{\mathrm{d}\theta} = 0$$

F.3 一元正态分布最大似然估计的推导过程

假设有 m 个服从一元正态分布 $\boldsymbol{X} \sim N(\mu, \sigma^2)$ 的可观察样本：

$$\boldsymbol{X} = \begin{bmatrix} x^{(1)} & x^{(2)} & \cdots & x^{(m)} \end{bmatrix}$$

根据最大似然函数的公式：

$$\begin{aligned}
L(\mu, \sigma^2) &= \prod_{i=1}^{m} p(x^{(i)};\mu, \sigma^2) \\
&= \prod_{i=1}^{m} \frac{1}{\sqrt{2\pi}\,\sigma} \exp\left(-\frac{(x^{(i)} - \mu)^2}{2\sigma^2}\right) \\
&= \left(\frac{1}{\sqrt{2\pi}\,\sigma}\right)^m \exp\left(-\sum_{i=1}^{m} \frac{(x^{(i)} - \mu)^2}{2\sigma^2}\right)
\end{aligned}$$

其中：

$$\frac{1}{\sqrt{2\pi}\,\sigma} = \frac{1}{\sqrt{2\pi\sigma^2}} = (2\pi\sigma^2)^{-\frac{1}{2}} \Rightarrow \left(\frac{1}{\sqrt{2\pi}\,\sigma}\right)^m = (2\pi\sigma^2)^{-\frac{m}{2}}$$

$$L(\mu,\sigma^2) = (2\pi\sigma^2)^{-\frac{m}{2}} \exp\left(-\sum_{i=1}^{m} \frac{(x^{(i)}-\mu)^2}{2\sigma^2}\right)$$

取对数似然函数，并根据对数计算公式继续化简：

$$\log_a MN = \log_a M + \log_a N$$

$$\log_a \frac{M}{N} = \log_a M - \log_a N$$

$$\log_a M^n = n\,\log_a M$$

$$\ln L(\mu,\sigma^2) = \ln (2\pi\sigma^2)^{-\frac{m}{2}} \exp\left(-\sum_{i=1}^{m} \frac{(x^{(i)}-\mu)^2}{2\sigma^2}\right)$$

$$= \ln (2\pi\sigma^2)^{-\frac{m}{2}} + \ln\exp\left(-\sum_{i=1}^{m} \frac{(x^{(i)}-\mu)^2}{2\sigma^2}\right)$$

$$= -\frac{m}{2}\ln 2\pi\sigma^2 - \sum_{i=1}^{m} \frac{(x^{(i)}-\mu)^2}{2\sigma^2}$$

$$= -\frac{m}{2}(\ln 2\pi + \ln\sigma^2) - \frac{1}{2\sigma^2}\sum_{i=1}^{m}(x^{(i)}-\mu)^2$$

$$= -\frac{m}{2}\ln 2\pi - \frac{m}{2}\ln\sigma^2 - \frac{1}{2\sigma^2}\sum_{i=1}^{m}(x^{(i)}-\mu)^2$$

$$\begin{cases} \dfrac{\partial \ln L}{\partial \mu} = \dfrac{1}{\sigma^2}\sum_{i=1}^{m}(x^{(i)}-\mu) = 0 \\ \dfrac{\partial \ln L}{\partial \sigma^2} = -\dfrac{m}{2\sigma^2} + \dfrac{1}{2\sigma^4}\sum_{i=1}^{m}(x^{(i)}-\mu)^2 = 0 \end{cases} \Rightarrow \begin{cases} \sum_{i=1}^{m}(x^{(i)}-\mu) = 0 \\ \sigma^2 = \dfrac{1}{n}\sum_{i=1}^{m}(x^{(i)}-\mu)^2 \end{cases}$$

通过上面的方程组可以解得：

$$\hat{\mu} = \frac{1}{m}\sum_{i=1}^{m} x^{(i)} = \overline{x}$$

$$\sigma^2 = \frac{1}{m}\sum_{i=1}^{m}(x^{(i)}-\hat{\mu})^2 = \frac{1}{m}(\boldsymbol{X}-\hat{\mu})(\boldsymbol{X}-\hat{\mu})^{\mathrm{T}}$$

F.4　多元正态分布最大似然估计的推导过程

各维度相互独立的 n 元正态分布的密度函数：

$$p(\boldsymbol{x};\boldsymbol{\mu},\boldsymbol{\sigma}^2) = \frac{1}{(\sqrt{2\pi})^n \sigma_1\sigma_2\cdots\sigma_n}\exp\left(-\frac{1}{2}\left[\left(\frac{x_1-\mu_1}{\sigma_1}\right)^2 + \left(\frac{x_2-\mu_2}{\sigma_2}\right)^2 + \cdots + \left(\frac{x_n-\mu_n}{\sigma_n}\right)^2\right]\right) \quad ①$$

其中：

$$
x = \begin{bmatrix} x_1 \\ x_2 \\ \vdots \\ x_n \end{bmatrix}, \boldsymbol{\mu} = \begin{bmatrix} \mu_1 \\ \mu_2 \\ \vdots \\ \mu_n \end{bmatrix}, \boldsymbol{\sigma} = \begin{bmatrix} \sigma_1 \\ \sigma_2 \\ \vdots \\ \sigma_n \end{bmatrix}, \mu_i, \sigma_i \in \mathbf{C}, \sigma_i > 0
$$

在①中：

$$
\left(\frac{x_1 - \mu_1}{\sigma_1} \right)^2 + \left(\frac{x_2 - \mu_2}{\sigma_2} \right)^2 + \cdots + \left(\frac{x_n - \mu_n}{\sigma_n} \right)^2
$$

$$
= \begin{bmatrix} x_1 - \mu_1 & x_2 - \mu_2 & \cdots & x_n - \mu_n \end{bmatrix} \begin{bmatrix} \frac{1}{\sigma_1^2} & 0 & \cdots & 0 \\ 0 & \frac{1}{\sigma_2^2} & \cdots & 0 \\ \vdots & \vdots & \ddots & \vdots \\ 0 & 0 & \cdots & \frac{1}{\sigma_n^2} \end{bmatrix} \begin{bmatrix} x_1 - \mu_1 \\ x_2 - \mu_2 \\ \vdots \\ x_n - \mu_n \end{bmatrix}
$$

$$
= (x - \boldsymbol{\mu})^{\mathrm{T}} \begin{bmatrix} \frac{1}{\sigma_1^2} & 0 & \cdots & 0 \\ 0 & \frac{1}{\sigma_2^2} & \cdots & 0 \\ \vdots & \vdots & \ddots & \vdots \\ 0 & 0 & \cdots & \frac{1}{\sigma_n^2} \end{bmatrix} (x - \boldsymbol{\mu})
$$

σ_i^2 表示第 i 维度的方差，中间的矩阵实际上是协方差矩阵的逆矩阵：

$$
\boldsymbol{\Sigma} = \begin{bmatrix} \sigma_1^2 & 0 & \cdots & 0 \\ 0 & \sigma_2^2 & \cdots & 0 \\ \vdots & \vdots & \ddots & \vdots \\ 0 & 0 & \cdots & \sigma_n^2 \end{bmatrix}, \boldsymbol{\Sigma}^{-1} = \begin{bmatrix} \frac{1}{\sigma_1^2} & 0 & \cdots & 0 \\ 0 & \frac{1}{\sigma_2^2} & \cdots & 0 \\ \vdots & \vdots & \ddots & \vdots \\ 0 & 0 & \cdots & \frac{1}{\sigma_n^2} \end{bmatrix}, \boldsymbol{\Sigma}\boldsymbol{\Sigma}^{-1} = \boldsymbol{I}
$$

$$
\left(\frac{x_1 - \mu_1}{\sigma_1} \right)^2 + \left(\frac{x_2 - \mu_2}{\sigma_2} \right)^2 + \cdots + \left(\frac{x_n - \mu_n}{\sigma_n} \right)^2 = (x - \boldsymbol{\mu})^{\mathrm{T}} \boldsymbol{\Sigma}^{-1} (x - \boldsymbol{\mu}) \qquad ②
$$

根据行列式的性质，上三角矩阵的行列式等于主对角线所有元素的乘积，斜对角矩阵当然也是一个上三角矩阵，因此 $\boldsymbol{\Sigma}$ 的行列式为：

$$
|\boldsymbol{\Sigma}| = \sigma_1^2 \sigma_2^2 \cdots \sigma_n^2
$$

$$\sqrt{|\boldsymbol{\Sigma}|} = \sigma_1 \sigma_2 \cdots \sigma_n \qquad\qquad ③$$

将②、③代入①中,得到新的多维正态分布表达式:

$$\begin{aligned}
p(\boldsymbol{x};\boldsymbol{\mu},\boldsymbol{\sigma}^2) &= \frac{1}{(\sqrt{2\pi})^n \sigma_1 \sigma_2 \cdots \sigma_n} \exp\left(-\frac{1}{2}\left[\left(\frac{x_1-\mu_1}{\sigma_1}\right)^2 + \left(\frac{x_2-\mu_2}{\sigma_2}\right)^2 + \cdots + \left(\frac{x_n-\mu_n}{\sigma_n}\right)^2\right]\right) \\
&= \frac{1}{(\sqrt{2\pi})^n \sqrt{|\boldsymbol{\Sigma}|}} \exp\left(-\frac{1}{2}(\boldsymbol{x}-\boldsymbol{\mu})^{\mathrm{T}}\boldsymbol{\Sigma}^{-1}(\boldsymbol{x}-\boldsymbol{\mu})\right) \\
&= (2\pi)^{-\frac{n}{2}}|\boldsymbol{\Sigma}|^{-\frac{1}{2}}\exp\left(-\frac{1}{2}(\boldsymbol{x}-\boldsymbol{\mu})^{\mathrm{T}}\boldsymbol{\Sigma}^{-1}(\boldsymbol{x}-\boldsymbol{\mu})\right) \\
&= p(\boldsymbol{x};\boldsymbol{\mu},\boldsymbol{\Sigma})
\end{aligned}$$

在 $\boldsymbol{X} \sim N(\boldsymbol{\mu},\boldsymbol{\Sigma})$ 的假设下,有 m 个可观察样本:

$$\boldsymbol{X} = \begin{bmatrix} \boldsymbol{x}^{(1)} & \boldsymbol{x}^{(2)} & \cdots & \boldsymbol{x}^{(m)} \end{bmatrix} = \begin{bmatrix} x_1^{(1)} & x_1^{(2)} & \cdots & x_1^{(m)} \\ x_2^{(1)} & x_2^{(2)} & \cdots & x_2^{(m)} \\ \vdots & \vdots & \ddots & \vdots \\ x_n^{(1)} & x_n^{(2)} & \cdots & x_n^{(m)} \end{bmatrix}, \boldsymbol{x}^{(i)} = \begin{bmatrix} x_1^{(i)} \\ x_2^{(i)} \\ \vdots \\ x_n^{(i)} \end{bmatrix}$$

那么这些样本的最大似然函数为:

$$\begin{aligned}
L(\boldsymbol{\mu},\boldsymbol{\Sigma}) &= \prod_{i=1}^{m} p(\boldsymbol{x}^{(i)};\boldsymbol{\mu},\boldsymbol{\Sigma}) \\
&= \prod_{i=1}^{m}(2\pi)^{-\frac{n}{2}}|\boldsymbol{\Sigma}|^{-\frac{1}{2}}\exp\left(-\frac{1}{2}(\boldsymbol{x}^{(i)}-\boldsymbol{\mu})^{\mathrm{T}}\boldsymbol{\Sigma}^{-1}(\boldsymbol{x}^{(i)}-\boldsymbol{\mu})\right) \\
&= (2\pi)^{-\frac{mn}{2}}|\boldsymbol{\Sigma}|^{-\frac{m}{2}}\exp\left(-\frac{1}{2}\sum_{i=1}^{m}(\boldsymbol{x}^{(i)}-\boldsymbol{\mu})^{\mathrm{T}}\boldsymbol{\Sigma}^{-1}(\boldsymbol{x}^{(i)}-\boldsymbol{\mu})\right)
\end{aligned}$$

其对数似然函数为:

$$\begin{aligned}
\ln L(\boldsymbol{\mu},\boldsymbol{\Sigma}) &= \ln(2\pi)^{-\frac{mn}{2}} + \ln|\boldsymbol{\Sigma}|^{-\frac{m}{2}} + \ln\exp\left(-\frac{1}{2}\sum_{i=1}^{m}(\boldsymbol{x}^{(i)}-\boldsymbol{\mu})^{\mathrm{T}}\boldsymbol{\Sigma}^{-1}(\boldsymbol{x}^{(i)}-\boldsymbol{\mu})\right) \\
&= -\frac{mn}{2}\ln 2\pi - \frac{m}{2}\ln|\boldsymbol{\Sigma}| - \frac{1}{2}\sum_{i=1}^{m}(\boldsymbol{x}^{(i)}-\boldsymbol{\mu})^{\mathrm{T}}\boldsymbol{\Sigma}^{-1}(\boldsymbol{x}^{(i)}-\boldsymbol{\mu}) \\
&= C - \frac{m}{2}\ln|\boldsymbol{\Sigma}| - \frac{1}{2}\sum_{i=1}^{m}(\boldsymbol{x}^{(i)}-\boldsymbol{\mu})^{\mathrm{T}}\boldsymbol{\Sigma}^{-1}(\boldsymbol{x}^{(i)}-\boldsymbol{\mu})
\end{aligned}$$

其中 m 和 n 是已知的,$C = -\dfrac{mn}{2}\ln 2\pi$ 是一个常数。对 $\ln L(\boldsymbol{\mu},\boldsymbol{\Sigma})$ 求极值时需要对 $\boldsymbol{\mu}$ 和 $\boldsymbol{\Sigma}$ 求偏导:

$$\begin{cases} \dfrac{\partial \ln L}{\partial \boldsymbol{\mu}} = 0 \\[2mm] \dfrac{\partial \ln L}{\partial \boldsymbol{\Sigma}} = 0 \end{cases}$$

$\boldsymbol{\mu}$ 和 $\boldsymbol{\Sigma}$ 是矩阵,涉及矩阵的求导法则。先看对 $\boldsymbol{\mu}$ 的求导,$\ln L$ 由 3 个因子组成,只有一个因子含

有 $\boldsymbol{\mu}$ ，因此：

$$\frac{\partial \ln L}{\partial \boldsymbol{\mu}} = \frac{\partial}{\partial \boldsymbol{\mu}} \left(-\frac{1}{2} \sum_{i=1}^{m} (\boldsymbol{x}^{(i)} - \boldsymbol{\mu})^{\mathrm{T}} \boldsymbol{\Sigma}^{-1} (\boldsymbol{x}^{(i)} - \boldsymbol{\mu}) \right)$$

其中：

$$(\boldsymbol{x}^{(i)} - \boldsymbol{\mu})^{\mathrm{T}} \boldsymbol{\Sigma}^{-1} (\boldsymbol{x}^{(i)} - \boldsymbol{\mu}) = (\boldsymbol{x}^{(i)\,\mathrm{T}} - \boldsymbol{\mu}^{\mathrm{T}}) \boldsymbol{\Sigma}^{-1} (\boldsymbol{x}^{(i)} - \boldsymbol{\mu})$$

$$= (\boldsymbol{x}^{(i)\,\mathrm{T}} \boldsymbol{\Sigma}^{-1} - \boldsymbol{\mu}^{\mathrm{T}} \boldsymbol{\Sigma}^{-1}) (\boldsymbol{x}^{(i)} - \boldsymbol{\mu})$$

$$= \boldsymbol{x}^{(i)\,\mathrm{T}} \boldsymbol{\Sigma}^{-1} \boldsymbol{x}^{(i)} - \boldsymbol{x}^{(i)\,\mathrm{T}} \boldsymbol{\Sigma}^{-1} \boldsymbol{\mu} - \boldsymbol{\mu}^{\mathrm{T}} \boldsymbol{\Sigma}^{-1} \boldsymbol{x}^{(i)} + \boldsymbol{\mu}^{\mathrm{T}} \boldsymbol{\Sigma}^{-1} \boldsymbol{\mu}$$

其中：

$$\boldsymbol{x}^{(i)\,\mathrm{T}} \boldsymbol{\Sigma}^{-1} \boldsymbol{\mu} = \begin{bmatrix} x_1^{(i)} & x_2^{(i)} & \cdots & x_n^{(i)} \end{bmatrix} \boldsymbol{\Sigma}^{-1} \begin{bmatrix} \mu_1 \\ \mu_2 \\ \vdots \\ \mu_n \end{bmatrix}$$

$$= \begin{bmatrix} \mu_1 & \mu_2 & \cdots & \mu_n \end{bmatrix} \boldsymbol{\Sigma}^{-1} \begin{bmatrix} x_1^{(i)} \\ x_2^{(i)} \\ \vdots \\ x_n^{(i)} \end{bmatrix}$$

$$= \boldsymbol{\mu}^{\mathrm{T}} \boldsymbol{\Sigma}^{-1} \boldsymbol{x}$$

因此：

$$(\boldsymbol{x}^{(i)} - \boldsymbol{\mu})^{\mathrm{T}} \boldsymbol{\Sigma}^{-1} (\boldsymbol{x}^{(i)} - \boldsymbol{\mu}) = \boldsymbol{x}^{(i)\,\mathrm{T}} \boldsymbol{\Sigma}^{-1} \boldsymbol{x}^{(i)} - \boldsymbol{x}^{(i)\,\mathrm{T}} \boldsymbol{\Sigma}^{-1} \boldsymbol{\mu} - \boldsymbol{\mu}^{\mathrm{T}} \boldsymbol{\Sigma}^{-1} \boldsymbol{x}^{(i)} + \boldsymbol{\mu}^{\mathrm{T}} \boldsymbol{\Sigma}^{-1} \boldsymbol{\mu}$$

$$= \boldsymbol{x}^{(i)\,\mathrm{T}} \boldsymbol{\Sigma}^{-1} \boldsymbol{x}^{(i)} - 2 \boldsymbol{x}^{(i)\,\mathrm{T}} \boldsymbol{\Sigma}^{-1} \boldsymbol{\mu} + \boldsymbol{\mu}^{\mathrm{T}} \boldsymbol{\Sigma}^{-1} \boldsymbol{\mu}$$

$$\sum_{i=1}^{m} (\boldsymbol{x}^{(i)} - \boldsymbol{\mu})^{\mathrm{T}} \boldsymbol{\Sigma}^{-1} (\boldsymbol{x}^{(i)} - \boldsymbol{\mu}) = \sum_{i=1}^{m} (\boldsymbol{x}^{(i)\mathrm{T}} \boldsymbol{\Sigma}^{-1} \boldsymbol{x}^{(i)} - 2 \boldsymbol{x}^{(i)\mathrm{T}} \boldsymbol{\Sigma}^{-1} \boldsymbol{\mu} + \boldsymbol{\mu}^{\mathrm{T}} \boldsymbol{\Sigma}^{-1} \boldsymbol{\mu})$$

$$= \sum_{i=1}^{m} \boldsymbol{x}^{(i)\mathrm{T}} \boldsymbol{\Sigma}^{-1} \boldsymbol{x}^{(i)} - 2 \sum_{i=1}^{m} \boldsymbol{x}^{(i)\mathrm{T}} \boldsymbol{\Sigma}^{-1} \boldsymbol{\mu} + m \boldsymbol{\mu}^{\mathrm{T}} \boldsymbol{\Sigma}^{-1} \boldsymbol{\mu}$$

将该结论代入 $\dfrac{\partial \ln L}{\partial \boldsymbol{\mu}}$ 中：

$$\frac{\partial \ln L}{\partial \boldsymbol{\mu}} = \frac{\partial}{\partial \boldsymbol{\mu}} \left(-\frac{1}{2} \left(\sum_{i=1}^{m} \boldsymbol{x}^{(i)\mathrm{T}} \boldsymbol{\Sigma}^{-1} \boldsymbol{x}^{(i)} - 2 \sum_{i=1}^{m} \boldsymbol{x}^{(i)\mathrm{T}} \boldsymbol{\Sigma}^{-1} \boldsymbol{\mu} + m \boldsymbol{\mu}^{\mathrm{T}} \boldsymbol{\Sigma}^{-1} \boldsymbol{\mu} \right) \right)$$

$$= \frac{\partial}{\partial \boldsymbol{\mu}} \left(-\frac{1}{2} \sum_{i=1}^{m} \boldsymbol{x}^{(i)\mathrm{T}} \boldsymbol{\Sigma}^{-1} \boldsymbol{x}^{(i)} \right) + \frac{\partial}{\partial \boldsymbol{\mu}} \left(\sum_{i=1}^{m} \boldsymbol{x}^{(i)\mathrm{T}} \boldsymbol{\Sigma}^{-1} \boldsymbol{\mu} \right) - \frac{1}{2} \frac{\partial}{\partial \boldsymbol{\mu}} m \boldsymbol{\mu}^{\mathrm{T}} \boldsymbol{\Sigma}^{-1} \boldsymbol{\mu}$$

$$= \underbrace{\frac{\partial}{\partial \boldsymbol{\mu}} \left(\sum_{i=1}^{m} \boldsymbol{x}^{(i)\mathrm{T}} \boldsymbol{\Sigma}^{-1} \boldsymbol{\mu} \right)}_{a_1} - \underbrace{\frac{1}{2} \frac{\partial}{\partial \boldsymbol{\mu}} m \boldsymbol{\mu}^{\mathrm{T}} \boldsymbol{\Sigma}^{-1} \boldsymbol{\mu}}_{a_2}$$

根据矩阵的求导法则：

$$\text{if } f(\boldsymbol{X}) = \boldsymbol{A}^{\mathrm{T}} \boldsymbol{X}, \text{then } \frac{\mathrm{d} f}{\mathrm{d} \boldsymbol{X}} = \boldsymbol{A}$$

$$\Rightarrow a_1 = \sum_{i=1}^{m} (x^{(i)\mathrm{T}} \Sigma^{-1})^{\mathrm{T}} = \sum_{i=1}^{m} \Sigma^{-1\mathrm{T}} x^{(i)}$$

因为 Σ^{-1} 是一个对称矩阵,因此:

$$\Sigma^{-1\mathrm{T}} = \Sigma^{-1}, a_1 = \sum_{i=1}^{m} \Sigma^{-1} x^{(i)} = \Sigma^{-1} \sum_{i=1}^{m} x^{(i)}$$

根据矩阵的求导法则:

$$\text{if } f(X) = x^{\mathrm{T}} A X, \text{then } \frac{\mathrm{d}f}{\mathrm{d}X} = AX + A^{\mathrm{T}} X$$

$$\text{when } A = A^{\mathrm{T}}, \text{then } \frac{\mathrm{d}f}{\mathrm{d}X} = AX + A^{\mathrm{T}} X = 2AX$$

$$\Rightarrow a_2 = \frac{1}{2} \frac{\partial}{\partial \mu} m \mu^{\mathrm{T}} \Sigma^{-1} \mu = m \Sigma^{-1} \mu$$

将 a_1, a_2 代入 $\frac{\partial \ln L}{\partial \mu}$ 中:

$$\frac{\partial \ln L}{\partial \mu} = a_1 + a_2 = \Sigma^{-1} \sum_{i=1}^{m} x^{(i)} - m \Sigma^{-1} \mu = 0$$

$$\hat{\mu} = \frac{1}{m} \sum_{i=1}^{m} x^{(i)} = \overline{x}$$

再看对 Σ 求偏导:

$$\frac{\partial \ln L}{\partial \Sigma} = \frac{\partial}{\partial \Sigma} \left(C - \frac{m}{2} \ln|\Sigma| - \frac{1}{2} \sum_{i=1}^{m} (x^{(i)} - \mu)^{\mathrm{T}} \Sigma^{-1} (x^{(i)} - \mu) \right)$$

$$= -\frac{m}{2} \underbrace{\frac{\partial}{\partial \Sigma} \ln|\Sigma|}_{b_1} - \frac{1}{2} \underbrace{\frac{\partial}{\partial \Sigma} \sum_{i=1}^{m} (x^{(i)} - \mu)^{\mathrm{T}} \Sigma^{-1} (x^{(i)} - \mu)}_{b_2}$$

Σ 和 Σ^{-1} 都是实对称矩阵,根据矩阵的求导法则,当 A 是实对称矩阵时:

$$\frac{\mathrm{d}\ln|A|}{\mathrm{d}A} = A^{-1}$$

$$\Rightarrow b_1 = \frac{\partial}{\partial \Sigma} \ln|\Sigma| = \Sigma^{-1}$$

对于 b_2,设 ω_{pq} 是 Σ^{-1} 第 p 行第 q 列的元素,E_{pq} 是一个第 p 行第 q 列元素为 1、其他元素全为 0 的矩阵,E_{pq} 与 Σ^{-1} 同阶。根据矩阵的求导公式:

$$\frac{\mathrm{d}X^{-1}}{\mathrm{d}x} = -x^{-1} \frac{\mathrm{d}X}{\mathrm{d}x} x^{-1}$$

$$\Rightarrow \frac{\partial \Sigma^{-1}}{\partial \omega_{pq}} = -\Sigma^{-1} \frac{\partial \Sigma}{\partial \omega_{pq}} \Sigma^{-1} = -\Sigma^{-1} E_{pq} \Sigma^{-1}$$

$$\frac{\partial (x^{(i)} - \mu)^{\mathrm{T}} \Sigma^{-1} (x^{(i)} - \mu)}{\partial \omega_{pq}} = (x^{(i)} - \mu)^{\mathrm{T}} \frac{\partial \Sigma^{-1}}{\partial \omega_{pq}} (x^{(i)} - \mu)$$

$$= (x^{(i)} - \mu)^{\mathrm{T}} (-\Sigma^{-1} E_{pq} \Sigma^{-1}) (x^{(i)} - \mu)$$

$$= -(\boldsymbol{x}^{(i)} - \boldsymbol{\mu})^{\mathrm{T}} (\boldsymbol{\Sigma}^{-1} \boldsymbol{E}_{pq} \boldsymbol{\Sigma}^{-1}) (\boldsymbol{x}^{(i)} - \boldsymbol{\mu})$$

矩阵乘法满足乘法结合律,在不改变矩阵顺序的条件下可以任意加括号:

$$\frac{\partial (\boldsymbol{x}^{(i)} - \boldsymbol{\mu})^{\mathrm{T}} \boldsymbol{\Sigma}^{-1} (\boldsymbol{x}^{(i)} - \boldsymbol{\mu})}{\partial \omega_{pq}} = -(\boldsymbol{x}^{(i)} - \boldsymbol{\mu})^{\mathrm{T}} (\boldsymbol{\Sigma}^{-1} \boldsymbol{E}_{pq} \boldsymbol{\Sigma}^{-1}) (\boldsymbol{x}^{(i)} - \boldsymbol{\mu})$$

$$= -((\boldsymbol{x}^{(i)} - \boldsymbol{\mu})^{\mathrm{T}} \boldsymbol{\Sigma}^{-1}) \boldsymbol{E}_{pq} (\boldsymbol{\Sigma}^{-1} (\boldsymbol{x}^{(i)} - \boldsymbol{\mu}))$$

$$= -((\boldsymbol{x}^{(i)} - \boldsymbol{\mu})^{\mathrm{T}} (\boldsymbol{\Sigma}^{-1})^{\mathrm{T}}) \boldsymbol{E}_{pq} (\boldsymbol{\Sigma}^{-1} (\boldsymbol{x}^{(i)} - \boldsymbol{\mu}))$$

$$= -\underbrace{(\boldsymbol{\Sigma}^{-1} (\boldsymbol{x}^{(i)} - \boldsymbol{\mu}))^{\mathrm{T}}}_{\boldsymbol{A}^{\mathrm{T}} \boldsymbol{B}^{\mathrm{T}} = (\boldsymbol{AB})^{\mathrm{T}}} \boldsymbol{E}_{pq} (\boldsymbol{\Sigma}^{-1} (\boldsymbol{x}^{(i)} - \boldsymbol{\mu}))$$

$$= -(\boldsymbol{\Sigma}^{-1} (\boldsymbol{x}^{(i)} - \boldsymbol{\mu}))_{p}^{\mathrm{T}} (\boldsymbol{\Sigma}^{-1} (\boldsymbol{x}^{(i)} - \boldsymbol{\mu}))_{q} \qquad ④$$

其中 $(\boldsymbol{\Sigma}^{-1} (\boldsymbol{x}^{(i)} - \boldsymbol{\mu}))_{p}^{\mathrm{T}}$ 是一个 1 行 n 列的矩阵,下标 p 表示矩阵中的第 p 个元素;$(\boldsymbol{\Sigma}^{-1} (\boldsymbol{x}^{(i)} - \boldsymbol{\mu}))_{q}$ 是一个 n 行 1 列的矩阵,下标 q 表示矩阵中的第 q 个元素。将④论推广到矩阵对矩阵的求导,根据矩阵对矩阵的求导公式:

$$\frac{\mathrm{d}\boldsymbol{F}}{\mathrm{d}\boldsymbol{X}} = \begin{bmatrix} \dfrac{\partial \boldsymbol{F}}{\partial x_{11}} & \dfrac{\partial \boldsymbol{F}}{\partial x_{12}} & \cdots & \dfrac{\partial \boldsymbol{F}}{\partial x_{1s}} \\[2ex] \dfrac{\partial \boldsymbol{F}}{\partial x_{21}} & \dfrac{\partial \boldsymbol{F}}{\partial x_{22}} & \cdots & \dfrac{\partial \boldsymbol{F}}{\partial x_{2s}} \\[2ex] \vdots & \vdots & \ddots & \vdots \\[2ex] \dfrac{\partial \boldsymbol{F}}{\partial x_{r1}} & \dfrac{\partial \boldsymbol{F}}{\partial x_{r2}} & \cdots & \dfrac{\partial \boldsymbol{F}}{\partial x_{rs}} \end{bmatrix}$$

$$\text{let } \boldsymbol{G} = (\boldsymbol{x}^{(i)} - \boldsymbol{\mu})^{\mathrm{T}} \boldsymbol{\Sigma}^{-1} (\boldsymbol{x}^{(i)} - \boldsymbol{\mu}), \boldsymbol{U} = \boldsymbol{\Sigma}^{-1} (\boldsymbol{x}^{(i)} - \boldsymbol{\mu})$$

$$\frac{\partial \boldsymbol{G}}{\partial \boldsymbol{\Sigma}} = -\begin{bmatrix} \dfrac{\partial \boldsymbol{G}}{\partial \omega_{11}} & \dfrac{\partial \boldsymbol{G}}{\partial \omega_{12}} & \cdots & \dfrac{\partial \boldsymbol{G}}{\partial \omega_{1n}} \\[2ex] \dfrac{\partial \boldsymbol{G}}{\partial \omega_{21}} & \dfrac{\partial \boldsymbol{G}}{\partial \omega_{22}} & \cdots & \dfrac{\partial \boldsymbol{G}}{\partial \omega_{2n}} \\[2ex] \vdots & \vdots & \ddots & \vdots \\[2ex] \dfrac{\partial \boldsymbol{G}}{\partial \omega_{n1}} & \dfrac{\partial \boldsymbol{G}}{\partial \omega_{n2}} & \cdots & \dfrac{\partial \boldsymbol{G}}{\partial \omega_{nn}} \end{bmatrix} = -\begin{bmatrix} \boldsymbol{U}_1^{\mathrm{T}} \boldsymbol{U}_1 & \boldsymbol{U}_1^{\mathrm{T}} \boldsymbol{U}_2 & \cdots & \boldsymbol{U}_1^{\mathrm{T}} \boldsymbol{U}_n \\ \boldsymbol{U}_2^{\mathrm{T}} \boldsymbol{U}_1 & \boldsymbol{U}_2^{\mathrm{T}} \boldsymbol{U}_2 & \cdots & \boldsymbol{U}_2^{\mathrm{T}} \boldsymbol{U}_n \\ \vdots & \vdots & \ddots & \vdots \\ \boldsymbol{U}_n^{\mathrm{T}} \boldsymbol{U}_1 & \boldsymbol{U}_n^{\mathrm{T}} \boldsymbol{U}_2 & \cdots & \boldsymbol{U}_n^{\mathrm{T}} \boldsymbol{U}_n \end{bmatrix}$$

$$= -\underbrace{\begin{bmatrix} \boldsymbol{U}_1^{\mathrm{T}} \\ \boldsymbol{U}_2^{\mathrm{T}} \\ \vdots \\ \boldsymbol{U}_n^{\mathrm{T}} \end{bmatrix}}_{\boldsymbol{A}_1} \underbrace{\begin{bmatrix} \boldsymbol{U}_1 & \boldsymbol{U}_2 & \cdots & \boldsymbol{U}_n \end{bmatrix}}_{\boldsymbol{A}_2}$$

在 $\boldsymbol{A}_1$ 中,$\boldsymbol{U}_i^{\mathrm{T}}$ 是 $\boldsymbol{U}^{\mathrm{T}}$ 中的第 i 个元素,是一个标量;$\boldsymbol{U}_i$ 是 $\boldsymbol{U}$ 中的第 i 个元素,也是一个标量。同时,$\boldsymbol{U}$ 又是一个 n 行 1 列的矩阵,因此 $\boldsymbol{U}_i^{\mathrm{T}} = \boldsymbol{U}_i$。

$$A_1 = \begin{bmatrix} U_1^{\mathrm{T}} \\ U_2^{\mathrm{T}} \\ \vdots \\ U_n^{\mathrm{T}} \end{bmatrix} = \begin{bmatrix} U_1 \\ U_2 \\ \vdots \\ U_n \end{bmatrix} = \boldsymbol{\Sigma}^{-1}(x^{(i)} - \boldsymbol{\mu})$$

$$A_2 = \begin{bmatrix} U_1 & U_2 & \cdots & U_n \end{bmatrix} = (\boldsymbol{\Sigma}^{-1}(x^{(i)} - \boldsymbol{\mu}))^{\mathrm{T}}$$

$$\frac{\partial G}{\partial \boldsymbol{\Sigma}} = -A_1 A_2$$

$$= -\boldsymbol{\Sigma}^{-1}(x^{(i)} - \boldsymbol{\mu})(\boldsymbol{\Sigma}^{-1}(x^{(i)} - \boldsymbol{\mu}))^{\mathrm{T}}$$

$$= -\boldsymbol{\Sigma}^{-1}(x^{(i)} - \boldsymbol{\mu})(x^{(i)} - \boldsymbol{\mu})^{\mathrm{T}}(\boldsymbol{\Sigma}^{-1})^{\mathrm{T}}$$

$$= -\boldsymbol{\Sigma}^{-1}(x^{(i)} - \boldsymbol{\mu})(x^{(i)} - \boldsymbol{\mu})^{\mathrm{T}}\boldsymbol{\Sigma}^{-1}$$

终于可以求得 b_2 了：

$$G = (x^{(i)} - \boldsymbol{\mu})^{\mathrm{T}}\boldsymbol{\Sigma}^{-1}(x^{(i)} - \boldsymbol{\mu})$$

$$b_2 = \frac{\partial}{\partial \boldsymbol{\Sigma}} \sum_{i=1}^{m} (x^{(i)} - \boldsymbol{\mu})^{\mathrm{T}}\boldsymbol{\Sigma}^{-1}(x^{(i)} - \boldsymbol{\mu}) = \sum_{i=1}^{m} (-\boldsymbol{\Sigma}^{-1}(x^{(i)} - \boldsymbol{\mu})(x^{(i)} - \boldsymbol{\mu})^{\mathrm{T}}\boldsymbol{\Sigma}^{-1})$$

$$\frac{\partial \ln L}{\partial \boldsymbol{\Sigma}} = -\frac{m}{2}b_1 - \frac{1}{2}b_2 = -\frac{m}{2}\boldsymbol{\Sigma}^{-1} - \frac{1}{2}\sum_{i=1}^{m} (-\boldsymbol{\Sigma}^{-1}(x^{(i)} - \boldsymbol{\mu})(x^{(i)} - \boldsymbol{\mu})^{\mathrm{T}}\boldsymbol{\Sigma}^{-1})$$

I 是单位矩阵，$\boldsymbol{\Sigma}^{-1}I = \boldsymbol{\Sigma}^{-1}$：

$$\frac{\partial \ln L}{\partial \boldsymbol{\Sigma}} = -\frac{m}{2}\boldsymbol{\Sigma}^{-1}I - \frac{1}{2}\sum_{i=1}^{m} (-\boldsymbol{\Sigma}^{-1}(x^{(i)} - \boldsymbol{\mu})(x^{(i)} - \boldsymbol{\mu})^{\mathrm{T}}\boldsymbol{\Sigma}^{-1})$$

$$= -\frac{1}{2}\boldsymbol{\Sigma}^{-1}\left(m I - \sum_{i=1}^{m}(x^{(i)} - \boldsymbol{\mu})(x^{(i)} - \boldsymbol{\mu})^{\mathrm{T}}\boldsymbol{\Sigma}^{-1}\right)$$

$$= -\frac{1}{2}\boldsymbol{\Sigma}^{-1}\left(m\boldsymbol{\Sigma}\boldsymbol{\Sigma}^{-1} - \sum_{i=1}^{m}(x^{(i)} - \boldsymbol{\mu})(x^{(i)} - \boldsymbol{\mu})^{\mathrm{T}}\boldsymbol{\Sigma}^{-1}\right)$$

$$= -\frac{1}{2}\boldsymbol{\Sigma}^{-1}\left(m\boldsymbol{\Sigma} - \sum_{i=1}^{m}(x^{(i)} - \boldsymbol{\mu})(x^{(i)} - \boldsymbol{\mu})^{\mathrm{T}}\right)\boldsymbol{\Sigma}^{-1}$$

$$= 0$$

等号两侧同时左乘 $\boldsymbol{\Sigma}$：

$$\boldsymbol{\Sigma}\left(-\frac{1}{2}\boldsymbol{\Sigma}^{-1}\right)\left(m\boldsymbol{\Sigma} - \sum_{i=1}^{m}(x^{(i)} - \boldsymbol{\mu})(x^{(i)} - \boldsymbol{\mu})^{\mathrm{T}}\right)\boldsymbol{\Sigma}^{-1} = \boldsymbol{\Sigma}0$$

$$-\frac{1}{2}I\left(m\boldsymbol{\Sigma} - \sum_{i=1}^{m}(x^{(i)} - \boldsymbol{\mu})(x^{(i)} - \boldsymbol{\mu})^{\mathrm{T}}\right)\boldsymbol{\Sigma}^{-1} = 0$$

$$\left(m\boldsymbol{\Sigma} - \sum_{i=1}^{m}(x^{(i)} - \boldsymbol{\mu})(x^{(i)} - \boldsymbol{\mu})^{\mathrm{T}}\right)\boldsymbol{\Sigma}^{-1} = 0$$

等号两侧同时右乘 $\boldsymbol{\Sigma}$：

$$\left(m\boldsymbol{\Sigma} - \sum_{i=1}^{m}(x^{(i)} - \boldsymbol{\mu})(x^{(i)} - \boldsymbol{\mu})^{\mathrm{T}}\right)\boldsymbol{\Sigma}^{-1}\boldsymbol{\Sigma} = 0\boldsymbol{\Sigma}$$

$$m\boldsymbol{\Sigma} - \sum_{i=1}^{m} (\boldsymbol{x}^{(i)} - \boldsymbol{\mu})(\boldsymbol{x}^{(i)} - \boldsymbol{\mu})^{\mathrm{T}} = 0$$

$$\Rightarrow \boldsymbol{\Sigma} = \frac{1}{m} \sum_{i=1}^{m} (\boldsymbol{x}^{(i)} - \boldsymbol{\mu})(\boldsymbol{x}^{(i)} - \boldsymbol{\mu})^{\mathrm{T}}$$

最终结论，多维正态分布的最大似然估计量为：

$$\hat{\boldsymbol{\mu}} = \frac{1}{m} \sum_{i=1}^{m} \boldsymbol{x}^{(i)} = \overline{\boldsymbol{x}}$$

$$\hat{\boldsymbol{\Sigma}} = \frac{1}{m} \sum_{i=1}^{m} (\boldsymbol{x}^{(i)} - \hat{\boldsymbol{\mu}})(\boldsymbol{x}^{(i)} - \hat{\boldsymbol{\mu}})^{\mathrm{T}} = \frac{1}{m} (\boldsymbol{X} - \hat{\boldsymbol{\mu}})(\boldsymbol{X} - \hat{\boldsymbol{\mu}})^{\mathrm{T}}$$